Einwirkung der Umwelt
auf den Menschen –
Auswirkungen auf die Medizin
des 21. Jahrhunderts

Komplementäre Medizin im interdisziplinären Diskurs

herausgegeben von

Dr. med. Brigitte Ausfeld-Hafter
Dr. med. Andreas Beck
Dr. med. Peter Heusser
Dr. med. André Thurneysen

(Kollegiale Instanz für Komplementärmedizin
der Universität Bern, KIKOM)

Band 5

Andreas Beck (Hrsg.)

Einwirkung der Umwelt auf den Menschen – Auswirkungen auf die Medizin des 21. Jahrhunderts

Peter Lang
Bern · Berlin · Bruxelles · Frankfurt am Main · New York · Oxford · Wien

Die Deutsche Bibliothek – CIP-Einheitsaufnahme

Einwirkung der Umwelt auf den Menschen – Auswirkungen auf die Medizin
des 21. Jahrhunderts / Andreas Beck (Hrsg.). – Bern ; Berlin ; Bruxelles ; Frankfurt
am Main ; New York ; Oxford ; Wien : Lang, 2001
(Komplementäre Medizin im interdisziplinären Diskurs ; Bd. 5)
ISBN 3-906767-15-9

Der Herausgeber dankt der Hochschulstiftung der Burgergemeinde Bern für die
finanzielle Unterstützung der Publikation.

ISSN 1422-4743
ISBN 3-906767-15-9

© Peter Lang AG, Europäischer Verlag der Wissenschaften, Bern 2001
Jupiterstr. 15, Postfach, CH-3000 Bern 15
info@peterlang.com, www.peterlang.com, www.peterlang.net

Alle Rechte vorbehalten.
Das Werk einschliesslich aller seiner Teile ist urheberrechtlich geschützt.
Jede Verwertung ausserhalb der engen Grenzen des Urheberrechtsgesetzes
ist ohne Zustimmung des Verlages unzulässig und strafbar. Das gilt
insbesondere für Vervielfältigungen, Übersetzungen, Mikroverfilmungen und
die Einspeicherung und Verarbeitung in elektronischen Systemen.

Inhaltsverzeichnis

Vorwort 7

A. BECK
Chronische Krankheit anders gesehen –
Zunahme der Multikausalität 9

F. P. GRAF
Ganzheitliche Entwicklungsbegleitung von Kindern im
neuen Jahrtausend – ein homöopathisch-miasmatisches Konzept
zur Gesunderhaltung 23

E. LENGFELDER
Nutzen und Risiko zivilisatorischer Strahlenbelastung 41

M. IMFELD
Funktionelle Nahrungsmittel – Traditionell versus Neuzeitlich 57

H. HEINE
Das System der Grundregulation als wissenschaftliche Grundlage
einer Weiterentwicklung der biologischen Medizin 65

B. AUSFELD-HAFTER
Die chinesische Harmonielehre von der Wechselwirkung
zwischen Mensch und Umwelt 83

K. HÜBNER
Geopathie – Grenzgebiet zwischen Physik und Medizin 95

H. U. ALBONICO
Impfung, Immunsystem und Biographie.
Plädoyer für eine nachhaltige Medizin 107

P. PLICHTA
Die Welt als Verwirklichung des platonischen Bauplans 125

U. Balzer-Graf
   Vitalqualität – Qualitätsforschung mit bildschaffenden Methoden 143

P. Heusser
   Schädigt das Fernsehen die geistige und moralische Entwicklung
   des Menschen? 153

K. Mühlemann
   Multiresistente Spitalkeime – Strategien zur Eindämmung
   eines wachsenden Problems 171

C. Frey
   Opfer von Folter und Krieg: eine interdisziplinäre Herausforderung .. 177

A. Pieper
   Der fragmentarisierte Mensch.
   Zur Notwendigkeit eines integrierten Menschenbildes 193

Die Autorinnen und Autoren 207

Vorwort

Die Beiträge dieses Bandes sind Vorlesungen, die im Wintersemester 1999/2000 zum Thema «Einwirkung der Umwelt auf den Menschen, Auswirkung auf die Medizin des 21. Jahrhunderts» an der Universität Bern gehalten worden sind. Es ist der 5. Band in der Reihe «Komplementärmedizin im interdisziplinären Diskurs». Die bereits erschienenen Bände sind dem Thema «Energetische Medizin – gibt es nur physikalische Wirkprinzipien?» (Band 1), «Intuition in der Medizin» (Band 2), dem Kongress «Akademische Forschung in der Anthroposophischen Medizin» (Band 3) sowie dem Thema «Der Leib – seine Bedeutung für die heutige Medizin» (Band 4) gewidmet.

In der ärztlichen Grundversorgung, wo im Wesentlichen auch die komplementärmedizinischen Methoden angesiedelt sind, präsentiert sich ein erheblich anderes, sehr buntes Bild von Symptomen und chronischen Erkrankungen, als es die Klinik und die Spezialisten begegnen. Eigentlich geht es um die Fragestellung: was, wenn die Medizin – auch die Komplementärmedizin – nicht funktioniert, wie soll es mit Therapieversagern weitergehen? Der Chirurg Harvey Cushing (1869–1939) hat sich geäussert: «Der Arzt ist verpflichtet, mehr als das erkrankte Organ, mehr sogar als den ganzen Menschen zu sehen, er muss ihn in seiner Umwelt erfassen». Diese Aussage leitet folgerichtig in das Thema dieser Vorlesungsreihe über, welche in der Abbildung konzeptionell skizziert ist: «Regulationsblockaden durch multikausale Dauerbelastungen». Die Frage, was beeinflusst die Regulationsfähigkeit des modernen Menschen und damit seine Gesundheit und seine Heilfähigkeit, wird aus der Sicht der Theorie und der Praxis beleuchtet. Von Geburt an ist der Mensch Einflüssen der Medizin, der Ernährung, physikalischer, chemischer und technischer Art ausgesetzt, ebenso wie gesellschaftlichen, politischen und kriegerischen Bedrohungen – eben der Umwelt. Zu diesem Thema, welches jeden von uns in der einen oder anderen Weise betrifft, haben sich Hausarzt, Grundlagenforscher, Physiker, Mathematiker, Mikrobiologen, Psychiater, Ernährungsspezialisten, Homöopathen, Anthroposophen, Traditionell-chinesische Mediziner/Akupunkteure sowie Neuraltherapeuten geäussert. Abschliessend wurde das Thema von der Philosophin im Überblick behandelt und dabei auf die Notwendigkeit eines integrierten Menschenbildes, nicht eines «entweder-oder» hingewiesen.

Der rege Besuch dieser Vorlesungsreihe ist ein Beweis für das Interesse an diesem Thema und soll durch die Fortsetzung der Publikationsreihe einem weiteren interessierten Publikum zugänglich gemacht werden.

An dieser Stelle danke ich allen Referenten, sowie dem Sekretariat der KIKOM, welches zur Organisation, Durchführung und Publikation massgeblich beigetragen hat.

Bern, im September 2000   Der Herausgeber
                           Dr. Andreas Beck
                           Kollegiale Instanz für Komplementärmedizin
                           KIKOM

Andreas Beck

Chronische Krankheit anders gesehen –
Zunahme der Multikausalität

Im Wintersemester 96/97 wurde erstmals der Zyklus «Komplementärmedizin im interdisziplinären Diskurs» von der KIKOM (Kollegiale Instanz für Komplementärmedizin), dem Lehrstuhlaequivalent für komplementäre Medizin der Medizinischen Fakultät der Universität Bern durchgeführt.

Der Titel war damals «Energetische Medizin, gibt es nur physikalische Wirkprinzipien?» wurde von Peter Heusser organisiert. Im Wintersemester 97/98 wurde die Reihe von Frau Brigitte Ausfeld fortgeführt mit dem Titel: «Intuition in der Medizin» «Grundfragen zur Erkenntnisgewinnung». Im Wintersemester 98/99 war die Reihe an André Thurneysen mit dem Titel: «Der Leib, seine Bedeutung für die heutige Medizin».

Nun habe ich das Vergnügen, Ihnen im Wintersemester 99/2000 die vierte Auflage dieser Reihe, diesmal unter dem Titel: «Einwirkungen der Umwelt auf den Menschen, Auswirkungen auf die Medizin des 21. Jahrhunderts» vorzustellen.

Der komplementärmedizinisch tätige Arzt sieht sich dem Problem der ärztlichen *Grundversorgung* gegenübergestellt. Der grösste Teil der Patienten klagt über chronische Erkrankungen und Symptome, welche häufig mit herkömmlichen Methoden behandelt worden waren, wo aber ein Erfolg sich nicht eingestellt hat.

Anhand der Folie «Regulationsblockaden durch multikausale Dauerbelastung» (vgl. S. 10), welche als Konzept zur Vorlesungsreihe gedient hat, können wir die Problematik der Medizin an der Schwelle des 21. Jahrhunderts erkennen.

Der *Kreis* – die ideale Form in der Geometrie – symbolisiert unsern Patienten, steht aber gleichzeitig für die *ganzheitliche* Betrachtung, nicht der Krankheit, sondern des Patienten als lebendes, komplexes, einmaliges biologisches System, welches nach Naturgesetzen funktioniert und nicht nach wissenschaftlich statistischen Gesetzen. Nicht zuletzt weist dieser Kreis auf den Regelkreis der Kybernetik hin und bringt uns damit zur Gegenüberstellung einiger Begriffe, welche sich in der heutigen Medizin nicht ausschliessen sondern ergänzen: das Prinzip des «sowohl als auch», nicht des «entweder oder».

Das individuelle Befinden, die geistig-körperliche Leistungsfähigkeit, damit unser Leben und Erleben liegen in der Einheit von Leib und Seele. Dabei ist der

Regulationsblockaden durch multikausale Dauerbelastung

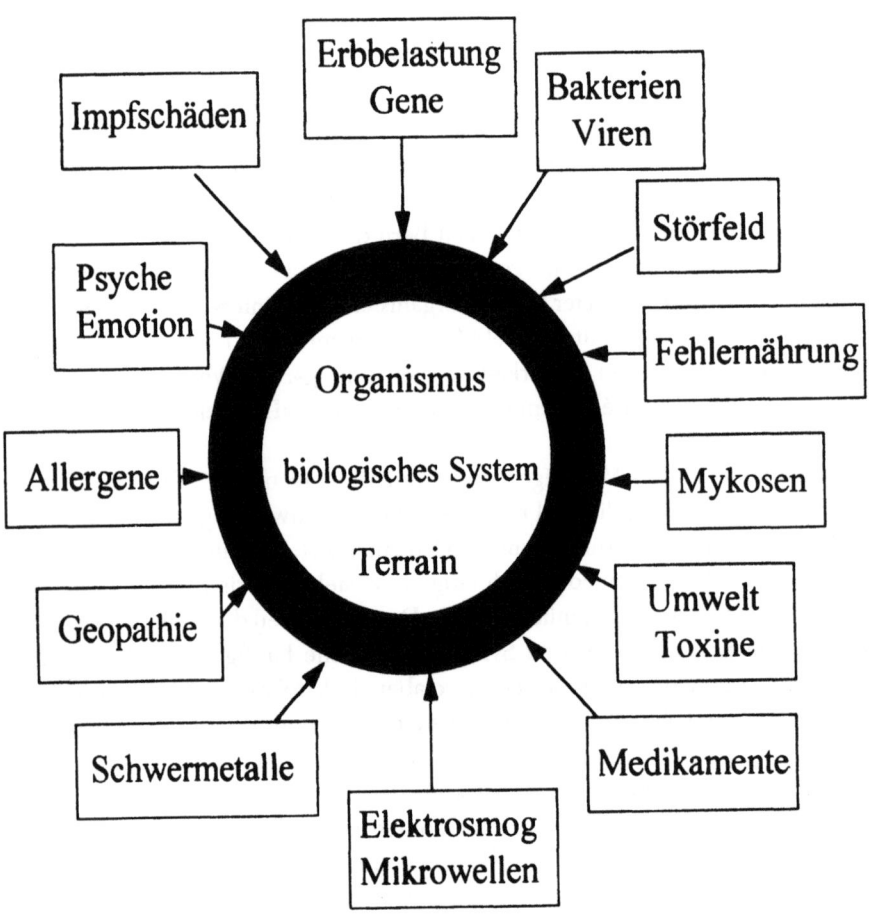

Mensch sowohl inneren, erblichen Bedingungen wie auch Umweltsbedingungen ausgesetzt.

Die aktuelle Lebenssituation sowie der biographisch-anamnestische Aspekt des Patienten müssen aber die biotechnologische Sichtweise der Schulmedizin erweitern.

Theoretische Grundlage der Schulmedizin bildet die *Zelle*. Das *humorale Umfeld* der Zelle – der mit Grundsubstanz ausgefüllte *Interzellularraum* – spielt dabei eine eigentlich eher untergeordnete Rolle. Das Zellmodell nach Virchow ist in der kausal-analytisch ausgerichteten Medizin dort erfolgreich, wo die Noxe kausal nach einem Schloss-Schlüssel System erfasst werden kann.

Das ist beispielsweise bei Infekten oder in der Notfallmedizin, wo es um lebensrettende Massnahmen geht, erfolgreich der Fall. Die Zelle muss aber mit ihrem umgebenden Milieu gesehen werden.

Das Leben eines höheren mehrzelligen Organismus setzt die *Trias*: Kapillare, Grundsubstanz, Zelle voraus. Diese Grundsubstanz bildet ein Molekularsieb, welches zwischen Organparenchymzellen und Endstrombahn eingeschaltet ist (die sogenannte Transitstrecke) und als integraler Teil des energetisch offenen Systems eine übergeordnete Stellung einnimmt. Dieses *Molekularsieb* besteht aus hochmolekularen Zuckerkomplexen (Proteoglykane und Glykosaminoglykane). Diese Wasser-Zuckerbiopolymere spielen in der Evolution der Organismen offensichtlich eine entscheidende Rolle. Heine spricht vom «Zuckerprinzip» des Lebens. Weitere Bestandteile sind die Strukturglykoproteine (Kollagen, Elastin) sowie Vernetzungsglykoproteine.

Auf Grund ihrer Wasserbindungsfähigkeit, ihrer Ionenaustauschfähigkeit, ihrer Bindungs- und Freisetzungsreaktion von Zytokinen und Wachstumsfaktoren sowie der molekularen Siebfunktionen sind die Proteoglykane und die Glykosaminoglykane die Garanten für die *Homöostase* (Isoionie, Isoosmie, Isotonie). Über die Endstrombahn ist die Grundsubstanz an das *Endokrinium* und über das vegetative Nervensystem an das *zentrale Nervensystem* angeschlossen. Beide Systeme sind wiederum im *Hirnstamm* verschaltet, womit der *Informationskreis* geschlossen ist. Damit ergibt sich ein System der Grundregulation, das jeweils eine situationsgerechte Einstellung des Molekularsiebes garantiert.

Die Regelfähigkeit des Organismus entspricht einem hochkomplexen vernetzten System. Der lebende Organismus hat – im Gegensatz zu technischen Einrichtungen – die Fähigkeit, bei Defekten auf jeder Ebene Teile der Funktion zeitweilig oder auch dauerhaft zu übernehmen im Sinne von Erholung oder Ausheilung. Sowohl die Zellversorgung als auch die Zellentsorgung ist gewährleistet. Im Zentrum der Grundsubstanz steht das Fibroblasten-Makrophagen-Zellsystem.

Fibrocyten – und nur diese – sind in der Lage, situationsgerecht innerhalb von Sekunden mit einer sowohl *quantitativ* als auch *qualitativ* angepassten Synthese von Proteoglykanen und Strukturglykoproteinen zu reagieren. Der *Abbau* wiederum dieser Substanzen wird von Makrophagen mit der gleichen Geschwindigkeit durch Phagozytose bewerkstelligt. Die Basis aller interzellulären nah- und fernreichweitigen Wechselwirkungen im mehrzelligen Organismus sind offenbar diese Zuckerpolymere der Grundsubstanz, die auf Grund ihrer chemischen Struktur zur Informations*leitung* und zur Informations*speicherung* befähigt sind. Das System ist energetisch offen. Die dabei auftretenden Energieschwankungen können sich *schlagartig* (dissipativ) über die Grundsubstanz ausbreiten und von den Zellen als Information genutzt werden. Dazu reichen schon *geringste* Energiemengen aus, wie dies beim *Stich*phänomen nach Pischinger und beim *Sekunden*phänomen nach Huneke vorkommt. Diese Energieverschiebungen können als Potentialschwankungen (Redoxpotential des Bindegewebes) gemessen werden.

Bei Überernährung werden zusätzlich Kollagen- und Zuckerproteinkomplexe gebildet, wodurch die Transitstrecke verbreitert und schwerer passierbar wird.

Eine auf die Dauer inadäquat zusammengesetzte Grundsubstanz wird durch Abfallprodukte, sozusagen Stoffwechselleichen, *verschlackt* und damit nicht nur in der *Funktion* gestört, sondern auch *übersäuert.* Die *Gewebsazidose* stört die Regelvorgänge und hindert den Organismus, die aus dem normalen Stoffwechsel resultierenden Radikale zu neutralisieren.

Auch die Abwehrzellen werden sowohl durch Azidose als auch freie Radikale angegriffen. Abwehrzellen, Proteoglykane und Glykosaminoglykane unterliegen einem *Zirkadianrhythmus*, wobei der Schlaf die Erholungsphase für das zelluläre Abwehrsystem darstellt. Die dauernde Belastung neuraler, humoraler, hormoneller und zellulärer Regelkreise führen schliesslich über *Schlaf-* und *Befindens*störungen je nach Exposition und Disposition zu chronischen Krankheiten und Tumoren. Dann ist die Regulationsfähigkeit der Grundsubstanz *blockiert*, wir sprechen dann von der *Starre* der Grundregulation.

Bei akuten Erkrankungen werden Regelkreise unmittelbar unterbrochen. Die klar abgrenzbare Symptomatik ist dann kausal zu behandeln. Werden Regelkreise des Organismus aber nirgends unterbrochen, hingegen durch subchronische Schädigungen in ihrer Ganzheit labilisiert, werden Herde oder Störfelder als subklinische Belastungen erkannt. Der Herd als pathogenes Phänomen, besonders der Zahnkieferbereich war schon in der Kultur der Ägypter und der Assyrer bekannt.

Unter einem *Störfeld* beziehungsweise Herd wird jede Stelle und jedes Organ verstanden, das pathologisch verändert ist oder einmal pathologisch verändert war, und das die Fähigkeit angenommen hat, über die nächste Umgebung hinaus Erkrankungen sowohl hervorzurufen als auch zu unterhalten. Das Störfeld, beziehungsweise die permanente Reizquelle ist also eine im Vegetativum eingeprägte Information. Diese kann jahrelang asymptomatisch sein und plötzlich, ohne Ursache, aktiv werden.

Minimal gestörte Regelkreise können auf Grund der positiven Rückkopplung nach einer unter Umständen langen Latenzzeit Fernstörungen auslösen, welche schmerzhafte Projektionssymptome in Haut und Muskulatur zur Folge haben; mit anderen Worten: aus einem symptomarmen Störfeld*träger* ist plötzlich ein Störfeld*kranker* geworden.

Der Störfeldbegriff ist von Kellner, Wien, definiert: das Störfeld ist eine subchronische Entzündung um nicht abbaufähige, körperfremde oder denaturierte körpereigene Substanzen. Es besteht aus lymphocytär, plasmazellulären Infiltraten und Desaggregation der Grundsubstanz. Die Ausdehnung der Infiltrate und der Desaggregation wechselt unter dem Einfluss von Sekundärbelastungen.

Huneke definiert das Störfeld als subchronische, oligo- bis asymptomatische Entzündung, als örtlich begrenzte, permanente, pathogene Reizquelle, welche den Organismus energetisch dauerbelastet. Jede Stelle des Körpers kann grundsätzlich Störfeldcharakter annehmen. Jede chronische Erkrankung kann störfeldbedingt sein. Die durch ein Störfeld ausgelöste Krankheit wird durch die Injektion an das schuldige Störfeld über das Sekundenphänomen geheilt.

Um die Kriterien des Sekundenphänomens zu erfüllen, müssen die störfeldbedingten Beschwerden in der Sekunde zu 100% verschwinden und 20 Stunden (vom Zahnkieferbereich aus 6–8 Stunden) fernbleiben. Bei Wiederauftreten der Beschwerden gelten dieselben Bedingungen mit der verschärften Auflage, dass das symptomfreie Intervall deutlich länger sein muss.

Der Störfeld-Begriff ist somit *definiert* und belegt und soll auch nur so eingesetzt werden.

Das Störfeld tritt organisch in Form von defektverheilten Narben, chronischen Entzündungen (Tonsillen, Nebenhöhlen, Zahnkieferbereich), von amalgaminduzierter Pulpafibrose und von abgekapselten Eiterherden auf.

Die Neuraltherapie hat die Grundsubstanz und das darin eingebettete Neurovegetativum als anatomisches Substrat. Das System der Grundregulation stellt das wissenschaftliche pièce de résistance der biologischen Medizin dar. Im Vordergrund steht die Trias: Endstrombahn (inkl. Lymphbahn), Molekularsieb, nachgeschaltete Organzellen.

Der Kernbegriff ist die *Regulation*, dem die klinische Medizin das linear kausalanalytische *reparative* Denken gegenüberstellt.

Neuraltherapie eignet sich für das grosse Gebiet der gestörten *Information*, der gestörten *Regulation*, der gestörten *Funktion* und gestörten *Struktur* vorzüglich. Das macht es auch aus, dass die Behauptung, eine auffällig grosse Zahl von Krankheiten (nämlich 80%) mit Procain zur Besserung oder zur Ausheilung bringen zu können, den Neuraltherapeuten den Verdacht auf Monomanie und Suggestion eingebracht hat.

Unterdessen hat ein Teil der Neuraltherapie nach Huneke den Eingang in die klinische Medizin als *Segment*therapie gefunden. Nicht zuständig – und dabei sind wir bei den Grenzen der Neuraltherapie – ist dieses Verfahren immer dann, wenn Funktionen und Strukturen *zer*stört sind, also bei irreversiblen Narbenzuständen. Selbstverständlich sind genetisch bedingte Erbkrankheiten, Geisteskrankheiten, Mangelkrankheiten sowie Neoplasmen auch keine Indikationen für regulative Verfahren.

Die Neuraltherapie – der Begriff stammt von v. Roques, 1940 – hatte ihre Wirkung nach damaligen Kenntnissen vorwiegend auf *nervalem* Wege. Sowohl die Epidermis wie auch die Nerven haben sich aus dem Ektoderm entwickelt. Die Haut stellt nicht nur den Spiegel der Seele dar, sondern auch die Endplatte des vegetativen Systems.

Die Akupunktur hat vor einigen tausend Jahren schon begriffen, dass es möglich ist, über die Haut therapeutisch Einfluss auf das ganze System zu nehmen.

Die Neuraltherapie nimmt – ob nun lokal, segmental oder störfeldbezogen – auf die regulatorischen Beziehungen zwischen viszerokutanen und kutanviszeralen Informationsbahnen Einfluss. Diese Bahnen sind nach kybernetischen Prinzipien mit allen Informationskreisen im Organismus vernetzt. Deshalb können pathologische Prozesse innerer Organe oder von Organen des Stütz- und Bewegungsapparates *reflektorisch* in die Haut oder in die Muskulatur projiziert werden. Die dabei auftretenden Funktionsänderungen in Haut, Subcutis, Durchblutungs- und Bewegungssystem sind zur *Diagnostik* (Palpation, Hautwiderstandsmessungen, Thermographie) von grosser Wichtigkeit.

> «Der Aufbau der Symptome erfolgt vorwiegend über die Bahnen und Schaltkreise der Sensomotorik, wobei es häufig zu Entgleisungen der Regelsysteme im Sinne einer positiven Rückkoppelung als Ursache für die pathologische Variation physiologischer Funktionsabläufe kommt» (Bergsmann).

Für die Neuraltherapie ist es von Wichtigkeit, dass die somatosensible Afferenz aus Muskulatur und Haut schneller als die viszerosensible geleitet wird. Jede in das Hinterhorn des Rückenmarks eintretende sensible Faser gibt Kollateralen an Interneurone ab. Durch die praesynaptische Hemmung der Interneurone entsteht um das jeweilige Axon eine sogenannte «*ruhige Zone*» oder ein *Informationskanal*. Von den Interneuronen werden synaptische Transmittersubstanzen gebildet. Es sind schmerzhemmende, körpereigene *Opiate* (Endorphine, Enkephaline). Die Neuraltherapie macht sich nun diese bevorzugte Bahnung somatosensibler Eingänge auf Rückenmarksniveau durch die verschiedenen hemmenden Interneurone nutzbar. Durch die neuraltherapeutische Unterbrechung, besonders der viszeralen Rückmeldekreise – sowohl vom Störfeld als auch im zugehörigen Dermatom –, kommt es zu einer sogenannten *Irritationspause*. Procain verlängert diese Irritationspause, indem positive Ladungen der Procainmoleküle an saure Gruppen von Zuckern der Grundsubstanz (Glykosaminoglykane, Proteoglykane, Glykoproteine) gebunden werden. Wenn diese Irritationspause bei erhaltener Regelfähigkeit der Grundsubstanz lange genug dauert, kommt es im betroffenen Organ sowohl zu einer Regeneration der Grundsubstanz als auch der zellulären Funktionen. Dies heisst aber nichts anderes als: Anregung individueller Heilungskräfte oder: Hilfe zur Selbsthilfe. Diese Regeneration kann sich autokatalytisch, dissipativ weiter ausbreiten und zu einer systemischen Verbesserung der Grundregulation führen (Heine/Perger).

Führen aber lokale und segmentale Therapien nicht zum gewünschten Erfolg oder stellen sich sogar Verschlechterungen ein, muss nach dem neuraltherapeutischen Konzept das schuldige *Störfeld* gesucht werden. Es ist wichtig, sich daran zu erinnern, dass grundsätzlich jede Stelle des Körpers, also auch der Zahnkieferbereich, zum Störfeld werden kann. Und wir wissen, die Injektion an das schuldige Störfeld heilt die störfeldbedingte Krankheit.

All diese Erkenntnisse, die nun über 70 Jahre bekannt sind, sind mehrfach wissenschaftlich untersucht und bewiesen worden. Dass Neuraltherapie nach Huneke biologische Informations- und Regulationsdiagnostik und -therapie ist, braucht meines Erachtens nicht mehr wissenschaftlich nachgewiesen zu werden. Es handelt sich um Tatsachen und Phänomene, die längst (Pischinger 1961) bewiesen sind. Das Rad braucht nicht dauernd neu erfunden zu werden. Die Klinik verlangt in teuren, aufwendigen Evaluationsverfahren sogenannt wissenschaftliche Beweise über die Wirksamkeit, Unbedenklichkeit, Wirtschaftlichkeit von Verfahren, welche chronisch kranken Patienten schon seit 70 bis mindestens 3000 Jahren erfolgreich und ohne schädliche Nebenwirkungen erfolgreich geholfen haben.

Therapien, die für Patienten erfolgreich sind, müssen – im Gegensatz zu Therapien, die erstmals angewendet werden sollen und von denen man nicht weiss, wie sie wirken, und die überdies exorbitant teuer sind – «wissenschaftlich» nicht mehr bewiesen werden.

Dabei wissen wir, dass nur 1–4 % der klinisch medizinischen Therapien und Medikamente nach den Anforderungen der klinischen Medizin wissenschaftlich
a. untersucht und
b. bewiesen sind.
Daraus geht hervor, dass ein erhebliches *Ungleichgewicht* zwischen der sogenannten Schulmedizin und der ärztlich biologischen Medizin besteht.

Dass sogenannte biologische medizinische Phänomene wissenschaftlich reichlich untersucht wurden, beweisen zahlreiche, ernst zu nehmende Publikationen. Die Wiener Schule Prof. Pischinger, Prof. Kellner, Dr. Bergsmann, Dr. Perger – alle Schulmediziner – haben den Beweis der Wirksamkeit, der Unbedenklichkeit und der Wirtschaftlichkeit schon in den frühen 60-er Jahren geführt.

Ein Beispiel, welches zeigt, dass Neuraltherapie schon auf der Stufe der *Information* erfolgreich einsetzt, ist ein klinisches Experiment, welches über 70 Jahre zurück liegt. Dass Information und nachfolgend fehlerhafte Reizbeantwortung durch das *Vegetativum* und nicht durch die eigentliche *Materie* von Allergenen und Toxinen, die Krankheit auslösen, bewies der Veterinär H. Siegen «wissenschaftlich» durch die nervale Unterdrückung des *Shwartzman*-Sanarelli-Phänomens. Shwartzman spritzte 1928 einem Kaninchen wenige Mikrogramm eines bakteriellen Endotoxins als vorbereitende Injektion in die Haut des Oberschenkels. 24 Stunden später injizierte er dasselbe Endotoxin als auslösende Injektion intravenös. 2–4 Stunden danach entwickelte sich an der Stelle der vorbereiteten Injektion eine grossflächige, tiefe, hämorrhagische Nekrose. Durch Infiltration hingegen der Erstinfektionsstelle mit Prokain vor der zweiten auslösenden Injektion, wurde diese Nekrose verhindert. Werden vorbereitende und auslösende Injektion des Endotoxins gleichzeitig intravenös verabreicht, erkranken die Tiere an einem schweren Schock und kommen zu Tode.

Fleckenstein konnte mit Procain intravenös den Schock und den Exitus verhindern.

Speranski zeigte im Tierversuch, dass eine Injektion von Tetanustoxin dort am stärksten toxisch wirkt, wo sich die meisten sympathischen Nervenendigungen befinden. Er wies ebenso nach, dass Tetanustoxin zusammen mit Procain injiziert keine Krankheit auslöst. Aus vielen Beispielen der täglichen Praxis – und dies überrascht unsere klinische Kenntnis – werden in den entsprechenden geographischen Gebieten tagtäglich bei Giftschlangenbissen, Skorpionstichen, Vogelspinnenbissen, Bienenstichen, Wespenstichen, Hornissenstichen und Zeckenbissen bei sofortiger lokaler und intravenöser Injektion von 1%igem Procain, sowie bei Injektion an den entsprechenden Grenzstrang und seine Ganglien nicht nur statistisch, sondern erheblich weniger Komplikationen und Todesfälle gemeldet werden. Man kann sich erneut vorstellen, dass es nicht die *Materie*, nämlich das *Gift* ist, (das ja systemisch und klinisch nachweisbar noch vorhanden ist), welches die schwerwiegenden Folgen verursacht, sondern die *Information*, welche die zentrale Übererregung und damit den *lebensgefährlichen Schock* auslösen kann.

Ich werde nun, um das Vorausgegangene Theoretische zu illustrieren, Ihnen an Hand von reellen, praxisorientierten Fällen zeigen, wovon wir eigentlich sprechen.

Lassen sie mich aber vorgehend Ferdinand Huneke aus seinem Buch «*Sekundenphänomen*» zitieren:

«Es ist Aufgabe des Arztes, sich der lebendigen Wirklichkeit unterzuordnen, sich einzufühlen in ihre Gesetzmässigkeit. Es geht nicht an, vom Lebendigen zu fordern, dass es sich nach unsern statistischen Bequemlichkeiten richtet. Das Wort «*Heilkunst*» bedeutet, dass die Gesetze der Statistik hier nicht gelten, nicht einmal die Gesetze der statistischen Wahrscheinlichkeit aus der Quantenphysik. Bei allen physikalischen Gesetzmässigkeiten fehlt der Begriff des Lebendigen als eines wesenmässig Dazugehörigen.»

Ein 74-jähriger pensionierter Baumeister, ettikettiert mit der *Diagnose Multiple Sklerose*, schildert sein langes, invalidisierendes Leiden mit folgenden Worten: Atembeschwerden, enge Brust, starker Husten mit Auswurf, Ohrensausen, Zahnschmerzen im rechten Oberkiefer, Sehstörungen des rechten Auges, Schwächeanfälle, geringe Belastbarkeit, schlussendlich depressive Verstimmung mit all ihren Nebenerscheinungen.

Zur Anamnese:
1935 stürzte der damals 20-jährige Rekrut beim Brückenbau vom Gerüst und erlitt dabei eine schwere Schädel-Hirn-Verletzung *rechts* temporal.

1939 wurde er wegen einer Erkältung mit beidseitiger Conjunctivitis in Kombination mit Kopfschmerzen, Schwächeanfällen und Schwindel auf der neurologischen Abteilung hospitalisiert, wo ein Militärarzt die Diagnose «retrobulbär bedingte Amblyopie des rechten Auges, Multiple Sklerose» stellte.

In der Folge wurde die Diagnose durch den Ordinarius für Neurologie bestätigt. Zwei Gutachten (eines davon aus Kassel – es herrschte damals Krieg) bestätigten die Diagnose.

Der Militärpatient wurde 1940 diensttauglich erklärt und ausgemustert. Er wehrte sich gegen diese Beurteilung, weil die Anerkennung seines Zustands als *Unfallfolge* von der eidgenössischen Militärversicherung verweigert wurde.

Im Februar 1941 wurde eine Oberexpertise eingeholt, welche zum Schluss kam: «zur Zeit in Regression begriffener Schub von Multipler Sklerose». Damit wurden die Akten geschlossen und das Schicksal dieses Mannes besiegelt.

Nach eingehender Anamnese und Untersuchung wurde die neuraltherapeutische Behandlung eingeleitet.

- 4. 10. 89 Segmentale Quaddelbehandlung des thorakalen Raumes.
  Sofortige Erleichterung beim Atmen.
- 6. 11. 89 Injektion an das rechte Mastoid, an die Schädelfrakturnarbe rechts temporal, sowie an den rechten lateralen Augenwinkel.
  Daraufhin berichtet der Patient, er fühle sich allgemein erheblich wohler und der Schwindel sei erstmals weg. Zusätzlich wurde der thorakale Raum wiederholt, da er eine länger anhaltende Besserung gebracht hatte.
- 5. 12. 89 Inzwischen war der Patient aufgeboten worden zu einer Nasen-Nebenhöhlen-Operation nach Caldwell-Luc, wegen seiner behinderten Nasenatmung und der Schmerzen im Oberkiefer rechts. Deswegen wurde das Ggl. *Pterygopalatinum* rechts und erneut die Schädelnarbe rechts behandelt.
- 12. 1. 90 Der Patient berichtet, er fühle sich sehr gut. Im Hinblick auf die bevorstehende Operation wurden nun die Nasen-Nebenhöhlen beidseits behandelt, worauf der Patient für mehrere Stunden eine freie Nasenatmung hatte. Er sagte von sich aus die Operation ab.
- 22. 1. 90 Behandlung des Ggl. Pterygopalatinum beidseits (mit 30 Minuten Abstand).
  Resultat: sofortige Verbesserung der Nasenatmung.
- 31. 1. 90 Wiederholung der Behandlung.
  Nun ist der Patient wegen seiner Augenstörung für die beidseitige Operation einer Cataracta senilis (grauer Star) vorgesehen.
- 13. 2. 90 Wiederholung der Behandlung mit demselben Erfolg.
- 7. 3. 90 Der Patient kommt zur 8. und letzten Konsultation. Er ist seine sämtlichen Beschwerden los. Die Augenoperation beidseits war ein voller Erfolg. Der nunmehr 75-jährige fühlt sich gesund, kräftig und aktiv, die Nasenatmung ist völlig frei und die Etikette «Multiple Sklerose» ist gelöscht.

Diese Etikette «Multiple Sklerose» hat also eigentlich bestanden aus:
- einem chronischen Bronchialasthma
- einer chronischen Pansinusitis
- einem invalidisierenden Schwindel

- einer chronischen Gesichtsneuralgie rechts
- und dies alles als Folge einer Unfallverletzung.

Störfeld war die Schädelnarbe.

Der zuvor mit dem Schicksal hadernde, enttäuschte Patient erklärt, er sei erstmals – nach 45 Jahren – glücklich.

Was Neuraltherapie nach Huneke für ein menschliches Schicksal bedeuten kann, hat Ihnen der angeführte Einzelfall deutlich gemacht. Alle unsere Patienten sind Einzelfälle, jeden trifft sein Leiden voll. An jedem einzelnen Fall kann allgemein Gültiges gelernt werden.

In einem weiteren Fall geht es um einen 62-jährigen Geigenbauer, welcher dreissig Jahre zuvor eine schwere Pleuritis links durchgemacht hatte. Vor vier Jahren, also mit 58 Jahren, erkrankte er an einer schweren Grippe, welche klinisch behandelt wurde. Seither therapierefraktärer Schulterschmerz links und gleichzeitig Auftreten einer Verstimmung, welche dem ehemals aktiven Sportler (Segeln, Skifahren, Tennis) die ganze Lebensqualität vernichtete, seine Kreativität als Geigenbauer und Musiker blockierte. Eine Potenzstörung wirkte sich auch auf sein Familienleben aus. Der Patient zog sich zusehends zurück und kapselte sich ab.

Die übrige Anamnese ist ausgesprochen unergiebig, ausser einer Tonsillektomie. Die Behandlung bestand in der Infiltration beider Tonsillektomienarben, in der Quaddelsegmenttherapie des thorakalen Raumes und einer intravenösen Injektion links cubital. Der Patient berichtete daraufhin, es sei ihm einen Tag lang deutlich schlechter gegangen – ein Phänomen, welches in der biologischen Medizin als Erstverschlimmerung und als signum boni gedeutet wird. Dann aber seien die gesamten Beschwerden verschwunden und sein psychischer Zustand sei fast schlagartig völlig verändert gewesen. Auch seine Gattin bestätigte die fast unbegreifliche Genesung und die Rückkehr zur Aktivität ihres Mannes sowohl in Beruf als auch im Sport.

Wiederholung der Behandlung wegen Anzeichen eines Rezidives ein Jahr später, drei Jahre später, 7 Jahre später, neun Jahre später.

Die richtige Diagnose ist hier erneut «Periarthropathia humeroscapularis links» bei aktivem Störfeld im Bereiche des thorakalen Raumes, welches mitverantwortlich für die behindernde Depressivität gewesen war.

Als dritten und letzten Fall schildere ich den Fall eines 75-jährigen Mannes, der wegen stärksten, schlafraubenden Schmerzen der rechten Schulter Hilfe sucht. Der Patient hat schon fast jede Hoffnung aufgegeben, war am Verzweifeln und wollte nicht mehr leben. Er gab zu, auch schon daran gedacht zu haben, dieses nutzlose, durch Schmerzen und Schlaflosigkeit sinnlos gewordene Leben gewaltsam zu beenden.

In der Anamnese fand ich eine Operation fünfzehn Jahre zuvor an der rechten Schulter wegen eines Bicepssehnenrisses. Seither hätten die Schmerzen trotz vieler Therapien – selbstverständlich auch Cortisoninjektionen – nur zugenommen und seien jetzt unerträglich.

Als Nebenbefund wurde eine Hypertonie von 200/70 mmHg festgestellt.

Fünf neuraltherapeutische Behandlungen lokal und im Segment, sowie in die verhärtete Operationsnarbe, brachten ausser kurzdauernder Verschlechterung gar nichts.

In der Neuraltherapie bedeutet jede Behandlung gleichzeitig eine Fragestellung an den Organismus, welche in der Regel von diesem korrekt und rasch beantwortet wird. Sind die Patienten über dieses Phänomen nicht informiert und rapportieren diese Antworten dem Arzt nicht, verliert dieser eine kompetente und wichtige Diagnostik und Therapiehilfe. Wenn eine lokale oder segmentale Behandlung zuerst zwar erfolgreich zu sein scheint, bei Wiederholung aber zur Verkürzung der schmerzfreien Zeit oder zur Verstärkung der ursprünglichen Beschwerden führt, ist dies ein zwingender Hinweis auf ein aktives übergeordnetes Störfeld. Dann heisst es: Störfeldsuche. Diese Störfeldsuche kann sich schwierig gestalten, weil – wie wir nun wissen – der Grossteil der Störfelder oligo- oder asymptomatisch sind, d. h. der Patient leidet nicht am Störfeld selbst, sondern an den störfeldinduzierten Symptomen.

Zurück zu unserem Patienten, welcher nach dem fünften Therapieversuch unzufrieden und noch verzweifelter war.

In einer solchen Situation wird der erfahrene Neuraltherapeut nicht primär zu komplementärmedizinischen Diagnostikverfahren, sondern zur vertieften Anamnese greifen. In unserem Fall kam dem Patienten – wie eine Erleuchtung aus heiterem Himmel – in den Sinn, dass er sich, 68 Jahre zuvor, im Alter von sieben Jahren – beim Sturz aus dem oberen Kajütenbett exakt auf den Rand eines Nachttopfes eine tiefe Weichteilwunde an der rechten Oberschenkelaussenseite zugezogen hatte.

Die Therapie in die tiefeingezogene Narbe löschte das langjährige Schmerzsyndrom in der Sekunde. Nach fünf Nachbehandlungen wurde abgeschlossen.

1. War der Patient völlig beschwerdefrei
2. Seine Suizidalität sowie seine depressive Verstimmung – am ehesten als Erschöpfungs – oder Dauerstress-Depression (Dauerschmerz – chronische Schlaflosigkeit) waren kein Thema mehr.

3. der Bluthochdruck hatte sich ohne einschlägige internistische Therapie völlig normalisiert.

Bei diesem instruktiven Fall tritt die grosse Bedeutung der Anamnese in den Vordergrund, denn: für den Patienten scheinbar unwichtige Vorfälle und Befunde können gelegentlich den Arzt auf die richtige Fährte setzen.

1892 hat der junge Chirurg Carl Ludwig Schleich auf dem Chirurgenkongress in Berlin über seine Arbeit vorgetragen «lokale Infiltrationsanästhesie mit 0,1 bis 0,2%-iger Kokainlösung». Er endet mit den Worten:

> «...so dass ich mit diesem unschädlichen Mittel in der Hand aus ideellen, moralischen und strafrechtlichen Gesichtspunkten es nicht mehr erlaubt halte, die gefährliche Narkose da anzuwenden, wo dieses Mittel zureichend ist.» (Ende Zitat)

Ein Sturm der Entrüstung erhob sich, jede Diskussion wurde abgelehnt und der Vorsitzende v. Bardeleben liess abstimmen, wer von den Anwesenden vom Wahrheitsgehalt dieser Arbeit überzeugt sei. 800 anwesende Chirurgen stimmten zu 0 gegen ihren Kollegen – ein Augenschein hätte gereicht.

Heute ist die Lokalanästhesie eine nicht wegzudenkende klinische Methode.

Rund 100 Jahre später befinden wir uns wieder in einer ähnlichen Situation und riskieren, für nachfolgende Ärztegenerationen uns wieder lächerlich zu machen, indem biologische Methoden, welche seit Jahrzehnten, seit Jahrhunderten und sogar seit Jahrtausenden weltweit erfolgreich angewandt werden, einfach deshalb von der Klinik nicht anerkannt werden, weil dieser die wissenschaftlichen Nachweismethoden für die real existierenden Phänomene noch fehlen.

Die Diagnostik und Therapie mit Lokalanästhetika, beispielsweise, wird – obschon zunehmend und in allen Kontinenten, von Ärztinnen und Ärzten erfolgreich und mit kaum nennenswerten Zwischenfällen durchgeführt – nicht ernst genug genommen, belächelt und gelegentlich noch bekämpft.

Wir werden nicht darum herum kommen, die Einwirkungen der Umwelt auf den Patienten zu kennen, zu diagnostizieren und ernst zu nehmen und stufengerecht zu behandeln.

Die Auswirkungen auf die Medizin des nächsten Jahrhunderts:
- Sie wird wirksamer sein müssen,
- sie muss weniger Nebenwirkungen aufweisen,
- sie muss patientenorientiert, also individuell sein,
- sie muss regulativ sein und
- nur dort reparativ, wo die Situation es erfordert.

Damit wird die Medizin auch kostengünstiger werden.

In der Rechtssprechung gilt ein Prinzip: Nichtwissen schützt vor dem Gesetze nicht.
Auf die Medizin übertragen kann formuliert werden:
Nichtwissen des Arztes schützt den Patienten vor körperlichen und seelischen Leiden nicht.
Von allergrösster Wichtigkeit wird aber sein: Gesund leben – Gesund bleiben.
Dieses Thema und das Thema der Prävention werden in der Vorlesungsreihe des Wintersemesters 00/01 zur Sprache kommen.

Literatur

Barop H.: Lehrbuch und Atlas der Neuraltherapie nach Huneke. 1. Aufl. Hippokrates-Verlag, Stuttgart 1996.
Bergsmann O.: Einfache Neuraltherapie für die tägliche Praxis. 1. Aufl. Fakultas, Wien 1987.
Bergsmann O.: Projektionssymptome, 2. Aufl. Fakultas, Wien 1990.
Dosch P.: Lehrbuch der Neuraltherapie nach Huneke, 14. Aufl. Haug, Heidelberg 1995.
Heine H.: Lehrbuch der biologischen Medizin, 2. Aufl. Hippokrates-Verlag, Stuttgart 1997.
Huneke F.: Das Sekundenphänomen in der Neuraltherapie, 6. Aufl. Haug, Heidelberg 1989.
Pischinger A.: Das System der Grundregulation, 7. Aufl. Haug, Heidelberg 1989.
Zohmann A.: Neuraltherapie in der Veterinärmedizin. Schlütersche, Hannover 1994.

Friedrich P. Graf

Ganzheitliche Entwicklungsbegleitung von Kindern im neuen Jahrtausend – Ein homöopathisch-miasmatisches Konzept zur Gesunderhaltung

Wie komme ich hierher zu Ihnen ganz aus dem Norden, nördlich von Hamburg? Das hat einen einfachen Grund, nämlich dass ich mit Schweizer Hebammen und Ärzten in engem Kontakt bin und nun schon seit fünfzehn Jahren in Homöopathie ausbilde. Ich spreche hier zu Ihnen vor dem Hintergrund einer über 20 Jahre andauernden Praxisarbeit als Gynäkologe, der früh den Kontakt mit der Homöopathie gefunden hat und dann nicht in diesem Fachbereich allein aufgehen wollte. Mein Hauptarbeitsgebiet war die Geburtshilfe; war, das heißt, ich habe die Hausgeburtshilfe vor einigen Jahren aufgrund der großen Belastung beendet. Aus der geburtshilflichen Situation heraus hat sich zwangsläufig Kindesbegleitung ergeben. Es kam einfach so, dass die Eltern mir die Kinder gebracht haben, und ich als Gynäkologe anfing, kinderärztlich zu arbeiten. Das mache ich jetzt seit 20 Jahren. Und weil ich vom ersten Tag an so gearbeitet habe, bin ich jetzt doch etwas in der Lage, Kindesentwicklung von heute zu überblicken. Meine Arbeitsschwerpunkte sind die Schwangerschaft [1], die Geburt [2] nach wie vor, allerdings mehr aus der Entfernung jetzt begleitend bzw. beratend, die Kindesbetreuung und -entwicklung [5] insbesondere in den ersten Jahren: der Start in das Leben. Es ist ein sehr erfreuliches Thema, wenn wir jetzt an der Jahrtausendwende stehen und uns hier mit den Einwirkungen auf diese neuen Generationen, die ja unsere Zukunft und Hoffnung bedeuten, Gedanken machen.

Vorweg eine Idee, die mir hierzu begegnet ist:
Im August 1999 hatte ich einen Artikel in die Hand bekommen von einem deutschen Mediziner und Querdenker, das ist der Kollege Dr. Ellis Huber aus Berlin, der lange Zeit Präsident der Ärztekammer in Berlin war und jetzt abgewählt worden ist. Er vertrat eine fortschrittliche Ärzteschaft und hat so manche neuen Gedankenimpulse zu unserem Gesundheitswesen hervorgebracht. Im August 1999 las ich in einer deutschen medizinischen Zeitschrift folgendes Statement von ihm, über das ich seither öfter nachdenken muss: «Im 21. Jahrhun-

dert wird die Epidemiologie die Molekularbiologie und Genetik als wichtigste medizinische Wissenschaft ablösen.» Warum das? Es erstaunt zunächst, dass die Genetik mit ihren rasend schnellen Entwicklungen an Bedeutung verlieren sollte! Wir stehen jetzt an so einem Punkt, dem Jahrtausendwechsel, und meinen, dass wir mit den Genen den Schlüssel zu den Veränderbarkeiten des Lebens haben. Im Grunde genommen wird man aber nach Entdeckung der Genkarte nicht viel weiter sein als vorher, nämlich dass man von den Zentren, den zentralen Einrichtungen des Lebens, einiges weiß, aber nicht von dem, wie sie arbeiten. Nach wie vor werden wir in den wesentlichen Fragen im Dunkeln tappen. Die Euphorie, die mit der Aufdeckung der Genkarte verbreitet wird, erhält der modernen Medizin vorerst die öffentliche Akzeptanz, verspricht sie doch ungeahnte neue Heilungschancen und Auswege aus Krankheiten und gar Persönlichkeitsstörungen – «man müsse nur den Genort finden» –, obgleich sich überall «Sackgassen» auftun. Die Epidemiologie wird eine Herausforderung, weil wir zunächst «unerklärbar» einen erheblichen Wandel der Gesellschaften und ihrer Krankheiten erleben, einen Wandel in Hinblick auf neue Seuchen, die wir allgemein als *Allergieseuchen* beschreiben. Der fragmentarische Charakter wissenschaftlicher Detailerkenntnisse und die Entdeckung einzelner Bausteine des Lebens trugen nur wenig dazu bei aufzuklären, wie Leben eigentlich funktioniert und wie die Lebenskraft mit der zu ihr gehörenden Kraft der Selbstheilung arbeitet. Das wird noch einige Zeit in Dunkelheit und Unklarheit bleiben. Viel mehr ging und geht es unserer heutigen medizinischen Wissenschaft um *die Reparaturidee und die dazu gehörige Ökonomie*. Die Erkenntnisse für Therapien kommen in der Regel zu spät und werden von neuen Entwicklungen bzw. Epidemien überholt. Ein gutes Beispiel dafür sind die Impfkonzepte, die insbesondere aus der Sicht der wohlhabenderen Gesellschaften – und nur für diese sind Impfungen entwickelt, denn man muss diese bezahlen können – Krankheiten bedienen, die in den Nachkriegszeiten bzw. Mangelzeiten von größerer Bedeutung waren. Jetzt hingegen erhalten wir seuchenartige Epidemien von Immunschädigungen, die besser bekannt sind unter den konkreten Diagnosen wie zunächst die atopische Dermatitis und Neurodermitis: In Deutschland ist es mittlerweile soweit, dass jedes dritte Kind vor der Einschulung diese Problemerfahrung gemacht hat. Oder die spastische Bronchitis und das Asthma bronchiale: Jedes 5. bis 10. Kind in Deutschland ist Asthmatiker bei Einschulung und das Asthma ist heute schon die häufigste chronische Kinderkrankheit auf der ganzen Welt. Autoimmunkrankheiten unzähliger Art, insbesondere bei jungen Frauen und häufig in der Stillzeit die Autoimmunthyreoiditis, nehmen ungebremst zu. Das Krebsleiden ist demnächst wohl die häufigste Todesursache im

21. Jahrhundert und doch nur Ausdruck des Zusammenbruchs des jeweiligen Abwehrsystems. Konzepte zur Verhinderung sind widersprüchlich oder nicht in Sicht. In dramatischer Weise steigen die Schäden an den Zentralnervensystemen unserer Kinder, für die es keine Erklärung gibt. Als Beispiel fällt mir das ADHS (Aufmerksamkeitsdefizit-, Hyperaktivitätssyndrom) ein.

Das Gemeinsame dieser neuen Seuchen ist, dass es keine fassbaren Krankheitsauslöser wie Erreger mehr gibt. Folglich wird es in Zukunft wenig Sinn ergeben, am Impfkonzept festzuhalten.

An der Schwelle zum nächsten Jahrhundert und besonders zum Lebensbeginn sind Konzepte zur Gesunderhaltung und Lebensoptimierung gefragt, nicht bloß Krankheitsvermeidung, wo wir doch noch gar nicht wissen, welche Epidemien sonst noch über uns einbrechen werden. In der aktuellsten Epidemie, den Allergien, ist noch gar nicht akzeptiert, dass die Medizin selber als Hauptverursacher – so sehe ich das persönlich – anerkannt ist; Hauptverursacher deshalb, weil wir mit Injektionen von Fremdsubstanzen am wirksamsten Abwehrsysteme schädigen, im Gegensatz zum Einatmen, Einreiben und Essen. Bei allen weiteren Überlegungen, die ich gleich anstelle hinsichtlich des Konzeptes, das ich ihnen anbiete, sollte vorrangig Krankheit als Normalfall zur Gesunderhaltung vom negativen Makel teilbefreit werden. Gerade in der Kindheit gibt es zumutbare akute Krankheiten, die im Lebenslernprogramm, das heißt, im Erwerb von Abwehrfähigkeiten, wichtig und zumutbar sind. Insbesondere in den uns genetisch gutbekannten Kinderkrankheiten wie Masern, Mumps, Röteln, Windpocken, wie aber auch in den saisonal auftretenden Virusinfekten, die endlich wieder mit Fieber einhergehen können, werden Krankheitserblasten und hinzugekommene Umweltfaktoren mit Gefahren von chronischer Beeinflussung oder Beeinträchtigung gelockert und nicht selten überwunden. Also eine Chance bietet sich an. Es ist kein Geheimnis, dass der notwendige gute Ausgang dieser Akutkrankheiten, wie das Verhindern von Komplikationen Sache des intakten Abwehrsystems ist und damit abhängig von der Ausgangslage bezüglich wirtschaftlicher und familiärer Versorgung. Lassen Sie mich der Einfachheit halber und der leichteren Einsehbarkeit wegen ausgehen von unserer gegebenen relativ guten Versorgungslage hier, und weniger jetzt über andere geografische Orte sprechen. Es ist völlig klar, dass diese Krankheiten gut ausgehen sollen, damit ein individueller Vorteil daraus werden kann. Das entscheidende Problem, dem wir uns bei Erkrankungsgefahren in der Praxis ausgesetzt sehen, ist die Unsicherheit in der Einschätzung, welches Kind, das in eine Krankheit hineingeht, eine stille Feiung durchmacht, einen milden Durchgang absolviert, eine heftige tiefe Erkrankung oder eine schwere unzumutbare Komplikation erfährt. Wenn wir hierzu Voraussetzungen schaffen könnten, daß wir positive Ergebnisse erzielen, dann wäre für viele viel gewonnen.

Von Samuel Hahnemann, (1756-1843), dem Begründer der Homöopathie, gibt es konkrete Vorstellungen, wie der Mensch chronisch krank wird, bzw. mit welcher Vorlast wir Eintrittsrisiken in Krankheiten beurteilen können [3]. Es ist ein Problem, Ihnen das alles in einer Stunde vorzutragen, was seit 200 Jahren die Homöopathie zu diesem Thema entwickelt hat und was ich in 20 Jahren erlebt und angewendet habe. Die Ausgangsbetrachtung ist ein einfaches zellularbiologisches Grundmodell [4]: eine Zelle kann im Krankheitsfall schwach werden, kann schrumpfen, an Funktion, Tonus und Form kleiner werden, sie kann sich aber auch ausdehnen und hypertrophieren, kann also an Funktion und Größe zunehmen. Eine Zelle kann weiter gegen sich selbst gerichtet arbeiten, fehlfunktionieren und dabei zugrunde gehen. Andere biologische Grundregulationsformen gibt es eigentlich nicht. Und diese drei legen wir zugrunde als die Grundqualitäten gestörter biologischer Systeme. Was für eine Zelle gilt, hat ebenso Gültigkeit für den ganzen Zellverband, für das Organ und das Organsystem. Es verändert sich so der ganze Mensch in allen Belangen des Organischen, der allgemeinen Regulationen und der Psyche, in Gemüt und Geist. Und im Rahmen des Ganzen bewegt sich das, was ich Ihnen beschreiben will.

Samuel Hahnemann ist 1817 auf dieses Grundkonzept gestoßen in der Fragestellung, warum eine große Gruppe seiner chronischen Kranken ständig wieder zu ihm in die Praxis kam, einzelne Hilfestellungen erfolgreich gegeben wurden, aber sich bei weiterem Verlauf ein Bild ergab, wie wenn man immer nur eine Teilproblematik gelöst hätte und in der Tiefe ein umfassenderes «Urübel» weiter bestehen blieb. Er kam in seinen Nachforschungen auf die Gemeinsamkeiten dreier zu unterscheidender Gruppen: dass in der Vorgeschichte der ersten, größten Gruppe eine Krätze vorgekommen war, in der zweiten Gruppe eine Gonorrhö und in der dritten eine Syphilis. Zu Hahnemanns Zeiten gab es keine Erregervorstellung und kein Antibiotikum wie heute gegen die Gonorrhö und auch keines gegen die Syphilis, sondern es gab eine genetische Anpassung, indem Generationen Krankheiten durchstehen mussten und immer wieder an ihre Nachkommen ihre Fähigkeit oder Unfähigkeit, mit dieser Störung umzugehen, weitergaben. Und es gab sehr wohl Behandlungen, die den Kranken die Leiden erleichtern sollten: die Krätzekranken wurden wirksam mit reinem Schwefel eingerieben, die gonorrhoische Schleimhaut mit Silbernitratlösungen verätzt und die syphilitischen Geschwüre mit Quecksilber eingeschmiert. Obgleich man noch nichts von Erregern wusste, therapierte man dennoch wirksam «antibiotisch» aber von der Oberfläche her *unterdrückend.* Die resultierende Defektheilung wurde zum Wegbereiter der nachfolgenden Krankengeschichten oder als erfahrene Empfänglichkeit bzw. Empfindlichkeit an die Nachkommenschaft vererbt.

Vom Niveau der Haut her betrachtet entwickelt sich die Krätze streng in der Epidermis, die Gonorrhö geht mit ihren Entzündungen und Schwellungen über das Niveau und die Syphilis zerstörend geschwürig unter das Niveau. Das konnte man damals deutlich beobachten und weiter, dass die Krätze mit sehr viel Schwäche, die Gonorrhö mit sehr viel Übertreibung, Kondylomentwicklung und rheumatischen Folgekrankheiten und die Syphilis mit Zerstörung bis in die Knochen und Hirnnervenzentren verbunden waren. Ich habe das historische Grundthema deshalb beschrieben, weil wir mit entsprechenden Bezeichnungen seit Hahnemann umgehen: Das sind die *Psora, die Sykosis und die Syphilinie, die Grundqualitäten des chronischen Krankseins (Tab. 1).*

Tabelle 1

Psora	*Sykosis*	*Syphilinie*
Schwäche	Übertreibung	Zerstörung und Verhärtung
Hypo (-trophie, -plasie, -tonie, -funktion)	Hyper (-trophie, -plasie, -tonie, -funktion)	Dys (-trophie, -plasie, -tonie, -funktion)

Der Begriff *Miasma* existiert seit Hippokrates und besagt, dass der Mensch krank wird durch die üblen Ausdünstungen an seinem Wohnort bzw. durch die Bedingungen seiner Umwelt, in der er lebt. Es gab damals keine Bahn, kein Flugzeug, keine schnellen Transportmöglichkeiten, und die Generationen verweilten überwiegend an einem Ort. Im Rahmen der Säftelehre stellte man sich die Dyskrasie als Krankheitsbedingung vor: Je nachdem jemand an einem trockenen Ort oder an einem feuchten Ort lebte, wirkten sich die Einflüsse krankmachend und «säfteverändernd» aus.

Hahnemann hat diesen Begriff um den genetischen Anteil erweitert. Miasma besagt für uns: *krank durch Umwelt* und *Vererbung* und beschreibt ein psorisches (Krätze-)Miasma, ein sykotisches (Feigwarzen-) und ein syphilitisches Miasma.

Die Krätze ist ohne weiteres noch existent, aber gebunden an sehr schlechte Ernährungs- und Milieubedingungen. In Notzeiten, in Flüchtlingslagern oder moderner in Alterspflegeheimen müssen wir mit Krätzeproblemen rechnen, aber weniger in der Wohlstandsgesellschaft.

Die Gonorrhö ist nach wie vor existent, wird durch sexuelle Hyperaktivität mit häufigem Partnerwechsel verbreitet und muss gesetzlich vorgeschrieben mit Antibiotika behandelt werden, um Seuchengefahren vorzubeugen. In meiner Studienzeit in den 70er Jahren hieß es noch: einmal Gonorrhö – immer Gonorrhö! Die GO stigmatisiere wie ein Makel, man werde sie nicht mehr los. Es gab die Beobachtung, dass trotz erfolgreicher Antibiotikabehandlung scheinbare Rezidive der Krankheit wieder auftraten, ohne dass zunächst Erreger gefunden wurden. Erst um 1980 wurden die Chlamydien entdeckt und als Begleiterreger (C. trachomatis) des «postgonorrhoischen Symptomenkomplexes» entlarvt. Also diese Geschichte geht weiter mit den gleichen Krankheitsqualitäten, nur haben wir es jetzt statt mit den Gonokokken mit den Chlamydien zu tun. Diese neu entdeckten Erreger sind subtiler, daher chronischer und lange unentdeckt, versteckter, kleiner als die Gonokokken und begleiten jahrzehntelanges Kränkeln, das wir Sykosis nennen. Chlamydien sind wie die Gonokokken intrazellulär im Zytoplasma anzutreffen, noch antibiotisch behandelbar, aber erfordern längere Therapiezeiten mit eingeschränktem Erfolg. Aus homöopathischer Sicht ist entscheidend, dass die Chlamydien vielleicht noch beseitigt werden können, die Sykosis schreitet dennoch fort im Sinne ihrer Krankheitsqualitäten mit ungewissem Ausgang und erhöhtem Risiko des Überganges in die Syphilinie, wo mit den Komplikationen durch die Viren zu rechnen ist.

Die Viren gehen an die «Zentrale», das ist das Charakteristische der Syphilinie: Es werden die Zentren angegriffen, das Nervenzentrum, das Abwehrzentrum oder das Zellzentrum, das Erbgut. Und es ist ein Charakteristikum wiederum der Viren, dass diese sich in das Erbgut einbauen. Die beobachtete Erfahrung, daß Antibiotika die Wegbereiter für Viren sind, bestätigt die homöopathische Theorie, daß Unterdrückungen der Sykosis (Bakterien) den Übergang in die Syphilinie (Viren) bewirken kann.

An der Schwelle von der Sykosis zur Syphilinie finden wir heute die Herpesviren und die HPV (Humane Papilloma-Viren), die charakteristischerweise einmal aufgenommen werden und trotz erster Erfolge mit Virustatika nicht mehr beseitigt werden können. Man kann sie nicht mehr loswerden! Die Herpesviren ziehen sich in die Nervenscheiden zurück, verweilen dort und lösen typische zerstörerische Krankheitsrezidive bei der nächsten Immunschwäche aus. Und der eine oder andere von Ihnen leidet schon unter diesen sporadisch aufbrechenden Herpesbläschen, die nach dem Skilaufen auftreten oder wenn Sie sich zu lange in der Sonne aufhielten. Dann leiden Sie unheilbar(?) chronisch an dem Herpes-Typ I, dem Herpes labialis, eine der heute acht bekannten Herpesvirusgruppen. Wir wissen, dass Sie in der Folgezeit gefährdet sind, komplikationsträchtiger zu reagieren und an der Schwelle zur Destruktion stehen: Die Herpesviren wie auch die Warzen-(HP-)Viren haben ein karzinogenes Potential. Das wird bestätigt in dem Kenntnisstand von den HP-Viren, die in einzelnen Subtypen (z.B. Typen 16 und 18) mit beschleunigter Entwicklung eines Zervixkarzinoms verbunden sind. Dieses Wissen wird bei der Risikoabschätzung für Frauen genutzt, die mit Zervixdysplasien (Pap III D) in der Vorsorgeuntersuchung aufgefallen sind und vorteilhafterweise eine Konisation empfohlen bekommen.

Ein psorisch Kranker kann durchaus Herpes- oder HPV-Viren über Kontakte aufgenommen haben, nur kommt es zu keinen Erkrankungen, zu keinen Ausprägungen der mit diesen Viren verbundenen Erscheinungen, solange die Psora erhalten bleibt!

Die klinischen Begriffe zu dem miasmatischen Konzept sind in der nachfolgenden *Tabelle 2* ab Schwangerschaft und für das Neugeborene sowie in *Tabelle 3* für das Kind und seine zu erwartenden Krankheiten festgehalten, um eine Interpretation des jeweilig auftretenden Krankheitsphänomens zu ermöglichen. Anschließend wird dann zu überlegen sein, wie mit diesen Erkenntnissen eine Krankheitsvertiefung verhindert werden kann.

Tabelle 2: Miasmen (eine Auswahl)

	Psora	*Sykosis*	*Syphilinie*
Schwangere	Frühabort	Frühgeburt	Spätabort
	primäre, sekundäre Wehenschwäche	vorzeitige Wehen – (Tokolyse)	Cervixinsuffizienz
		EPH)-Gestose	(Prae-)Eklampsie, Hellp-Syndrom
	Soor/Candida	Chlamydien	Viren. (z.B.Herpes, HPV) Schwermetalle, Strahlen,
		Anaerobier, Bakterien	Toxine
Neugeborenes	Übertragung	Frühgeburt	Dystrophie
	Hypoton	niedriges Geburtsgewicht	Dystonie
	Unterkühlung	Ikterus neonatorum	Sepsis
	Trinkschwäche	Leber-, Milzschwellung	Mißbildungen
	Exanthem	Blähungskoliken	Aplasien
	Erythem	Akne	Apnoeanfälle
		Hämangiome	Niereninsuffizienz

Frühe psorische Probleme in der Schwangerschaft treten auf mit den Aborttendenzen bis zur 12. Woche, später mit den Pilz-Scheideninfekten und den primären und sekundären Wehenschwächen. Die psorische Schwangere geht terminlich über die Zeit, ihr Kind kommt zu spät und wird übertragen erscheinen, mit einem muskulären Hypotonus auffallen, schlaff, trinkfaul sein, schnell zu Unterkühlung neigen, instabil und unter Trinkschwäche leiden und schon in den ersten Lebenswochen mit psorischen Hautstörungen reagieren. Aber, so muß man gleich hervorheben, es werden diese Säuglinge im ersten halben Jahr nicht krank, wenn man sie in Ruhe lässt! Sie haben also zunächst eine sehr gute Prognose.

Die sykotischen Neugeborenen kommen zu früh auf die Welt und fallen mit niedrigem Geburtsgewicht auf. Immer wieder kann man heute von Statistiken lesen, die beschreiben, wer ein niedriges Geburtsgewicht hat, hat eine höhere Wahrscheinlichkeit frühzeitig zu sterben, eine unmittelbar sykotische Thematik: Zu übertrieben gelebt, zu kurz das Leben.

Ich sollte noch erwähnen, dass die Gonorrhö in drei Stadien abläuft, und diese sind durchaus die sykotischen Vorbilder für die qualitativen Vorstellungen von heutigen Krankheiten. Das zweite Stadium der GO ist das rheumatische – also alles was wir als rheumatisches Krankheitszeichen erleben, ist für uns definitionsgemäß sykotisch – und bevorzugt reagiert das Kniegelenk (diese Affinität der GO zum Kniegelenk ist mit dem Wortstamm «gon-» (griech. = Knie) belegt, dem Umstand der häufigen GO-Monarthritis Rechnung tragend). Dann geht die Krankheit mit Entzündungen an die Leber, die Stoffwechselzentale. Es kommt zu Hypertrophien. Alles, was wir heute unter Hyperlipidämie (Hypercholesterinämie, Hypertriglyceridämie) subsummieren, ist sykotisch wie die Fettleber, die Leberentzündung, die Gallensteine (und auch die Nierensteine) sowie die Gicht. Wenn wir von solchen Krankheiten in der Anamnese einer Schwangeren hören, dann erkennen wir deutlich die Zeichen einer erblichen, sykotischen Vorbelastung für die Nachkommenschaft.

Das dritte Stadium der Gonorrhö geht an das Herz: Endocarditis, Myocarditis, Pericarditis, eine umfassende, entzündliche Veränderung des Herzens und der Koronarien mit Thrombenbildung und Herzinfarkt. An der Schwelle zum nächsten Jahrtausend ist in den Wohlstandsländern der Herzinfarkt die Todesursache Nummer 1, nicht als Folge der vorausgegangenen Gonorrhö sondern als Ergebnis der dramatisch zugenommenen Sykosis. Wenn ich also in einer Anamnese höre, dass Eltern oder Großeltern an Herzinfarkt gestorben sind und das schon vor dem 60. Lebensjahr, dann ist das ein intensiver Hinweis auf das familiäre Miasma Sykosis. Dann werden bereits viele sykotische Krankheiten wie auch Organvergrösserungen bei der Schwangeren vorgekommen sein. Sie wird mit

Warzen, Zysten, Myomen, Herpesinfektionen und Veränderungen ihrer Scheidenflora in Richtung der Aminkolpitis, mit Fluor vaginalis und wiederholten Scheideninfekten aufgefallen sein. Eine Diagnose der Chlamydien würde ebenso wenig überraschen wie das Auftreten der EPH-Gestose, von Frühgeburtsbestrebungen, von hypertonen Wehen und small-for-date-babies. Sykotische Neugeborene sind von Geburt an krank: sie werden schnell sehr gelb (Hyperbilirubinämie durch Leberüberlastung!) und weisen häufig Leber-/Milzschwellungen auf. Das Auftreten der Neugeborenen-Akne sowie von verschiedenen Proliferationen wie das Nabelgranulom und auch die Hämangiome (Schwellungen, die über das Hautniveau hinausgehen) belegen die sykotische Disposition dieses Kindes. Diese Neugeborenen fallen in der ersten Lebenswoche durch hartnäckige «Schmieraugen» auf, durch eitrige Lid- und Bindehautentzündungen, die bis zu 70 % von den Chlamydien bedingt sind, erleben Nasenverstopfungen und dadurch Trinkstörungen und in der Folgezeit entzündungsbedingte Verschleimungen der Atemwege.

Syphilitische Ereignisse in der Schwangerschaft sind die (Zer-)Störungen der Fruchtanlage nach der 12. Schwangerschaftswoche durch Röntgen- und Nuklearstrahlen, durch Viren, Schwermetalle oder Toxine sowie durch die Auswirkungen schwerer Sucht wie durch Tabak, Alkohol oder Drogen. Das Auftreten schwerer Gestosen vor der 28. Woche, die Übergänge in die (Prae-/)Eklampsie und das HELLP-Syndrom sind bekannte syphilitische Erscheinungen. Derart schwere Entgleisungen müssen vorrangig verhindert werden.

Interessant ist hier die Beobachtung und Erfahrung, daß an Frühgestose (vor der 28. Schwangerschaftswoche) erkrankte Schwangere immer wieder von der homöopathischen Arznei Mercurius solubilis, dem Quecksilber, profitieren, eine Arznei, die über Jahrhunderte in der Syphilisbehandlung verwendet wurde. Konkrete Aufnahmemöglichkeiten dieses giftigen Schwermetales sind heute die Zahnamalgame, der Fischkonsum und die Impfungen!

Die syphilitischen Neugeborenen fallen schon auf durch ihre Dystrophie, ihre Dystonie, dadurch dass sie Symmetriestörungen und Missbildungen mitbringen wie die Lippen-Kiefer-Gaumenspalte. Die mangelnde Anlage von Organen, beispielsweise die Nichtanlage eines Afters (Analatresie), wäre qualitativ für uns schon eine Einordnung in die syphilitische Belastung wie auch die schnelle Entgleisung in die Sepsis, so dass sie unzumutbar schnell dem Tode nahe sind. Dass Apnoe-Anfälle auftreten, also Atemlosigkeit, Atemstillstand in der ersten Lebenswoche bis hin zu dem Drama des plötzlichen Kindstodes in der Folgezeit, sehen wir nicht als «Zufälle» sondern als fortschreitende Syphilinie an, die jederzeit unvermittelt zum Tode führen kann!

Betrachten wir die Säuglinge:

Tabelle 3: miasmatischer Schwerpunkt heutiger Krankheiten bei Kindern und deren Zukunft

Psora	*Sykosis*	*Syphilinie*
Hypo-	Hyper-	Dys-
Pilze	Bakterien /Chlamydien	Viren
Erstes Halbjahr nicht krank	Ab Geburt auffällig	Ab Geburt krank
Pastös	Hyperaktiv, hager,	Nachtverschlechterung
Spätentwicklung	beschleunigte Entwicklung	Dyskinesien, Asymmetrien
Milchschorf	Neugeborenen-Gelbsucht Augenentzündung	Paresen
Neurodermitis	Nasen-Rachen-Katarrh	Pigmentstörungen (Café-au-Lait-Flecken, Vitiligo, Porphyrie etc.)
Rachitis	Lungenentzündung	Fisteln, Geschwüre
Windeldermatitis	(interstitielle Pneumonie)	Keratosen
Soor / Darmpilzerkrankung	Hernien, Granulome Lipome, Atherome, Warzen	Neurinome, Exostosen
Verstopfung Kardiainsuffizienz	Blähungskoliken	Pylorospasmus
Kontaktallergie Heuschnupfen	Hyperaktives Syndrom Asthma bronchiale	Degenerative Nerven- und Muskelerkrankungen, Lähmung
Immunschwäche	Rheumatische Erkrankungen	Autoimmunkrankheiten
Mangel- oder Enzymschwächekrankheiten	akute Entzündungen (des Mittelohres, der Bronchien, der Blase u.a.), Polypen, Zysten, Adenome, Steine	Epilepsie/Krämpfe, Anämie, Depression, Verhärtungen, Elastizitätsverlust
Arteriosklerose, Hypotonie	Diabetes II Hypertonie, Herzinfarkt	Diabetes I Krebs
Asthenie	(Tuberkulose) Bulimie, Übergewicht	Sucht, Psychose, Suizid, Anorexie
Vitamin D (Impfungen)	Impfungen, Jod	Eisen, Fluor (Impfungen)

Der psorische Säugling legt ordentlich an Gewicht zu, wird korpulent, neigt allerdings zu Rachitis. Er ist verzögert und schwach in allem, lernt spät gehen, spät zahnen und hat immer mal wieder mit dem Soor zu tun. Dieser Pilzinfekt ist harmlos, unproblematisch und sollte aus homöopathischer Sicht in Ruhe gelassen werden, denn damit wird die Entwicklung nicht beeinträchtigt. Der psorische Säugling ist im ersten halben Jahr nicht krank! Das ist das Überzeugende! Aber nur, wenn man ihn in Ruhe lässt und die Stillsymbiose möglichst erhält.

Der sykotische Säugling fängt schon früh an, Aktivität zu zeigen. Hyperaktivität, Nachtaktivität, auffallend wenig Schlafbedürfnis, frühes Gehen, frühes Sprechen, in allen Belangen ist dieses Kind früher entwickelt. Das gilt auch für das frühe Krankwerden schon im ersten halben Lebensjahr. Blähungskoliken und vielfältige Schleimhauterkrankungen sind üblich. In der Zahnungszeit kommt die 1. Mittelohrentzündung und leider zu schnell das erste Antibiotikum, das meistens den Einstieg in eine Serie von Rezidivinfekten mit Übertreibungsmerkmalen, Vertiefung der Sykosis und eine Gefahr für den Übergang in die Syphilinie bedeutet.

Der syphilitische Säugling macht uns ebenfalls von Geburt an Probleme, allerdings mit anderen Qualitäten. Die Nacht wird zu einer Krisenzeit, das Kind findet keine Ruhe. Es erholt sich schlecht von Störungen und wird nachts zur familiären Belastung. Das Zahnen vor dem 4. Monat ist ein deutliches syphilitisches Zeichen. Sie lernen spät sprechen – ein Hinweis auf die Beeinträchtigung der Nervenentwicklung.

Das Kind:
Das psorische Kind fällt auf durch frühen, feinen Schorf auf dem behaarten Kopf, mit Ekzemen und Neurodermitis, aber auch mit allen Formen von Hautrötungen, Erythemen oder Exanthemen, wie sie typischerweise bei den frühen Infekten auftreten und das Ende der Krankheit in der vorteilhaften Psora anzeigen. Hypoplasien, Pilzerkrankungen und Allergien sind die häufigen psorischen Manifestationen in dieser Zeit. Das Vitamin-D kann auf die Kindesentwicklung einen psorafördernden Effekt haben: es stimuliert, aktiviert und hat hormon-ähnliche Qualitäten und führt in der Folgezeit häufig in die Schwäche und leichte Erschöpfbarkeit. Unzweifelhaft bewirken hohe Dosen von Vitamin-D Arteriosklerose.

Die sykotischen Kinder fallen früh auf durch das Nabelgranulom, durch Hernienentwicklung wie Nabel- und Leistenbrüche, durch Warzenbildung, dadurch dass Lymph-, Fett- und Bindegewebstumore (Lymphome, Lipome, Fibrome) wuchern, obschon immer gutartig. Sie zeigen früh von Herpesinfektionen ausgelöste Effloreszenzen und damit eigentlich schon syphilitische Gefährdung. Das Auftreten von Entzündungen ist ein typisches Sykosis-Drama, im schweren Fall kann es die Gelenke treffen und zu rheumatischen Erkrankungen führen. Der Diabetes mellitus (Typ II, der Altersdiabetes) kann früh gebahnt werden oft in der Folge von Adipositas, der Fettsucht bei Kindern. Von primär sykotisierender Wirkung sind Jod [7] (durch die Steigerung der Verbrennung) und die Impfungen [6] (durch die unvermittelte Provokation des Immunsystems) mit jederzeitiger

Gefahr des Überganges in die Syphilinie (z.B. durch die Wirkungen der den Impfpräparaten beigefügten Schwermetalle wie Aluminium oder Quecksilber auf das Nervensystem).

Syphilitisch sind die Störungen der Hautpigmentation und daher die Schädigungen durch das UV-Licht. Definitionsgemäss syphilitisch sind Schäden wie Fisteln, Geschwüre und Krankheiten, die an das Nervensystem, an die Zähne und Knochen gehen. Übermäßige Verhornungen der Haut und Fissuren, Rhagaden, Verhärtungen von Organen und der Verlust der Elastizität sind syphilitisch wie auch Neurinome und das Auftreten von Autoaggression wie bei Autoimmunkrankheiten. Hierzu zählen wir den juvenilen Diabetes Typ I, der nach spezifischer Zellzerstörung die lebenslange Substitution von Insulin erfordert. Krebs ist definitionsgemäß syphilitisch, wie dann auch die Psychose, der Suizid, die Suchtleiden und die Anorexie (Bulimie ist eine sykotische Manifestation). Die Effekte von Eisen und Fluor [7] sind syphilitisch. Fluor gelangt nicht nur in die Knochen und in den Zahnschmelz, um dort eine unnatürliche Härte zu bewirken, sondern verbindet sich auch mit der Kieselerde und nimmt unseren auf Elastizität angewiesenen Organen die Nachgiebigkeit, indem sich Silizium-Fluor-Verbindungen bilden, die keine Elastizität mehr ermöglichen. Impfungen können durchaus von primär syphilitischer Auswirkung sein, wenn ein direkter Angriff auf die Nervensubstanz erfolgt und die lebenslangen Zerstörungen zustande kommen. Über die Häufigkeit dieser Unzumutbarkeiten gibt es allerdings noch keine klaren Vorstellungen. Es besteht dringender Verdacht dieser Schädigungen bevorzugt im 1. Lebensjahr.

Nun, warum stelle ich Ihnen das Ganze vor? Die Fragen sind: wie wird man miasmatisch krank? Wie wird man syphilitisch, sykotisch, psorisch krank? Welche Konsequenzen sollten daraus gezogen werden und wie hilft es uns bei dem Bemühen, Gesundheit zu fördern?

Natürlich werden wir primär genetisch miasmatisch disponiert und danach durch Umwelteinflüsse vom Beginn der Schwangerschaft an und fortlaufend beeinflusst. Wie zuletzt angesprochen rechne ich zu den Umweltfaktoren auch die Einwirkungen der Medizin, die in vermeintlich guter Absicht in Schwangerschaft und Kindheit die routinemäßigen Verbreitungen von Impfungen und unzähligen Medikamenten (wie Eisen, Folsäure, Magnesium, Vitamine K und D, Fluor und zu oft Antibiotika) fordert. Alle diese Anwendungen treffen die für Medikamente sensibelsten Mitglieder unserer Gesellschaft, das sind die Schwangeren und Kinder, und bedrohen ihre gesundheitlichen Entwicklungen nachhaltig! Diese Maßnahmen beeinflussen früh und geraten immer stärker in die berechtigte Kritik. Eine individualisierende, restriktivere Anwendung ist wünschenswert, die den partiellen oder auch vollständigen Verzicht zum Ziel hat. Und von allen derzeitigen Umweltbelastungen wären gerade diese am einfachsten abstellbar!

Bei den Impfungen wird sofort protestiert, weil gerade das erklärte Ziel der Ausrottung von Krankheiten die größtmögliche Durchimpfungsrate erfordert. Nun kann mit der Beurteilung der miasmatischen Vorbelastung das Risiko des einzelnen Kindes recht gut abgeschätzt werden, wie seine Eintrittsbedingungen in eine Krankheit beschaffen sind. Komplikationen bei Erkrankungen fallen nicht vom «Himmel», sondern haben ihre individuelle Vorgeschichte, ob im Sinne der Psora Schwäche und Mangel, ob im Sinne der Sykosis Heftigkeit und Übertreibung oder ob im Sinne der Syphilinie Zerstörung und Lebensbedrohung zu erwarten sind. Zwar kann niemand bis heute vorhersagen, wohin die «Reise» bei einer Krankheit geht, dennoch sind wir nicht ohne Einfluss auf die Gestaltung der persönlichen Fähigkeiten vorab. Kinder demonstrieren das Lernen von Fähigkeiten, nicht nur motorisch und geistig, sondern ganzheitlich und selbstverständlich auch mit ihrer Abwehr. Sie trainieren fortlaufend an kleinen Aufgaben das Überwinden von Widerständen, um für größere fit zu werden. Dahinter steckt die Lebenskraft (einschließlich ihrer Selbstheilungskraft), die gemäss den Beobachtungen eine hierarchische Lebensorganisation dirigiert und trainiert, um zuvorderst Schaden von den Nervenzentren abzuwenden. Homöopathen sehen den biologischen Verlauf von Krankheit und Heilung beschrieben in der «Hering-Regel» (benannt nach dem nordamerikanischen Homöopathen Constantin Hering, 1800–1880), die besagt, dass die (Entstehung und) Auflösung von Krankheiten von innen nach aussen (1. Teil der Regel) sowie von oben nach unten (2. Teil), also weg von den Zentren hin zur Peripherie, erfolgt. Um das Kind nicht zu gefährden, erscheint es geboten, arzneiliche Therapien nicht gegen, sondern mit dieser Heilungsrichtung unterstützend vorzunehmen. Dann bekommt das Kind eine echte Chance zur Selbstheilung vom Lebensbeginn an(!), die verlässlich wird. Die Umkehrung der Hering-Regel nennen wir *Unterdrückung*, die vermieden werden muss. Die Ganzheitlichkeit jeder noch so kleinen Störung würdigend sind wir gut beraten, mit Geduld Zumutbares zuzulassen, damit Unzumutbares nicht im Sinne miasmatischer Vertiefung entsteht. Zumutbar sind die typischen psorischen Hautausschläge des Kleinkindes und diese werden nicht ohne Grund entstanden sein. Zumutbar sind Pilzerkrankungen, die das ganze Kind in seiner Entwicklung nicht stören. Unproblematisch sind oberflächliche Proliferationen wie z.B. Warzen, die ich bewusst als «Feuermelder» der Sykosis bezeichne. Und man löscht kein Feuer, indem man den Melder allein beseitigt. Entzünd-

liche sykotische Absonderungen können lange Zeit zumutbar sein, solange diese abfliessen können und zur Entlastung des Organismus beitragen.
Miasmatische Störungen können weiterhin ausgehen von
- physischen und psychischen Traumata sowie von der
- Ernährung einschließlich der Schadstoffaufnahmen. (Details siehe in [5])

Den Wert dieses Miasmenkonzeptes können wir hilfreich nutzen zur Beurteilung:

a) *Der Vergangenheit:* Die Miasmen verhelfen zur Übersicht und Beurteilung der Krankenvorgeschichten. Homöopathen führen Anamnesen durch. Sie erheben sehr zeitaufwendig das aktuelle Symptombild, die persönliche Krankheitsentwicklung in Korrelation mit den Daten von Impfungen, Arzneibehandlungen, Operationen und anderen einschneidenden Traumata, ergänzen die Familienanamnese und die individuelle Biografie.

Ich habe bis heute an die 1000 Anamnesen von je 2 Stunden Dauer durchgeführt, und seit über 200 Jahren arbeiten Homöopathen auf der ganzen Welt vergleichbar.

Die über die Jahre gewonnenen Einblicke in die Bedingungen der Krankheitsentstehung, der jeweilige Ausgang und die Miasmenentwicklungen führten zu den oben dargestellten Einsichten, kritisch und zurückhaltend mit den Impfungen, mit den Arzneieinsätzen und besonders konsequent vom Lebensbeginn an mit der Hering-Regel umzugehen um nicht zu unterdrücken. Das konsequente Handeln aus Einsicht ergibt sich aus den Analysen der Schwerkranken, der kompliziert Kranken, der Geschädigten und der Gescheiterten in Vorsicht für die Gesundheit der Nachkommenden.

b) *der Gegenwart:* Syphilinie soll verhindert werden, Sykosis beruhigt, und in der Psora zu halten, bedeutet die geringste Gefährdung des Kranken. Hier beginnen die notwendigen Konsequenzen, Unterdrückung zu vermeiden sowie Externbelastungen, die die Sykosis und die Syphilinie provozieren, zu verhindern [6,7]. Kinder, die bereits mit erheblicher miasmatischer Belastung in das Leben kommen, müssen besonders beschützt werden.

Wir unterscheiden vom chronischen Miasma das akute und fragen uns : warum werden Kinder so eindrücklich akut krank, zu welcher Zeit und mit welcher Intensität? Die ersten Kinderjahre sind von vielen akuten, häufig hochfieberhaften und zeitlich begrenzten Erkrankungen geprägt. Diese akuten Miasmen haben offensichtlich – so die Beobachtung – die Bedeutung, dynamische Selbstbefreiung von miasmatischen Lasten und «Handicaps» zu versuchen. Mit Überwindung einer akuten Syphilinie (z. B. schwere Schlafstörung bei Fieber, Angst und geistiger Verwirrung) und Lösung der akuten Sykosis (z. B. heftige Erregungszustände, Fiebereuphorie, Schwellungen, Durchfall und Eiterfluss) enden die Akutstörungen günstigenfalls in der Psora (mit Müdigkeit, hohem Schlafverlangen und Hautexanthemen).

Zur Gesunderhaltung gehört das zumutbare Kranksein, im Kindesalter bestenfalls mit kurzen und intensiven Episoden. Voraussetzung für die Selbstheilung ist die Heilbarkeit der Störungen. Sind diese wie bei den Impfungen durch Injektionen entstanden, ist sowenig Selbstheilung möglich wie eine Injektion auch nicht umkehrbar ist. Das bedeutet Chronizität! In der Folgezeit ist mit frustranen Rezidiven der Störungen zu rechnen, die günstigenfalls Abschwächung und allmähliche Gewöhnung bewirken. Genau diese Bedingungen charakterisieren die modernen zeitgemäßen Seuchen der Allergiekrankheit und Immunschädigungen.

Die besten Ergebnisse sind nun von der Unterstützung sporadischer aber durchgreifender Fieberattacken zu erwarten und am wirksamsten in den genetisch gut bekannten Kinderkrankheiten wie z. B. Masern, Mumps, Röteln oder Scharlach. Dieser Standpunkt ist nur vertretbar, wenn mit einem günstigen Verlauf und Ausgang der Krankheit gerechnet werden kann. Was das bedeuten kann, soll im nachfolgenden Beispiel erörtert werden.

c) *der Zukunft:* Die Relevanz dieser Frage möchte ich an einem Krankheitsbeispiel, der Borreliose erörtern. Diese Erkrankung verbreitet sich aktuell wie eine neue Seuche in den Industriestaaten und kann bei jedem jederzeit auftreten. Die Borrelien werden über Tiere und zuletzt über «Zecken» (Holzbock, ein Spinnentier verwandt mit der Krätze-Milbe, jede 5. Zecke bereits infiziert) blutsaugend übertragen. Borrelien sind aus der Familie der Spiralbakterien (Spirochäten) und eng verwandt mit den Erregern der Syphilis. Auch die Borreliose verläuft stadienhaft und kann zuletzt das Nervensystem schädigen (siehe Tabelle 4), sodass der Eindruck entsteht, das wir es mit einer neuen Variante der Syphilis zu tun haben.

Tabelle 4: Borreliose (Lyme-Disease)

Erreger: Borrelia burgdorferi, 3 Subspezies, Fam. Spirochäten,
(Verwandtschaft mit Treponema pallidum, Erreger der Syphilis)

Stadium I ist psorisch,
Stadien II und III erscheinen wie sykotische und syphilitische Weiterentwicklungen

Psorisch: Erythema chronicum migrans

(konzentrische rote Ringe um die Bißstelle, 3–20 Tage nach Biß, dauert 2–3 Monate)

Sykotisch: rheumatische Borreliose

- Lymphozytom
- Myalgien, Myositis, Arthralgien, Arthritis bes. der großen Gelenke, bevorzugt das Kniegelenk (in 60% zuerst und 3–6 Monate nach Biß)
- Iridocyclitis
- Bursitis
- Vaskulitis, kardiale Beteiligung

Syphilitisch: Neuro-Borreliose

- meningitische Symptome
- Meningoradikuloneuritis (Bannwarth)
- Hirnnervenausfälle (typ. Facialisparese), Hemiparese
- Extremitäten- und Bauchwandlähmungen
- Plexusneuritis, Opticusneuritis
- Chronisch progrediente Polyneuropathie

(Alles erinnert sehr an eine neue Variante der Syphilis!)

Die Krankheit beginnt psorisch mit dem Erythema migrans chronicum. Konzentrische Ringe im Hautniveau breiten sich von der Stichstelle über den gesamten Körper aus, bis diese nach 6–8 Wochen abgeklungen sind. Nach einer symptomfreien Latenzzeit kann die sykotische Variante mit der rheumatischen Borreliose ausbrechen, bevorzugt in einem Kniegelenk. Oder der Beginn ist bereits sykotisch mit der Entwicklung des Lymphocytoms, einer intensiv roten Schwellung an der Eintrittspforte. Abhängig von der persönlichen Abwehrlage (bzw. der miasmatischen Ausgangssituation) kann das syphilitische Stadium, die Neuroborreliose, eintreten. Dann sind chronische Schäden zu erwarten.

Die Therapie kann in den ersten Wochen noch relativ erfolgreich mit Antibiotika über mindestens 14 Tage durchgeführt werden. Danach sind die antibiotischen Arzneien im Erfolg nachlassend, müssen höher dosiert, länger und als

Infusionen verabreicht werden. Die Borrelien «vergraben» sich im Bindegewebe und sind für die Arzneien und die Abwehr schwerer erreichbar. Nach einer erfolgreichen Behandlung entsteht keine Immunität, ein neuer Kontakt kann das gleiche Problem wiederholen!

Aber im Laufe der Evolution hat der Mensch gelernt, mit Erregern wie Pilzen, Bakterien und Viren zu leben. Ob er aus einzelnen Erregern eine Erkrankung entwickelt oder nicht, ob die Erkrankung fortschreitet oder unterbrochen wird, ausheilt oder latent verweilt, das hängt ab von der Ausgangslage, der Disposition, von der individuellen Gesamtverfassung und nicht allein vom Keim. Nicht geimpfte, voll gestillte d. h. gut genährte Kinder, die keine Unterdrückungsbehandlungen erfuhren und systematisch ihre Fähigkeiten entwickeln konnten, erhielten von mir nach der Diagnose der Borreliose im Exanthemstadium in keinem Falle Antibiotika und gingen mit ihrer Erkrankung in keinem Falle in das nächste Stadium. Diese Kinder profitierten von der Konsequenz aus der Miasmenbeurteilung. Da mit langer Persistenz des Erregers zu rechnen ist, bevor nach Jahren Immunität gegeben ist, muss die konsequente Betreuung fortgesetzt werden. Ein zwischenzeitlich unbedachtes sykotisierendes Ereignis wie z. B. eine Impfserie kann Komplikationen der Krankheit erneut auf den Weg bringen. Wer in der Vorzeit in der Miasmenfrage nachlässig war und Sykosis-Probleme (z. B. Herpes-Infektion) kennt, sollte besser sofort ein Antibiotikum nehmen, da die Komplikationsgefahr offensichtlicher wird. Diese Ungewißheit steigt mit dem konzeptlosen Ausufern der Impfkalender, die in Zukunft um eine Borreliose-Impfung erweitert werden.

Es werden aber mit Gewißheit diese Entscheidungsnöte mit neuen anderen Krankheiten kommen und immer weiter gehen. Indes gestalten sich die Voraussetzungen für die ganzheitliche Gesunderhaltung ungünstiger.

Erreger werden immer unbedeutender. Die miasmatischen Erkrankungsqualitäten vertiefen und verschieben sich hin zur Syphilinie. So erstaunt es keinesfalls, daß mit der Mißachtung der Miasmen, das heißt mit den Fortsetzungen der Impfaktivitäten, mit den Unterdrückungsbehandlungen und mit weiteren Belastungen (werden in [5]. beschrieben) die Krebsdiagnose immer häufiger und immer früher im Leben auftritt. Will man das verhindern, so sind früh andere Planungen notwendig!

Diese hier skizzierten Chancen, unsere Kinder in das neue Jahrtausend zu begleiten, sind möglich und können mit Konsequenz [8] gestaltet werden. Es lassen sich überzeugende Vorteile für die Gesunderhaltung gewinnen. Durch die überschaubar günstigen Lebensbedingungen mit Frieden, Wohlstand, sozialem Netz, Information und wachsamer Verantwortung sind ideale Voraussetzungen vorhanden. Eltern haben ihr Kind in den ersten vier Lebensjahren eng bei sich und entscheiden über alles, was den Schutz der Integrität angeht. Sie brauchen das Vertrauen in die Fähigkeiten ihres Kindes, Mut und Unterstützung, sie müssen es nur wollen!

Ergänzende Literatur:

[1] Graf, Friedrich, Ganzheitliches Wohlbefinden – Homöopathie für Frauen, Herder-Verlag, Freiburg (D), 1995
[2] Graf, Friedrich, Homöopathie unter der Geburt, 2. Aufl., Sprangsrade-Verlag, Sprangsrade, 24326 Ascheberg, 2000
[3] Hahnemann, Samuel, Die chronischen Krankheiten, Bd. 1, 2. Aufl., Arnoldsche Buchhandlung, Dresden und Leipzig, 1835
[4] Ortega, Sanchez P., Anmerkungen zu den Miasmen oder chronischen Krankheiten im Sinne Hahnemanns, 2. Aufl., Haug-Verlag, 1984
[5] Graf, Friedrich, Ganzheitliche Entwicklungsbegleitung – Homöopathie für Kinder, noch unveröffentlichtes Manuskript, erscheint 2001 im Sprangsrade-Verlag, Ascheberg
[6] Graf, Friedrich, Die Impfentscheidung, Praxisinformation (zu erhalten über F. Graf, Sprangsrade, D 24326 Ascheberg, Tel. 0049-4526-1235 / Fax 0049-4526-380704)
[7] Graf Friedrich, Kritik der Arzneiroutine bei Schwangeren und Kleinkindern, Jod, Eisen, Magnesium, Zink, Vitamine K und D, Fluor; Praxisinformation (zu erhalten wie «die Impfentscheidung» unter [6])

und neu ab 1/2001:
[8] Graf, Friedrich, Nicht impfen – was dann? Wegweiser für die Gesunderhaltung ohne Impfungen. Praxisinformation, (Bezugsadresse wie unter [6]).

Edmund Lengfelder

Nutzen und Risiko zivilisatorischer Strahlenbelastung

Der Reaktorunfall in Tschernobyl und seine Auswirkungen haben die Diskussion über die Wirkung von Strahlung im niedrigen Dosisbereich stark belebt. Auch gewinnen verschiedene Arten von zivilisatorischer Strahlenbelastung zunehmend die Aufmerksamkeit der Öffentlichkeit. Bei den hier zur Diskussion stehenden Strahlenrisiken geht es im Wesentlichen um die Auslösung einer in den meisten Fällen zum Tode führenden Krebserkrankung. Natürlich wird ein Risiko, das heißt die Wahrscheinlichkeit des Eintretens eines Schadens, von den Menschen sehr unterschiedlich wahrgenommen. Die verschiedenen Menschen bewerten ein und dasselbe Ereignis meist verschieden und ordnen diesem einen von der persönlichen Betrachtungsweise und Betroffenheitsempfindung abhängigen Stellenwert zu.

Die individuelle, sehr unterschiedliche Bewertung eines Nutzens oder Schadens hängt entscheidend davon ab, ob der Einzelne einen Entscheidungsspielraum hat oder zumindest zu haben glaubt. Die Bewertung eines möglichen Schadens infolge der Einwirkung einer Strahlenquelle wird wesentlich auch von der eigenen Betroffenheit und von den vorhandenen oder erkennbaren Alternativmöglichkeiten beeinflusst. Es ist auch nicht zu übersehen, dass die Bewertung von gesundheitsrelevanten Themen im Laufe der Zeit eine deutliche Veränderung im Sinne einer Sensibilisierung erfahren kann, wie dies auch an der öffentlichen Diskussion über das Rauchen und dessen Auswirkungen auf die Gesundheit der Nichtraucher zu erkennen ist.

Die Unterscheidung zwischen natürlicher und künstlicher Strahlenbelastung ist häufig willkürlich und nicht eindeutig. Indem wir auf der Erde leben, sind wir unausweichlich einem bestimmten Maß an Strahlenbelastung ausgesetzt. Manche Strahlenbelastungen sind durch unsere Lebensweise, also zivilisatorisch bedingt, wobei sie natürliche oder künstliche Ursachen haben können. So führt das Wohnen in Häusern aus Stein oder die Benutzung eines Flugzeugs oder die Verwendung bestimmter Kunstdünger zu einer Erhöhung der Strahlenbelastung aus der jeweiligen natürlichen Strahlenquelle. Die Kenntnis der Anteile der einzelnen Belastungspfade ist durchaus wichtig. Denn nach heutiger Auffassung von Strahlenrisikoforschern sind bis zu 10% der jährlich in der Bevölkerung auftretenden Krebsfälle ursächlich mit natürlicher bzw. zivilisatorischer

Strahlenbelastung verknüpft. Das sind deutlich mehr als die Zahl der Verkehrstoten pro Jahr.

Quantifizierung des Strahlenrisikos

Es ist eine seit langem gesicherte Tatsache, dass durch ionisierende Strahlung Krebserkrankungen aller Art und genetische Veränderungen ausgelöst werden können. Die verschiedenen Gewebe und Organe unseres Körpers zeigen sehr unterschiedliche Empfindlichkeiten bezüglich der Auslösung von Krebs. Am strahlenempfindlichsten ist das rote Knochenmark, der Ort der Blutbildung, mit dem Risiko der Auslösung einer Leukämie. Beim Erwachsenen befindet sich das rote Knochenmark vor allem in den Beckenschaufeln, den Wirbelkörpern und dem Brustbein. Beim Kleinkind dagegen befindet sich etwa die Hälfte des roten Knochenmarks in der Schädelkalotte. Strahlenempfindlich in Bezug auf eine strahleninduzierte Tumorauslösung sind die Schleimhäute des Darm- und des Atmungstraktes, die weibliche Brust, die Schilddrüse, die Lunge, der Magen, Nervenzellen im Gehirn und im Rückenmark. Unempfindlich sind Muskel und Knochen (ohne rotes Knochenmark). Die strahlenempfindlichen Organe liegen also alle im Körperstamm und Kopf. Arme und Beine sind wesentlich weniger empfindlich. Diese Tatsachen sind zur Vermeidung unnötiger Strahlenrisiken unbedingt zu beachten, in der Röntgendiagnostik ebenso wie bei beruflichen Belastungen.

Eine wichtige Funktion bei der Quantifizierung des Strahlenrisikos hat der sogenannte Risikofaktor. Er ist die Zahl der in einer Gruppe von 1 Million Personen zu erwartenden Krebstoten, wenn jede Person dieser Gruppe eine Strahlendosis von 10 mSv erhält. Dabei wird nicht berücksichtigt, ob die Dosis protrahiert auf lange Zeit oder als Kurzzeitereignis appliziert wird. Werte der Risikofaktoren wurden von mehreren wissenschaftlichen Gruppen aus der Beobachtung der Überlebenden der Atombombenabwürfe über Hiroshima und Nagasaki, aus großen Patientenkollektiven mit Röntgenuntersuchungen bekannter Dosis (z. B. routinemäßige Röntgenuntersuchung von Tuberkulosekranken) etc. abgeleitet. Die von Fachorganisationen und Forschergruppen angegebenen Risikofaktoren liegen im Bereich von 500 (Wert der Internationalen Strahlenschutzkommission ICRP aus dem Jahre 1991) und 2500 der deutsch-amerikanischen Arbeitsgruppe von Prof. Nussbaum (1990). Die Vorschriften der deutschen Strahlenschutzverordnung basierten im Jahre 1999 allerdings noch immer auf dem Risikofaktor der ICRP von 125 aus dem Jahre 1977!

Die Internationale Strahlenschutzkommission ICRP ist keine, z.B. durch einen großen wissenschaftlichen Fachkongress frei gewählte Einrichtung, in der die Breite der in der Forschung vertretenen Richtungen repräsentiert wäre. Vielmehr haben die Staatsverwaltungen der Industriestaaten auf die Ernennung der Mitglieder der ICRP großen Einfluss. Die Empfehlungen der ICRP sind daher sehr industriefreundlich. Die ICRP hat ferner seit ihrem Bestehen in ihren Einschätzungen den Wünschen der Atomindustrie besonders Rechnung getragen.

Für die Beurteilung des Risikos der Bevölkerung oder bestimmter Berufsgruppen durch einen bestimmten Pfad der Strahlenbelastung kommt es natürlich sehr darauf an, welcher Risikofaktor zugrunde gelegt wird. Offizielle Stellen rechnen gerne mit den von der ICRP angegebenen niedrigen Risikofaktoren. Die damit rechnerisch abgeschätzte Zahl der Opfer oder Schadensfälle ist dann kleiner als bei der Verwendung höherer, wissenschaftlich aber gerechtfertigter Risikofaktoren. Der administrative und politische Handlungsbedarf kann auf diese Weise kleiner gehalten werden.

Natürliche Strahlenbelastung

Dazu zählen die kosmische Strahlung, die terrestrische Strahlung, die körperinnere Strahlenbelastung und die Belastung durch Radon. Der Anteil der *kosmischen Strahlung* hängt von der Dicke der Luftsäule über uns ab, also von der Höhe über dem Meeresspiegel. Der durchschnittliche kosmische Strahlungsanteil beträgt auf Meereshöhe etwa 0,28 mSv pro Jahr. In 2000 m Höhe wird etwa das Doppelte dieses Wertes erreicht. Durch den Flugverkehr kommt es zu einer zivilisationsbedingten beträchtlichen Erhöhung der Belastung durch kosmische Strahlung, die sich in großen Flughöhen aus Gamma- und Neutronenstrahlung zusammensetzt. Davon besonders betroffen ist das fliegende Personal, mit jährlich bis 1000 und mehr Flugstunden. Die dadurch (beruflich!) bedingte Jahresdosis liegt etwa 3-fach über der durchschnittlichen Jahresdosis des Personals in deutschen Atomkraftwerken. Dennoch blieb bisher dem fliegenden Personal die Einstufung als beruflich strahlenbelastet mit entsprechenden Schutz- und Grenzwertregelungen versagt – die durch striktes Kostendenken der Fluggesellschaften bedingte Ignorierung eines durch den Arbeitsplatz bedingten Gesundheitsrisikos.

Tabelle 1: Natürliche und künstliche Strahlenbelastung der Durchschnittsbevölkerung in Deutschland. Mittelwerte der jährlichen effektiven Dosis bei Erwachsenen. Für Kinder sind etwa 1,5-2 fach höhere Werte anzusetzen.

Art der Strahlenbelastung	Jährliche effektive Dosis (mSv)
Kosmische Strahlung	0,3
Terrestrische Strahlung	0,45
Körperinnere Bestrahlung (durch Kalium-40 etc.)	0,25
Radon und Zerfallsprodukte	1,3
Anwendung von Strahlung in der Medizin	2,2
Fallout (Waffentests)	0,02
Technik und Forschung	0,02
Kerntechnische Anlagen	0,01
Beruf	0,01
Gesamt	ca. 4,5

Terrestrische Gammastrahlung stammt aus radioaktiven Stoffen erdgeschichtlichen Ursprungs. Sie ist hauptsächlich durch Kalium-40, Uran und Thorium bedingt. Je nach Gehalt dieser Stoffe im Untergrund sind die dadurch bedingten Belastungswerte in den verschieden Regionen eines Landes sehr unterschiedlich. Da die Baustoffe unserer Häuser in aller Regel aus den in der Erdrinde vorkommenden Materialien gewonnen werden, sind in ihnen in unterschiedlicher Menge die genannten Radionuklide enthalten. Die terrestrische Strahlung in Steinhäusern ist in der Regel höher als im Freien.

Die *körperinnere Strahlenbelastung* wird im Wesentlichen durch Kalium-40, dann durch Kohlenstoff-14, Tritium und Nuklide der Uran- und Thoriumreihe verursacht. Die regelmäßige Zufuhr erfolgt über die Nahrung. Manche Nahrungsmittel enthalten große Mengen an radioaktiven Stoffen: z.B. Pilze, besonders Maronenröhrlinge können durch die früheren atmosphärischen Atomwaffentest und jetzt infolge des Tschernobyl-Fallout erhebliche Aktivitäten von Cäsium-137 enthalten. Paranüsse reichern Radium-226 etwa 1000-fach höher an als die meisten anderen Nahrungsmittel.

Beim Zerfall der natürlichen radioaktiven Stoffe Uran und Thorium entsteht im Verlauf einer mehrstufigen Zerfallskette Radon. Radon ist eine farb-, geruch- und geschmackloses radioaktives Edelgas, ein Alphastrahler. Da Uran und Thorium überall auf der Erde vorkommen (allerdings in sehr unterschiedlichen Konzentrationen je nach Region), findet sich in der Luft immer Radon. Durch die Atmung gelangt Radon in die Bronchien und in die Lunge. Die Strahlenbelastung durch Radon ist für die Durchschnittsbevölkerung etwa gleich groß wie die Belastung durch die kosmische, terrestrische und körperinnere Bestrahlung zusammengenommen. Erhöhte Radonwerte finden sich in Gebäuden (insbesondere in den Kellern) auf Untergrund aus Urgestein (Granit u. a.). Man rechnet damit, dass etwa 10% der in westeuropäischen Ländern vorkommenden Lungen- und Bronchialkarzinome mit der Radonwirkung assoziiert sind. Außerdem hat man durch Untersuchungen an Bergarbeiterkollektiven herausgefunden, dass das radonassoziierte Lungenkrebsrisiko durch Rauchen stark erhöht wird. Dieses Risiko wird durch das Rauchen von bereits drei Zigaretten pro Tag verdoppelt! Zudem gibt es Hinweise, dass die gesundheitsschädigende Wirkung des Passivrauchens mit der durch die Rauchpartikel begünstigten Inkorporation der Nuklide des Radonzerfalls verbunden ist.

Künstliche Strahlenbelastung

Die künstliche Strahlenbelastung ergibt sich aus der Anwendung radioaktiver Stoffe und ionisierender Strahlung in Medizin, Forschung, Technik und Haushalt, aus der beruflichen Tätigkeit, aus dem Betrieb kerntechnischer Anlagen und aus dem Fallout von Atomwaffenversuchen in der Atmosphäre.

Medizin: In Deutschland beträgt im Mittel die effektive Dosis pro Kopf der Bevölkerung durch Anwendung von Strahlung in der Medizin 2,2 mSv pro Jahr. Der größte Teil davon wird durch die Röntgendiagnostik verursacht. Deutschland und Japan sind die «Weltmeister» im Röntgen. Hier werden 2–3 mal mehr Röntgenuntersuchungen pro Patient und Jahr durchgeführt als in vielen Ländern Europas. Dort wurde die Reduzierung der Röntgenleistungen z. B. durch Verordnungen zum Schutz des Patienten erreicht. Eine solche Verordnung besagt, dass ein Arzt, der eine Röntgenaufnahme anordnet, sie selbst nicht erbringen darf. Damit werden viele Selbstzuweisungen vermieden.

Zweifelsohne ist Röntgen eine sehr wertvolle, unverzichtbare diagnostische Methode. Durch die Anwendung ionisierender Strahlung ist sie allerdings mit einem von der Dosis und dem belasteten Organ abhängigen kleinen Krebsrisiko verbunden. Die Gesellschaft für Strahlenschutz hat 1992 auf Grund wissenschaftlicher Untersuchungen die Zahl der durch Röntgendiagnostik in Deutschland verursachten Krebstodesälle mit bis zu 20000 abgeschätzt. Diese Fachgesellschaft hat mit Nachdruck darauf hingewiesen, dass in Deutschland durch einfache Maßnahmen wie die oben genannte Verordnung, durch die systematische Verwendung neuzeitlicher dosissparender Geräte und durch die konsequente Einhaltung der Vorschriften und Empfehlungen der Röntgenverordnung etwa 80% der heutigen Kollektivdosis durch Röntgendiagnostik eingespart werden könnte.

Jeder Anordnung einer Röntgenuntersuchung sollte der Arzt eine Nutzen-Risiko-Überlegung voranstellen und sie gegebenenfalls auch mit dem Patienten erörtern. Kontrovers ist die Diskussion um den Nutzen von Röntgenuntersuchungen zum Zweck der vorbeugenden Krankheitserkennung. Einige wesentliche Gesichtspunkte des Strahlenschutzes von Patienten sollen hier am Beispiel der Mammographie bzw. des Mammographie-Screenings dargestellt werden. Manche Ärzte empfehlen den Frauen, ab dem 35. Lebensjahr eine im ein- bis zweijährigen Abstand regelmäßige Mammographie als Vorsorgemaßnahme durchführen zu lassen. Der Wissensstand der Strahlenrisikoforschung kann dieses Vorgehen allerdings nicht empfehlen. Die Auswertung von vier großen prospektiven randomisierten Studien mit insgesamt über 120000 beobachteten Frauen ergab: Bezüglich der Reduktion der Mortalität durch Mammakarzinom ergab sich beim Vergleich der Frauengruppe mit Screening und der Kontrollgruppe kein signifikantes Ergebnis.

Ohne Frage ist eine Mammographie angezeigt, wenn objektivierbare Symptome (tastbare Knoten, «schielende» oder nässende Brustwarzen oder andere Auffälligkeiten) beobachtet werden. Dann sollte aber die Mammographie mit dosissparender Technik und in einer Einrichtung mit großer Befundungserfahrung durchgeführt werden. Die im Jahre 1993 publizierte Deutsche Mammographiestudie hatte ergeben, dass bei der Hälfte der beteiligten Ärzte die Mammographiegeräte wegen technischer Mängel nicht für Screening-Untersuchungen geeignet waren.

Bei der Durchführung einer Mammographie ist darauf zu achten, dass die Brust gut komprimiert wird. Denn dadurch wird die Brust mit geringerer Strahlendosis belastet, ferner erreicht man so schärfere Bilder und damit eine bessere Befundbarkeit. Allein die Zunahme der Brustdicke im komprimierten Zustand von 4 cm auf 6 cm führt zu einer Verdopplung der Organsdosis in der Brust. Da bei den meisten Frauen in den Tagen unmittelbar vor und nach der Periode die Brust weicher und weniger druckempfindlich ist als im Zeitraum des Eisprungs und während der Tage danach, sollte dies bei der Einbestellung der Patientin zu Mammographie unbedingt berücksichtigt werden.

Tabelle 2: Organdosen (mSv) in der weiblichen Brust durch Mammographie im Vergleich zur Strahlenbelastung durch Höhenstrahlung. Die Dosis durch kosmische Strahlung ist auf der Zugspitze gegenüber der mittleren Höhe in Deutschland über Normal-Null um 0,3 mSv pro Jahr erhöht.

Art der Strahlenbelastung		Organdosis (mSv)
Mammographie Moderne Geräte, optimale Aufnahmetechnik etc.		2–3
Organdosen bei Mammographie in 170 Einrichtungen in Deutschland (Mittelwert)		6,6
Organdosen bei Mammographie in Deutschland nach Felix-Studie		3–65
Höhenstrahlung im Hochgebirge (Zugspitze)		
Ununterbrochener Aufenthalt	7 Jahre	2
	22 Jahre	6,6
	100 Jahre	30

Wenn besorgte Frauen, bei denen der Arzt eine Mammographie empfiehlt, danach fragen, wie hoch die Strahlendosis sei, erhalten sie meist eine abwiegelnde Antwort. Häufig wird dann behauptet, die Strahlenbelastung durch Mammographie sei belanglos und nicht größer als infolge der Höhenstrahlung bei einem Ausflug ins Gebirge. Tabelle 2 zeigt, dass diese Behauptung falsch ist. Sie ist nicht dazu geeignet, das Vertrauen in die Kompetenz des Arztes zu fördern.

In der Diskussion um das Strahlenrisiko in der Medizin ist immer wieder die Behauptung zu hören, es sei in noch keinem einzigen Fall der Beweis für eine Krebsauslösung durch die in der Medizin verwendeten (diagnostischen) Strahlendosen erbracht worden. Dagegen ist festzustellen, dass karzinogene Wirkungen bei Strahlung ebenso wie bei chemischen und anderen Karzinogenen statistisch-epidemiologisch, bei höheren Dosen unmittelbar durch Experimente nachgewiesen sind. Es ist eine Tatsache, dass männliche Raucher 40mal häufiger an Lungenkrebs sterben als männliche Nichtraucher. Dabei ist es unerheblich, ob im konkreten Einzelfall der Beweis für den ursächlichen Zusammenhang erbracht werden kann. So hat die über Jahrzehnte beobachtende «Tinea-Capitis-Studie» gezeigt, dass niedrige Strahlendosen, wie sie in der medizinischen Diagnostik üblich sind, zu einer signifikanten Erhöhung von Leukämie, Schilddrüsenkrebs und Brustkrebs (also in den belasteten Organen) geführt haben.

Berufliche Strahlenbelastung: In Deutschland sind etwa 250'000 Personen aus beruflichen Gründen Strahlung ausgesetzt und amtlich strahlenüberwacht. Die Belastung wird durch ein amtliches Personendosimeter kontrolliert. Meist handelt es sich um Filmdosimeter. Es ist festzustellen, dass im Mittel die Beschäftigten in Atomkraftwerken erheblich höheren Strahlenbelastungen (Jahresmittelwert 2,2 mSv) ausgesetzt sind als die Beschäftigten in anderen Berufszweigen, insbesondere in der Medizin (Jahresmittelwert 0,2 mSv). Angehörige mancher Berufsgruppen zählen, obwohl sie berufsbedingt einer höheren Strahlenbelastung ausgesetzt sind, nicht zu den beruflich strahlenexponierten Personen im Sinne des Gesetzgebers. Davon betroffen sind das fliegende Personal in der Luftfahrt und Bergarbeiter. Es macht keinen Sinn, eine berufliche Strahlenbelastung mit dem Hinweis zu verneinen, es handle sich um eine naturgegebene Situation. Denn dort bedingt nur die berufliche Tätigkeit den Aufenthalt am Ort der im Vergleich zur Erdoberfläche erhöhten Strahlenbelastung.

Tschernobyl-Folgen

Höhe und Verteilung der Strahlenbelastung: In den frühen Morgenstunden des 26. April 1986 ereignete sich die folgenschwerste Katastrophe in der Geschichte der Atomenergie. Der Block 4 des Atomkraftwerks Tschernobyl, etwa 100 km nördlich der ukrainischen Hauptstadt Kiew im Grenzgebiet zu Belarus (Weißrussland) gelegen, explodierte. Unfallursache war nicht das Versagen technischer Komponenten, sondern Fehleinschätzungen und Fehlverhalten bei der Bedienung des Reaktors, also menschliches Versagen. Dabei wurden etwa 10^{19} Bq Spaltstoffe in die Atmosphäre freigesetzt, darunter zwischen 60% und 80% des Inventars an Radiojod. Die Freisetzungsdauer betrug 10 Tage, in denen der Wind mehrfach seine Richtung änderte. Wegen der damaligen Wetterverhältnisse sind 70% der radioaktiven Ablagerungen in Belarus niedergegangen, 15% in der Ukraine und 15% in Russland. Durch lokale Regenfälle kam es zu einer sehr inhomogenen Verteilung der Radionuklide in den betroffenen Gebieten. Sogar in 400 km Entfernung zum Tschernobylreaktor mussten im Gebiet Woloschin nordwestlich von Minsk Teile der Bevölkerung evakuiert werden, während weite Gebiete dazwischen in geringerem Maße kontaminiert wurden als einige Gebiete in Bayern oder in der Schweiz.

Tabelle 3: Verteilung der von der Strahlenbelastung besonders betroffenen Bevölkerungsteile und der Landflächen in Belarus, Russland und in der Ukraine

	Belarus	Ukraine	Russland
Verteilung des radioaktiven Fallout	70%	15%	15%
Landflächen Cäsium- Kontamination über 555 kBq/m²	7 000 km²	1 000 km²	2 000 km²
Geschätzte Zahl der Liquidatoren	130 000	200 000	350 000
direkt von der Tschernobyl-Katastrophe betroffene Menschen	2,5 Mio	3,2 Mio	3 Mio
umgesiedelte Menschen	400 000	170 000	–
aus der Sperrzone evakuierte Menschen	135 000	90 000	keine Sperrzone

Liquidatoren: Die Gruppe der Menschen, die insgesamt wohl am meisten durch die Reaktorkatastrophe strahlenbelastet wurde, sind die Liquidatoren. Das waren meist junge Soldaten, die durch die sowjetische Staatsmacht aus allen Sowjetrepubliken nach Tschernobyl befohlen wurden, um dort in der Sperrzone für die verschiedensten Arbeiten eingesetzt zu werden: Evakuierung von Bevölkerung und Vieh, Bau des Sarkophags (Umhüllung des zerstörten Reaktors), großflächiges Abtragen von Bodenschichten, Waschen von Fahrzeugen, Häusern und Siedlungen(!), Begraben von höchstkontaminierten Materialien, Fahrzeugen und Waldbeständen usw.. Die Arbeiten wurden überwiegend ohne oder ohne ausreichende Schutzausrüstung durchgeführt.

Nach Schätzung der WHO liegt die Zahl der Liquidatoren bei 800 000. Nach Angaben der Gesundheitsbehörden in der Ukraine sind dort bereits etwa 15 000 Liquidatoren gestorben, eingerechnet die im Vergleich zur Normalbevölkerung überdurchschnittlich hohe Zahl der Selbstmorde. In Russland wird die Zahl der Todesfälle unter den dortigen Liquidatoren auf 7 000 geschätzt. Die Schätzungen der Liquidatorenverbände in den drei Republiken, in denen sich die Liquidatoren großenteils zur Wahrung ihrer Interessen und zur Erreichung vermehrter Fürsorge durch den Staat zusammengeschlossen haben, liegen erheblich über den offiziellen Angaben. In Abwägung der Angaben beider Quellen kann man davon ausgehen, dass bis Ende 1996 mehr als 25 000 Liquidatoren seit dem Tschernobyl-Unfall gestorben sind. Nach russischen Angaben sind 10% der dortigen Liquidatoren heute Invaliden, 38% der Liquidatoren leiden an Erkrankungen. Die hauptsächlichen Erkrankungen sind: Herz-Kreislauf-Erkrankungen,

Lungenkrebs, Entzündungen des Magen-Darm-Bereichs, Tumoren und Leukämie.

Erkrankungen bei Kindern: In Belarus (11 Mio. Einwohner) leben 2 300 000 Kinder, in der Ukraine (55 Mio. Einwohner) 12 000 000 und in Russland (nur Oblast Brjansk und Kaluga) 500 000 Kinder. Nach umfassenden statistischen Untersuchungen in Belarus zwischen 1990 und 1994, die von UNICEF bewertet worden sind, haben Kinder in kontaminierten Gebieten einen schlechteren Gesundheitszustand als Kinder in den übrigen Gebieten. Der vergleichsweise schlechtere Gesundheitszustand trifft auch auf solche Kinder zu, die aus den hochbelasteten Gebieten evakuiert und in anderen Gegenden angesiedelt worden sind. Besonders betroffen sind Kinder, die zwischen 1981 und 1987 geboren sind. Die vielfältig beobachteten Formen von Immundefizienz, oft als «Tschernobyl-AIDS» bezeichnet, sind durch die Strahlenbelastung, insbesondere auch durch Radiojod, plausibel erklärbar.

Diabetes: Im Oblast Gomel ist seit 1991 ein ständiger Anstieg des Diabetes mellitus bei Kindern zu beobachten. Im Jahre 1995 war die Gesamtzahl der erkrankten Kinder mehr als doppelt so hoch wie der durchschnittliche Wert vor 1991. Ein zunächst ausgeschlossener, inzwischen als durchaus plausibel erscheinender Zusammenhang mit Tschernobyl könnte darin liegen, dass Radiojod außerhalb der Schilddrüse auch in sezernierenden Drüsen, wie Speicheldrüsen und Bauchspeicheldrüse, in einer im Vergleich zu anderen Organen erhöhten Konzentration, möglicherweise durch Ausscheidung von Jod, auftritt. Die dadurch bedingte erhöhte Strahlenbelastung könnte, ähnlich der im Oblast Gomel nach Tschernobyl gehäuft auftretenden Autoimmunentzündung der Schilddrüse, Autoimmunprozesse in der Bauchspeicheldrüse induzieren und so zur Entstehung des Jugenddiabetes beitragen.

Schilddrüsenkrebs nach Tschernobyl

Untersuchungen der IAEA: Auf Ersuchen der sowjetischen Regierung hat die Internationale Atomenergiebehörde IAEA (eine Organisation der UNO) in Zusammenarbeit mit der Kommission der Europäischen Gemeinschaft (CEC), den Organisationen für Ernährung und Landwirtschaft der UNO (FAO), der WHO und anderen internationalen Organisationen im Jahre 1990 eine große Untersuchung der Folgen der Reaktorkatastrophe in Tschernobyl durchgeführt: Das Internationale Tschernobyl-Projekt. Ziel des Projektes war, die gesundheitlichen Folgen und die Wirksamkeit der von den Sowjets getroffenen Schutzmaßnahmen in den vom Reaktorunfall betroffenen Gebieten zu analysieren. Die Untersuchungen wurden von 200 ausgewählten Wissenschaftlern aus 25 westlichen Staaten und 500 sowjetischen Wissenschaftlern durchgeführt. Die Ergebnisse wurden der Weltöffentlichkeit auf einem internationalen Kongress im Mai 1991 in Wien vorgestellt, der von der IAEA organisiert wurde.

Die wesentliche Aussage der IAEA lautete: «Es gab signifikante Gesundheitsstörungen, die nicht mit Strahlung in Zusammenhang stehen, und zwar in den Bevölkerungsgruppen sowohl der untersuchten kontaminierten als auch der untersuchten unbelasteten Vergleichssiedlungen, ... aber es gab keine Gesundheitsstörungen, die direkt einer Strahlenbelastung zugeordnet werden konnten. ... Berichtete Abschätzungen der absorbierten Strahlendosen für Schilddrüsen von Kindern lassen einen statistisch nachweisbaren Anstieg des Auftretens von Schilddrüsentumoren in Zukunft als möglich erscheinen. Auf der Grundlage sowohl der Strahlendosen, die durch das Projekt abgeschätzt wurden, als auch der gegenwärtig akzeptierten Abschätzungen des Strahlenrisikos dürften künftige Anstiege über das natürliche Auftreten von Krebsfällen und vererbte Effekte hinaus schwierig festzustellen sein, selbst mit großen und gut angelegten, langfristigen epidemiologischen Studien.»

Heftigen Protest gegen diese Aussagen erhob eine Gruppe von Wissenschaftlern, die von ihren Regierungen in Belarus und der Ukraine nach Wien entsandt und erst auf deren Druck zur Konferenz zugelassen worden waren. Sie erklärten auf Grund eigener umfangreicher und unabhängiger Untersuchungen, dass in der Ukraine und in Belarus sehr wohl deutliche Anstiege der Häufigkeit somatischer Krankheiten wie Schilddrüsenkrebs, insbesondere bei Kindern, Störungen der Funktion des Immunsystems und vieler anderer Organe festzustellen seien.

Tatsächlich war Ende 1990 in Belarus die Inzidenz für Schilddrüsenkrebs bei Kindern (neue Erkrankungsfälle im Jahre 1990) gegenüber dem 10-Jahres-Mittelwert der Zeit vor 1986 bereits mehr als 30fach erhöht. Daher war die nachweislich falsche Behauptung der IAEA und ihrer Experten «... keine Gesundheitsstörungen, die direkt einer Strahlenbelastung zugeordnet werden konnten», die allerdings weltweit verbreitet und von den Regierungen der westlichen Länder erfreut aufgenommen worden war, über lange Jahre weder aus medizinischer noch aus wissenschaftlicher Sicht nachvollziehbar. Erst im Jahre 1996 wurden durch Recherchen der BBC Zusammenhänge und Hintergründe für diese bewusste Falschinformation aufgedeckt. Auch in der Ukraine war Ende 1990 ein signifikanter Anstieg der Erkrankungshäufigkeit an Schilddrüsenkrebs bei Kindern zu verzeichnen.

Tabelle 4: Jährliche Zahl der Neuerkrankungen an Schilddrüsenkrebs bei Kindern in Russland (Briansk und Kaluga Oblast) und der Ukraine

Land	1986	1987	1988	1989	1990	1991	1992	1993	1994	1995	1996	1997
Russland	0	1	0	0	2	0	4	6	13	7	?	?
Ukraine	8	7	8	11	26	22	49	44	44	47	56	36

Schilddrüsenkrebs bei Kindern in Belarus: In den Jahren nach 1990 nahm in Belarus die jährliche Erkrankungsrate an Schilddrüsenkrebs bei Kindern (0–14 Jahre) weiter drastisch zu, für das Jahr 1995 waren schon 91 Fälle zu verzeichnen. Bereits frühzeitig war das aggressive Wachstum und die rasche Metastasierungsneigung in andere Organe, vor allem in die Lunge, festgestellt worden. Im Jahre 1992 berichtete die Arbeitsgruppe von Demidschik und Kollegen aus Belarus in der internationalen Literatur über den anhaltenden Anstieg des Schilddrüsenkrebses bei Kindern. Bis dahin waren 131 Fälle aufgetreten, die fast ausschließlich (129 von 131) als papilläre Schilddrüsenkarzinome identifiziert wurden. Die Autoren verwiesen darauf, dass der stärkste Anstieg im Oblast Gomel festzustellen sei, der unmittelbar nördlich von Tschernobyl liege, und dort die höchsten radioaktiven Belastungen einschließlich Radiojod niedergegangen seien.

Tabelle 5: Jährliche Zahl der Neuerkrankungen an Schilddrüsenkrebs bei Kindern, Jugendlichen und Erwachsenen in Belarus

	1986	1987	1988	1989	1990	1991	1992	1993	1994	1995	1996	1997	1998	Total
Kinder	2	4	5	7	29	59	66	79	82	91	84	66	53	627
Jugendliche	2	3	1	0	4	7	6	17	19	23	17	21	31	151
Erwachsene	162	202	207	226	289	340	416	512	553	531	568	641	686	5333

Die Diagnose Schilddrüsenkrebs wurde bei den meisten Kindern (60%) in der Altersgruppe 10–14 Jahre gestellt, in 38,6% der Fälle waren die Kinder 5–9 Jahre alt, bei nur 1,4% handelte es sich um Kinder bis zum 4. Lebensjahr. Die Geschlechtsverteilung der Schilddrüsenkarzinome liegt bei 60% für Mädchen und 40% für Jungen. Von besonderem Interesse ist die Frage nach dem Alter der Kinder mit Schilddrüsenkrebs zum Zeitpunkt des Unfalls. Die überwiegende Mehrzahl der Kinder war zum Zeitpunkt des Unfalls weniger als 6 Jahre alt, mehr als 50% der Kinder waren jünger als 4 Jahre. Dies ist ein deutliches Zeichen für die besondere Strahlenempfindlichkeit der Schilddrüse von Säuglingen und Kleinkindern in bezug auf die Karzinogenese.

Der Verlauf der Inzidenz der Schilddrüsenkarzinome bei den Kindern in Belarus zeigt im Jahr 1995 ein Maximum und nimmt danach wieder ab. Dies bedeutet jedoch nicht, dass die Zahl der Schilddrüsenkarzinome rückläufig wäre. Denn man muss berücksichtigen, dass mit zunehmender zeitlicher Distanz zum Unfallzeitpunkt immer mehr der damals radiojod-exponierten Kinder zu Jugendlichen und Erwachsenen werden. Beim Auftreten eines Karzinoms werden sie dann in diesen neuen Altersgruppen erfasst, die der Altersgruppe der Kinder zugeordneten Inzidenzen gehen dann zwangsläufig wieder auf niedrigere Werte zurück.

Schilddrüsenkarzinome bei Erwachsenen in Belarus: Schilddrüsenkarzinome kommen in einer Erwachsenenpopulation auch ohne besondere Strahlenexposition mit einer gewissen Häufigkeit vor. In Belarus waren vor 1986 im 10-Jahresmittel 125 Fälle pro Jahr zu verzeichnen, dies entspricht einer Inzidenz von 14,4/100000. Nach 1986 kam es in Belarus auch bei den Erwachsenen zu einem massiven Anstieg der Schilddrüsenkarzinome (Tab. 5). Vergleicht man den Wert des Jahres 1997 mit dem Wert vor 1986, so liegt Ende 1997 bereits ein über 4-facher Anstieg der jährlichen Inzidenz vor. Allein in Belarus sind in den ersten 10 Jahren nach Tschernobyl viel mehr Schilddrüsenkrebsfälle in der Bevölkerung aufgetreten als in den vergangenen 50 Jahren als Folge der Atombomben über Hiroshima und Nagasaki.

Prognose der WHO: Im Sommer 1998 veranstaltete die Europäische Kommission gemeinsam mit dem Energieministerium und dem National Cancer Institute der USA ein internationales Symposium in Cambridge/UK zum Thema Strahlung und Schilddrüsenkrebs. Den Schwerpunkt bildeten die Folgen von Tschernobyl. Fachleute der WHO verwiesen darauf, dass die ungewöhnlich hohe Zahl der bisher als Folge der Tschernobylkatastrophe aufgetretenen Schilddrüsenkarzinome, vor allem bei jungen Menschen, mit den bisher verwendeten Risikofaktoren für das Karzinomrisiko bei der Schilddrüse nicht erklärbar sei. Auf der Grundlage des zeitlichen Verlaufs der bisher aufgetretenen Fälle von Schilddrüsenkarzinomen bei Kindern in Belarus entwickelte die WHO eine Prognose. Danach werden von allen Kindern aus dem Oblast Gomel, die zum Zeitpunkt der Reaktorkatastrophe zwischen 0 und 4 Jahren alt waren, ein Drittel im Laufe ihres Lebens an Schilddrüsenkrebs erkranken, das sind allein in dieser Region mehr als 50 000 Menschen.

Gesundheitliche Effekte nach der Tschernobyl-Katastrophe im Westen:

Trisomie 21. Im Jahre 1987 berichtete das Berliner Institut für Humangenetik über ein erhöhtes Auftreten von Mongolismus in Berlin und schloss die Möglichkeit eines Zusammenhangs mit dem Reaktorunfall in Tschernobyl nicht aus. Daran anschließend wurde von 40 humangenetischen Beratungsstellen in der Bundesrepublik eine Gemeinschaftsstudie über die Ergebnisse pränataler Diagnostik – Trisomie 21 – durchgeführt. Es fand sich auch hier die größte Häufigkeit der Trisomie 21 bei Feten, deren Konzeption in die Zeit höchster Strahlenbelastung infolge der Tschernobyl-Katastrophe fiel.

Die Trisomie 21 ist die häufigste numerische Chromosomenanomalie und zugleich die häufigste Ursache einer angeborenen geistigen Behinderung. Schon lange ist die auffällige Abhängigkeit der Trisomie 21 vom Alter der Mutter bekannt, was als Hinweis auf einen recht störanfälligen Prozess gewertet werden kann. Damit wird auch verständlich, weshalb der Ausschluss eines Down-Syndroms bei älteren Schwangeren die weitaus häufigste Ursache für eine vorgeburtliche Diagnostik ist. Die Altersverteilung der Schwangeren und die Inanspruchnahme der vorgeburtlichen Diagnostik haben daher die größten Auswirkungen auf die Prävalenz der Trisomie 21. Wenn diese Faktoren bekannt sind, dann sollte jeder plötzliche Anstieg entweder auf dem Zufall oder der Einwirkung eines Umweltfaktors beruhen

Im Hinblick auf die Erfassung der Trisomie 21-Fälle war zur Zeit des Reaktorunfalls die Situation in Berlin aus epidemiologischer Sicht einzigartig. Wegen der Insellage der Stadt in der DDR konnte für einen großen Zeitraum die Häufigkeit praktisch aller prä- und postnatal diagnostizierten Fälle angegeben und in Bezug zu allen relevanten demographischen Faktoren gesetzt werden.

In dem 10-Jahres-Zeitraum von Januar 1980 bis Dezember 1989 lag in Westberlin die monatliche Zahl von Trisomie 21-Fällen bei durchschnittlich 2-3. Im Januar 1987, neun Monate nach der Tschernobyl-Katastrophe, wurden 12 Fälle beobachtet. Dieser Anstieg war nach einer Zeitreihenanalyse hoch signifikant ($p<0{,}01$) und konnte nicht mit dem Alter der Schwangeren oder der Inanspruchnahme der vorgeburtlichen Diagnostik erklärt werden.

Totgeburtenraten in Westeuropa nach der Tschernobyl-Katastrophe: Zahlreiche Untersuchungen wurden durchgeführt, um den möglichen Einfluss der Tschernobyl-Katastrophe auf das Auftreten von Geburtsanomalien und auf die Perinatalsterblichkeit zu erforschen.

Scherb und Mitarbeiter sammelten die vollständigen Daten über offizielle nationale Totgeburtenstatistiken gemeinsam mit den Totgeburtendefinitionen für die Jahre 1980 bis 1992 von 23 europäischen Ländern. Sie teilten die Länder entsprechend ihrer geographischen Lokalisation in drei Gruppen: Die westliche Gruppe besteht aus Belgien, Frankreich, Großbritannien, Irland, Island, Luxemburg, Portugal und Spanien. Die Zentralgruppe besteht aus Österreich, Dänemark, Deutschland, Italien, Norwegen und der Schweiz. Die östliche Gruppe setzt sich aus Griechenland, Ungarn, Polen und Schweden zusammen.

Die Daten der östlichen europäischen Länder zeigen 1986 im Vergleich zu 1985 eine deutliche absolute Zunahme der Totgeburtenrate und eine Verschiebung des gesamten Trends der Kurve ab dem Jahr 1986 nach oben. Bezogen auf den 95% Vertrauensbereich ist der relative Anstieg der Totgeburtenrate signifikant für 1986 3,97% und für 1987 6,93%. Für das Zeitfenster von 1986 bis 1992 bedeutet das insgesamt zusätzliche 1639 Totgeburten.

Während die westliche europäische Ländergruppe im Trendverlauf der Totgeburtenrate keine besonderen Auffälligkeiten zeigt, ist bei den östlichen europäischen Ländern für 1986, dem Jahr der Tschernobyl-Katastrophe, und für 1987 eine erhebliche Erhöhung der Totgeburtenrate festzustellen. Auf Grund der großen Fallzahl und der Signifikanz des Ergebnisses ist ein Zusammenhang mit der Strahlenbelastung durch die Reaktorkatastrophe plausibel, während es für andere Ursachen keine Anhaltspunkte gibt.

Schlussbemerkungen

Die Realität der in der GUS bereits bis 1996 in der Folge von Tschernobyl aufgetretenen Krebserkrankungen und die drastische Fehlbeurteilung durch Experten etlicher internationaler Organisationen ist der Beweis dafür, dass die heute international üblichen Risikozahlen das Strahlenrisiko der Bevölkerung weit unterschätzen.

Es ist schwer zu glauben, dass die IAEA, deren satzungsgemäße (aus den 50er Jahren stammende) Aufgabe es nach wie vor ist, die Nutzung der Atomenergie weltweit zu beschleunigen und zu verbreiten, ein nachhaltiges Interesse an einer fundierten Aufklärung und Veröffentlichung der tatsächlichen Folgen der Reaktorkatastrophe hat. Hier ist dringend geboten, dass die Vereinten Nationen die Aufgaben ihrer Unterorganisation IAEA neu definieren und nach den heutigen Erfordernissen ausrichten.

Die durch die Tschernobyl-Katastrophe betroffenen Staaten sind in Bezug auf die erlittenen Schäden auf sich gestellt. Keine Versicherung der Welt ist bereit und in der Lage, die aus einer solchen Katastrophe folgende Schadenshöhe auch nur im Ansatz angemessen abzudecken. Die Versicherungsbedingungen der Versicherungen (sehen Sie bei Ihrer Hausrat- oder Gebäudeversicherung einmal nach) schließen daher ausdrücklich Schäden durch Kernenergie von Ersatzansprüchen aus. Niemand versteht wohl mehr von Schadensrisiken, Schadenshöhen und Eintrittswahrscheinlichkeiten als die Versicherungswirtschaft. Das Unfallrisiko wird, anders als in jedem anderen Wirtschaftszweig, nicht durch den Unternehmer, sondern durch die Allgemeinheit getragen. Die widerspricht international vielen rechtlichen Prinzipien.

Wie in anderen Bereichen muss auch im Strahlenschutz der Grundsatz gelten, dass eine künstliche oder zivilisatorische Strahlenbelastung für den Betroffenen durch einen damit verbundenen Nutzen gerechtfertigt sein muss, dass die Möglichkeiten einer Minimierung systematisch genutzt werden, dass der Betroffene über seine Belastung informiert und in den Entscheidungsprozess über die Akzeptanz der Belastung voll einbezogen ist. Nur dann wird es möglich, unnütze Strahlenbelastung und das damit verbundene Gesundheitsrisiko zu vermeiden: in der Medizin, im Beruf und im Alltag.

Literatur:

Lengfelder, E.: Strahlenwirkung – Strahlenrisiko: Daten, Bewertung und Folgerungen aus ärztlicher Sicht. 2. erweiterte Auflage, Ecomed Verlag, München-Landsberg (1990) ISBN 3-609-63260-7

IAEA (International Atomic Energy Agency): The International Chernobyl Project. Assessment of Radiological Consequences and Evaluation of Protective Measures. Conclusions and recommendations of a report by an international advisory committee. IAEA, Wien, Mai 1991.

Kasakov, V.S., Demidschik, E.P., Astakhowa, L.N.: Thyroid cancer after Chernobyl. Nature 359 (1992), 21.

Lengfelder, E.: Die Bedeutung modifizierender Faktoren für die Erhebung, Bewertung und Verbreitung von Untersuchungsergebnissen über die Folgen der Reaktorkatastrophe in Tschernobyl. Berichte des Otto Hug Strahleninstituts, Bonn, Nr. 5 (1992), 3–21, ISSN 0941-0791

Lengfelder, E., Demidschik, E.P., Demidschik, J., Becker, K., Rabes, H., Birukowa, L.: 10 Jahre nach der Tschernobyl-Katastrophe: Schilddrüsenkrebs und andere Folgen für die Gesundheit in der GUS. Münchener Med. W. Schrift 138 (1996), 259–264.

United Nations, General Assembly: Strengthening of international cooperation and coordination of efforts to study, mitigate and minimize the consequences of the Chernobyl disaster. Report of the Secretary-General, A/50/1995, New York 1995.

Marquard Imfeld

Funktionelle Nahrungsmittel – Traditionell versus Neuzeitlich

Die Ernährungswissenschaften haben schon seit längerer Zeit erkannt, dass Nahrungsmittel den menschlichen Organismus in positivem oder auch negativem Sinn beeinflussen können. In neuerer Zeit beschäftigen sich die Ernährungswissenschaften mit einer Kategorie von Nahrungsmitteln, welche heute allgemein als «Funktionelle Nahrungsmittel» bezeichnet werden. Es stellen sich nun einige Fragen, insbesondere, was diese Nahrungsmittel besonders auszeichnet, wie sie eingesetzt werden, ob solche Produkte wirklich neu sind und ob sie als «Nahrungsmittel» oder als «Arzneimittel» klassiert werden sollen.

Der Begriff «funktionell» hat sich für bestimmte Nahrungsmittel weltweit eingebürgert. Die ersten Bestrebungen zur Definition des Begriffes erfolgten in Japan in den achtziger Jahren [1,2]. Die japanischen Gesundheitsbehörden beauftragten eine Arbeitsgruppe, diätetische Lösungsansätze zu finden um die Probleme der überbordenden Gesundheitskosten einer alternden Bevölkerung in den Griff zu bekommen. Es war allgemein akzeptiert, dass Nahrungsmittel zwei Funktionen zugesprochen werden können. Einerseits ernähren sie den menschlichen Körper, indem sie die Gewebe aufbauen und unterhalten und als Energielieferant dienen. In dieser «ersten» Funktion sorgen Nahrungsmittel dafür, dass der Körper nicht in einen Mangelzustand gelangt. Zu diesem Zwecke haben die Ernährungswissenschaften sog. RDAs (Recommended Dietary Allowances = Tagesbedarf) für viele Nährstoffe festgelegt, z.B. [3]. Als «zweite» Funktion wird die Palatabilität eines Nahrungsmittels bezeichnet, wozu auch der Nahrungsmittelgeschmack gezählt wird. Der Geschmack eines Nahrungsmittels stellt eine zentrale Grösse in der Diätetik traditioneller Kulturen dar. Gibt es eine weitere Nahrungsmittelfunktion? Die japanische Arbeitsgruppe, welche sich stark an der Traditionellen Chinesischen Medizin (TCM) und der dazugehörigen traditionellen Diätetik orientierte, erkannte als sog. «dritte» Funktion Effekte, welche in positivem Sinne auf den menschlichen Körper einwirken und über die «erste» und «zweite» Funktion hinausgehen. Es stellt sich hier die Frage: Sind dies Arzneimittel-bedingte oder Ernährungs-bedingte Effekte?

Codex Alimentarius, ein aus Länderbehörden bestehendes Expertengremium der Weltgesundheitsorganisation WHO und der Welternährungsorganisation FAO, versucht diese Frage seit Beginn der neunziger Jahre zu beantworten [4]. Nationale Behörden bemühen sich festzulegen, in welchem Umfang Arzneimittel bzw. Nahrungsmittel angepriesen werden können. Die Diskussionen sind noch nicht zu Ende geführt. Es ist aber festzustellen, dass sich im Rahmen des Codex Alimentarius folgende Lösung herausschälen könnte. Es gibt einerseits Anpreisungen, welche Aussagen zur Funktion von Nährstoffen sind (= Nutrient Function Claim). Andererseits soll es Anpreisungen geben, welche Aussagen zum Effekt eines Nahrungsmittels oder eines Nährstoffs auf die menschliche Gesundheit sind (= Health Claims). In dieser letzteren Kategorie werden gegenwärtig zwei Typen definiert. Aussagen, die sich auf die Stärkung / Tonisierung von Körperfunktionen (= Function Strengthening Claims) beziehen und Aussagen, welche sich auf die Risikoherabsetzung von Krankheiten (= Disease Risk Reduction Claims) beziehen. Damit kommen die in der heutigen modernen Zeit definierten Health Claims der «dritten» Funktion einer traditionellen Diätetik sehr nahe.

Es muss aber auch eine Abgrenzung zu den Arzneimitteln stattfinden, da ein Nahrungsmittel mit einer «dritten» Funktion per Definition kein Arzneimittel sein kann. Ein Arzneimittel dient nämlich der Prävention, Behandlung und Heilung von Krankheiten und der Beeinflussung von physiologischen Körperfunktionen [5]. Es ist hier am Rande festzuhalten, dass diese Definition für Nahrungsmittelanpreisungen Probleme schafft. Es ist doch offensichtlich, dass Kaffee z.B. einen Einfluss auf den Wachzustand, dass Alkohol z.B. einen Einfluss auf die Körperwärme, dass Zucker z.B. einen Einfluss auf den Gemütszustand, dass Ballaststoffe z.B. einen Einfluss auf die Stuhlqualität und damit auf physiologische Körperfunktionen haben und damit per Definition Arzneimittel wären. Es ist auch erwiesen, dass gewisse Nährstoffe chronischen Erkrankungen vorbeugen. Der Beispiele gibt es viele. Gerade hier ist sehr deutlich erkennbar, wie die «westliche» moderne Diätetik in der Akzeptanz solcher Fakten Mühe bekundet. In den «östlichen» traditionellen Kulturen ist dieses Wissen in grossem Umfang vorhanden, beschrieben, in einer mehrtausendjährigen Praxis validiert und allgemein bekannt z.B. [6].

Wie lässt sich diese «dritte» Nahrungsmittelfunktion beschreiben? Es sei hier als These formuliert: Nahrungsmittel mit einer «dritten» Funktion (= Funktionelle Nahrungsmittel) stärken/tonisieren Körperfunktionen, dienen zur Prävention von Krankheiten, dienen zur diätetischen Unterstützung von Therapien und können auch in gewissen Fällen zur Behandlung von Krankheiten eingesetzt werden (besonders bei gewissen Mangel-, Hitze- und Kältedisharmonien im Rahmen der TCM [6]).

Mit der Fragestellung «Was ist ein Funktionelles Nahrungsmittel?» hat sich auch das International Life Science Institute (ILSI), die grösste weltweit organisierte Nahrungsmittel-Expertenorganisation, beschäftigt. Im Jahre 1995 versuchten die Experten in Singapur herauszufinden, wie sich die Konzepte im «Osten» (= traditionell) und im «Westen» unterscheiden [7]. Die Europäische Kommission unterstützte in den Jahren 1995–1999 eine ILSI Arbeitsgruppe, welche unter Beizug namhafter Experten ein Konzept für Funktionelle Nahrungsmittel ausarbeiten durfte. Dieses Konzept ist publiziert und sei nachfolgend vorgestellt.

Basierend auf einer Evaluation der publizierten wissenschaftlichen Evidenz werden «Funktionelle Nahrungsmittel» wie folgt definiert:

Ein Nahrungsmittel kann als «funktional» betrachtet werden, wenn hinreichend gezeigt wurde, dass eine oder mehrere physiologische Körperfunktionen «ausserhalb» klassischer Ernährungseffekte in einem positiven Sinne beeinflusst werden und dass dabei entweder ein verbesserter Gesundheitszustand erreicht, oder das Risiko einer Erkrankung herabgesetzt wird. Funktionelle Nahrungsmittel sind Nahrungsmittel und wirken in einer Menge welche normalerweise eingenommen wird. Funktionelle Nahrungsmittel sind keine Pillen oder Kapseln und werden im Rahmen einer normalen Ernährung verwendet [8].

Erfreulicherweise darf festgestellt werden, dass diese Definition «Funktionelle Nahrungsmittel» umfasst, welche sowohl im Rahmen von «westlichen» wie auch «östlichen» (= traditionellen) Konzepten eingesetzt werden und dass damit diese Definition weltweit vermutlich für alle Konzepte angewandt werden kann.

Was umfasst der Begriff «physiologische Körperfunktion» im Rahmen der Definition von «Funktionellen Nahrungsmitteln»?. Hier ist nun zwischen «westlichen» und «östlichen» physiologischen Modellen zu unterscheiden. (Bei «östlichen» Modellen wird hier und im Folgenden immer dasjenige der TCM verwendet).

Im Rahmen der westlichen Schulmedizin werden bei der Einflussnahme von Funktionellen Nahrungsmitteln auf den menschlichen Körper die folgenden Bereiche («Indikationen») unterschieden [9]:

Wachstum, Entwicklung und Differenzierung
Substrat Metabolismus (z. B. Übergewicht, Diabetes)
Abwehr oxidativer Agentien (z. B. CVD, Krebs, neuronale Krankheiten)
Kardiovaskuläres System (z. B. CHD, Hyperhomocysteinaemia)
Gastrointestinales System (z. B. Immunsystem, Allergie, Verstopfung)
Verhalten und psychologische Funktionen (z. B. Aktivierung, Sedierung)

Im Rahmen der «östlichen» physiologischen Modelle sind die Effekte der meisten Nahrungsmittel und vieler Kräuter, Mineralstoffe auf folgende Organfunktions-Bereiche seit langer Zeit im Detail bekannt [6,10]:

Leber/Gallenblase, Herz/Dünndarm, Perikard/Dreifacher Erwärmer, Milz/Magen, Lunge/Dickdarm und Nieren/Blase.

Es lohnt sich, das «westliche» und das «östliche» physiologische Modell mit der dazugehörigen Arzneimittel- und Ernährungslehre einander gegenüberzustellen. Die Erkenntnisse beider Modelle ergänzen und befruchten sich gegenseitig. Widersprüche bei korrekter Anwendung der Modelle sind nicht zu erkennen. Das «westliche» Modell wird streng deduktiv-analytisch und das «östliche» Modell dialektisch-synthetisch angewandt [11,12,13].

Das «westliche» Schulmodell bezieht sich im Ansatz auf Gewebe, Organe, Körper-Funktionen, beschreibt quantitativ und beruht in erster Linie auf einer analytischen Physiologie («Labor»). Das «östliche» Modell bezieht sich im Ansatz auf den ganzen Menschen inkl. seiner Umgebung (holistischer Ansatz), beschreibt qualitativ die Beziehung der Körperenergien, -substanzen und -funktionen untereinander, und benutzt ein traditionelles, nicht isolier- und messbares physiologisches System.

Die «westliche» Schulmedizin setzt Funktionelle Nahrungsmittel meist präventiv und bei chronischen Erkrankungen ein: Dabei dienen mit Nährstoffen angereicherte Nahrungsmittel der Prävention von Mangelzuständen (vor allem Vitamine und Mineralstoffe), der Stärkung/Tonisierung von Körperfunktionen, der Vorbeugung von chronischen Erkrankungen, sowie der unterstützenden Behandlung von chronischen Krankheiten (sog. Ernährungsmedizin [14]).

Im Rahmen des «östlichen» Modells werden bestimmte Nahrungsmittel bei vielen akuten Erkrankungen und bei den meisten chronischen Disharmonien – bevorzugt in einem frühen Krankheitsstadium – und als Bestandteil einer auf die Krankheit bezogenen Diät verwendet [15]. Dies geschieht aber immer als Teil eines ganzheitlichen Ansatzes. Zusätzlich zur Diät werden je nach Krankheit verschrieben: Anpassung der Lebensweise, Kontrolle der Emotionen, Kräutergemische, Meridian-bezogene Einwirkungen (Tuina, Akupressur, Akupunktur, Moxibustion).

Wie lässt sich die gesundheitsbezogene Wirksamkeit von Nahrungsmitteln und Nährstoffen belegen? Die Verwendung des «östlichen» physiologischen Modells bietet hier Vorteile, da die dabei verwendeten Biofaktoren (Marker) seit langem validiert und sehr leicht, d. h. ohne Beizug von Labors, anzuwenden sind, z. B. [12,13]. Die Anamnese nach Einnahme von Nahrungsmitteln oder Nährstoffen führt über die Beobachtung der Marker direkt zu Disharmonie-Mustern («Indikationen»), welche den Zustand der Körperenergien, -substanzen und -funktionen beschreiben.

Die Beschreibung der Effekte von Nahrungsmitteln und Nährstoffen auf die Physiologie des menschlichen Körpers im Rahmen des «westlichen» Schulmodells bedarf noch einiger Grundlagenforschung. Es sind erst sehr wenige Nährstoff-bezogene Marker als Bezugsgrösse zu Krankheitszuständen allgemein anerkannt, so z. B. der Cholesterinspiegel in Bezug zu kardiovaskulären Erkrankungen. ILSI hat auch hier erste grundlegende Überlegungen zu einem neuen Konzept publiziert [8] oder [9], siehe Schema. Es wird zunächst festgestellt, dass eine umfassende Erforschung der Marker notwendig ist, da noch sehr wenig Evidenz auf diesem Gebiet vorhanden ist. Und es werden drei Kategorien von Markern vorgeschlagen: Marker, welche auf die eingenommene Nahrungsmittel oder Nährstoffe direkt reagieren (z. B. Vitaminspiegel); Marker, welche die Reaktion von Körperfunktionen anzeigen (z. B. Leberenzyme nach Alkoholaufnahme); sowie Marker, welche Zwischen- und Endpunkte darstellen (z. B. Knochenmasse bei Osteoporose). Marker, welche mit Körperfunktionen verknüpft sind, können dazu dienen, die Stärkung/Tonisierung von Körperfunktionen zu untersuchen. Marker, welche Zwischen- und Endpunkte definieren, dienen dem Studium der Herabsetzung von Krankheitsrisiken mittels Nahrungsmitteln und Nährstoffen. Auf diesem Gebiet ist gemäss ILSI noch sehr viel grundlegende Arbeit zu leisten.

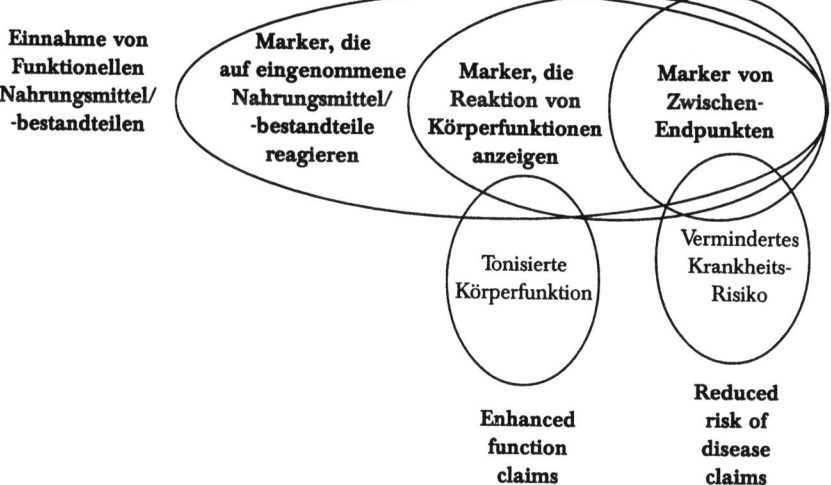

Werden Funktionelle Nahrungsmittel bereits verwendet? Die oben angeführte Definition von «Funktionellen Nahrungsmitteln», sowie die bisherigen Ausführungen geben eine erste Antwort: Ja, Funktionelle Nahrungsmittel werden seit langer Zeit (seit 2000-3000 Jahren) im Rahmen von traditionellen Ernährungslehren eingesetzt z. B. [6]. Nicht nur in «östlichen», auch in traditionellen «westlichen» Kulturen sind solche Konzepte zu finden (z. B. klassische griechische Ernährungslehre; Hildegard von Bingen; alte Eingeborenen-Kulturen in Amerika, Afrika, Australien). Und immer werden traditionelle Ernährungskonzepte dabei im Rahmen von traditionellen Arzneimittellehren verwendet. In unserer Sprache finden sich noch viele Hinweise auf verflossene traditionelle Konzepte. Sie stellen nichts anderes dar als Kurzdiagnosen und Ernährungsregeln. Kurzdiagnosen, z. B.: «Ihm ist etwas über die Leber gekrochen», «Das Herz hüpft vor Freude», «Das geht an die Nieren». Ernährungsregeln, z. B.: «Sauer macht lustig», «Salz des Lebens», «kühlende Frucht».

Es ist in diesem Zusammenhang festzuhalten, dass das gesamtheitliche (holistische) Gesundheitskonzept von Hildegard von Bingen, welches auf einem eigenständigen, traditionellen physiologischen Modell des menschlichen Körpers beruht, als eigentliche «Traditionelle Europäische Medizin» (TEM) betrachtet werden kann [16,17,18]. Es scheint, dass diese TEM in neuerer Zeit wieder vermehrt Beachtung findet.

Moderne, «westliche» Varianten von Funktionellen Nahrungsmitteln, im Rahmen der «westlichen» Ernährungslehre und Schulmedizin eingesetzt, finden sich zuerst in Japan (anfangs neunziger Jahre), wenig später aber auch in Europa und den USA. In Europa finden sich – neben vielen Nahrungsmitteln, welche mit antioxidativ wirkenden Nährstoffen oder Balaststoffen speziell angereichert sind – nun neuerdings auch weitere innovative Produkte auf dem Markt. So z. B. Phytosterol-haltige Margarinen zur Kontrolle eines gesunden Cholesterinspiegels, Bakterien-haltige Joghurts zur Konditionierung einer gesunden Darmflora. Es ist dabei interessant festzustellen, dass in manchen Fällen die Wirkung von Nahrungbestandteilen sowohl mit dem «östlichen» als auch mit dem «westlichen» physiologischen Modell erklärt und belegt werden kann. Beispielsweise dient Hafer im Rahmen einer TCM Diätetik zur Kühlung der Hitze in der Leber- und Herzfunktion, so z. B. der Vertreibung von aufsteigendem Leber-Feuer oder Leber-Yang [6]. Diese TCM Disharmoniemuster sind im «westlichen» Schulmodell sehr oft mit kardiovaskulären Krankheitszuständen verknüpft. Es konnte mit «westlicher» Ernährungslehre gezeigt werden, dass Haferkleie, bzw. Hafer-betaglukan Cholesterinwerte senken kann z. B. [19].

Abschliessend sei festgestellt, dass vor allem die «westlichen» Konzepte einer weiteren Erforschung sowohl der Grundlagen als auch der Anwendungen bedürfen. Die «östlichen» und «westlichen» Konzepte sollen nicht als sich gegenseitig ausschliessende oder konkurrierende Systeme betrachtet werden. Beide erfüllen die Kriterien der Wissenschaftlichkeit [20] und sollten sich deshalb gegenseitig befruchten und ergänzen.

Literatur

[1] Goldberg, I.: Functional Foods. Chapman & Hall, New York, London 1994; S. 453 ff.
[2] ILSI Japan: The Status quo of Functional Foods and The Subjects to be Discussed. International Life Science Institute, Tokyo, Japan 1997.
[3] US Food and Nutrition Board, National Research Council: Recommended Dietary Allowances. 10th Edition. National Academy Press, Washington D.C. 1989.
[4] FAO/WHO-Codex Alimentarius, Committee on Food Labelling: Proposed Draft Recommendations for the Use of Health Claims. Ottawa 1999.
[5] EU Council Directive of 26 January 1965 on the approximation of provisions laid down by law, regulation or administrative action relating to proprietary medicinal products (65/65/EEC).
[6] Engelhardt, U., Hempen, C.H.: Chinesische Diätetik. Urban & Schwarzenberg, München, Wien, Baltimore 1997.
[7] ILSI Southeast Asia: East-West Perspectives on Functional Foods. International Life Science Institute, Singapore 1995.
[8] Diplock, A.T. et al. (International Life Science Institute Europe): Functional Foods in Europe: Consensus Document. British Journal of Nutrition. 1999; 81: S. 1-27.
[9] Bellisle, F. et al. (International Life Science Institute Europe): Functional Foods Science in Europe. British Journal of Nutrition. 1998; S. 1-193.
[10] Bensky, D, Gamble, A.: Chinese Herbal Medicine – Materia Medica. Eastland Press, Inc. Seattle, Washington 1993.
[11] Kaptchuk, T.J.: Das grosse Buch der chinesischen Medizin. O.W. Barth Verlag 1995.
[12] Maciocia, G.: Die Grundlagen der Chinesischen Medizin. Verlag für Ganzheitliche Medizin. Dr. E. Wühr GmbH, Kötzting / Bayern. Wald 1997.
[13] Porkert, M.: Neues Lehrbuch der chinesischen Diagnostik. Phainon Ed. & Media GmbH, Dinkelscherben 1993.
[14] Biesalski, H.-K. et al.: Ernährungsmedizin. G. Thieme Verlag, Stuttgart, New York 1995.
[15] Flaws, B., Wolfe, H.L.: Das Yin und Yang der Ernährung. W. Heyne Verlag, München 1996.
[16] von Bingen, H.: Heilwissen – Causae et Curae. Herder, Freiburg, Basel, Wien 1996.
[17] von Bingen, H.: Heilkräfte der Natur – Physica, Pattloch Verlag im Weltbild Verlag GmbH, Augsburg 1995.
[18] Schiller, R.: Heilige Hildegard – Ernährungslehre. Econ, Düsseldorf 1996.
[19] über 28 Publikationen mit Resultaten von klinischen Studien seit 1981; z.B. Anderson, J.W. et al.: Oat-bran cereal lowers serum total and LDL-cholesterol in hypercholesterolemic men. Am. J. Clin. Nutr. 1990; 52: 495-499.
[20] siehe [13], S. 30 ff.

Hartmut Heine

Das System der Grundregulation als wissenschaftliche Grundlage einer Weiterentwicklung der biologischen Medizin

Einleitung

Die Regulationsmedizin (regulare: in Ordnung bringen) versucht ordnungstherapeutisch komplexe Zusammenhänge über Mustererkennung («Lebensäusserungen») zu verstehen und zu behandeln. Dabei stellt die akute Symptomatik nur einen Teil der anamnestisch-diagnostischen Analyse dar. Dadurch bleibt das akute Ereignis im individuellen Zusammenhang und kann ganzheitlich entsprechend dem regulationsmedizinischen Prinzip «Hilfe zur Selbsthilfe» therapiert werden («Komplementärmedizin», «biologische Medizin») [8, 17, 19]. Anders in der Schulmedizin, wo prinzipiell versucht wird, losgelöst vom Individuum, objektive direkte Ursache-Wirkungsbeziehungen auf möglichst molekularer Ebene zu finden, um dann quantitativ nach dem «Schloss-Schlüssel Prinzip» die als ursächlich für die akute Situation erkannten Moleküle zu eliminieren [17, 24, 25].

Die schulmedizinische Therapieweise kann zwar eine rasch eintretende Wirkung herbeiführen (z.B. Corticoide), bei längerer Anwendung ist dies jedoch häufig mit schweren Nebenwirkungen verbunden. Eine kürzlich erschienene Studie im Fachblatt der American Medical Association (JAMA) hat gezeigt, je genauer der kausal-analytische Therapiebezug wird (z.B. ein definierter Antikörper gegen einen definierten Rezeptor), um so gravierender werden längerfristig die Nebenwirkungen [21]. Regulationsmedizinische Maßnahmen haben häufig keine vergleichbare rasche Wirkung (abgesehen vom «Sekundenphänomen» in der Neuraltherapie nach Huneke [3]), aber zumeist eine langanhaltende Wirksamkeit. In vielen Fällen eignet sich daher die Kombination beider Therapierichtungen, d.h., wenn auch jede unter bestimmten Bedingungen ihre Eigenberechtigung hat, ergänzen sie sich häufig gegenseitig [17].

Unter Berücksichtigung des biologischen Grundgesetzes (Arndt-Schulz-Regel), wonach nur schwache Reize Regulationsphänomene anregen, und eingedenk der Komplexität der zugrundeliegenden Störungen, ist auch der Einsatz von Homöopathika und Antihomotoxika unter regulationsmedizinischen Aspekten zu verstehen [8, 16]. Die Potenzierung verleiht den jeweiligen pflanzlichen, tierischen oder mineralischen Auszügen einen höheren Energiegehalt, wodurch chemische Bindungen leichter aufgebaut, andere leichter gelöst werden können (Lit. bei 16]. Ziel dieser Arbeit ist es zu zeigen, dass das System der Grundregulation die wissenschaftliche Grundlage der Regulationsmedizin darstellt.

Der Regulationsbegriff

Der kybernetische Regelbegriff «Regelung durch Steuerung» ist durch den Regelkreis mit seinen rückkoppelnd aufeinanderbezogenen Regelgrössen (Sensor, Istwert, Sollwert, Stellglied) charakterisiert [7]. Ursprünglich bedeutet Regulatio nicht das im technischen Sinne gemeinte Einregulieren einer Norm, sondern individuelles Erlernen und Beachten eines nomos, d.h. eine ethische Einstellung, die eine im Einklang mit den Mitmenschen und der Natur förderliche Lebenseinstellung erlaubt. Damit verknüpft ist die Sorge um den Erhalt einer unversehrten körperlich-geistig-seelischen Einheit, d. h. der individuellen Gesundheit [14, 17].

In der Klinik ist es nicht möglich, die Funktion eines isolierten Regelkreises zu beobachten, wohl aber von Regelsystemen (z. B. Reflexwege oder die funktionelle Verknüpfung von Hypothalamus, Hypophyse und Nebennieren, die sogenannte «Stressschiene») [7, 28, 29]. Ein Regelsystem setzt immer ein System aufeinander bezogener Sollwerte voraus. Ziel ist dabei die Aufrechterhaltung der Homöostase («Fliessgleichgewicht»). Diese stellt einen vieldimensionalen Sollwert dar, um den ein Istwert als zulässige Differenz (Toleranz) schwingt. Damit ist das System in der Lage, eine durch Störgrössen ausgelöste Abweichung mit geringem Energieverlust zu korrigieren. In einem energetisch offenen System muss geeignete Energie z. B. in Form von Nahrungsmitteln oder über geeignete Therapieformen zugeführt und verbrauchte Energie abgeführt werden, um die labile Ordnung über Biorhythmen zu erhalten bzw. wieder zu erreichen. Das bedeutet, um zu überleben muss ein System mit sich und seiner Umgebung in Resonanz sein bzw. diese immer wieder herstellen können. Dies ist Grundlage der diagnostischen Akupunkturtestverfahren wie der Elektroakupunktur, der Bioresonanzverfahren und der Kinesiologie [20]. Sobald ein Organismus, der aus elektromagnetischer Sicht als Schwingkreis betrachtet werden kann, in den Stromkreis eines elektromagnetischen Meßgerätes geschaltet wird, kann er vergleichbar einem Rundfunkempfänger wie auch Sender arbeiten. Die zur Frequenzabstimmung nötige Antenne stellt bei den genannten Verfahren die sogenannte Messwabe dar. Durch Einbringen von Testsubstanzen in die Wabe wird der Empfänger auf normale Resonanz abgestimmt. Die geeignete Testsubstanz kann dann als Therapeutikum («vegetative Antenne») dem Organismus verabreicht werden. Bei Bioresonanzverfahren wird versucht, pathologische Schwingungen durch Einspeisen entsprechender Gegenschwingungen zu mindern oder zu löschen (Übersicht bei [17].

Ein übergeordnetes Regulationsprinzip ist die Polarität von Sympathikus und Parasympathikus. Sie prägen den Zirkadianrhythmus, dessen Tagesphase überwiegend sympathikoton katabol und die Nachtphase vagoton anabol geprägt ist. Die individuelle Normalität liegt in der zulässigen Toleranz dieser beiden polaren neurovegetativen Systeme [19, 28, 29]. Normalerweise wird jede Regulationsstörung im Organismus von einer sympathischen Alarmreaktion (Schockphase) und einer vagotonen Gegenschockphase mit anschliessendem Wiedereinschwingen in den Grundrhythmus (meist in einem Zirkaseptanrhythmus) bewältigt [7, 17, 19, 25, 28, 29] (Abb. 1). Eine anhaltende einseitige Auslenkung dieser Balance führt entweder zu sympathikoton («Erstarren» der Grundregulation in der Schockphase; z.B. metabolisches Syndrom) oder vagoton (z.B. «Erstarren» in der Gegenschockphase; ernährungsbedingte Krankheiten) unterhaltenden Fehlregulationen (Abb. 1). Der das Schmerzgeschehen und damit den Wachheitsgrad eines Individuums steuernde Sympathikus ist jedoch zentral stets auf seinen anabolen «Lebensgefährten», den Vagus (Parasympathikus) angewiesen [19]. Die exsudative Schockphase kann sich auch wie bei der chronischen Polyartritis mit der proliferativen Gegenschockphase abwechseln. Völlig irreguläre Regulationsschwankungen finden sich bei Tumorpatienten. In welchem Bereich einer Regulationsstörung sich ein Organismus befindet, lässt sich durch die Elektrolytbestimmung aus Vollblut nachweisen [19] (Abb. 1). Als allgemeiner Grundsatz der Regulationsmedizin kann daher gelten: Ist die Relation zwischen katabolen und anabolen Regulatoren nicht optimal, entwickeln sich Regulationskrankheiten. Diese werden dann chronisch, wenn der Regler irreversibel den Sollwert verstellt und es dadurch zu einer Veränderung des gesamten Feedbackverhaltens kommt («vegetative Gesamtumschaltung») [7, 19, 24]. Der Übergang des physiologischen Toleranzbereiches in den stabilen falschen Sollwert entspricht einem Maladaptationssyndrom mit Zunahme des anaeroben Stoffwechsels mit zunehmender Gewebeansäuerung («latente Gewebsazidose» u.a. durch Zunahme von Milchsäure und Radikalen s. S. 68). Dadurch entsteht eine globale proentzündliche Situation, die das chronische Leiden in einen circulus vitiosus treibt [9, 17, 24]. Prinzipiell eignen sich alle Ausleitverfahren – und Umstimmungsverfahren

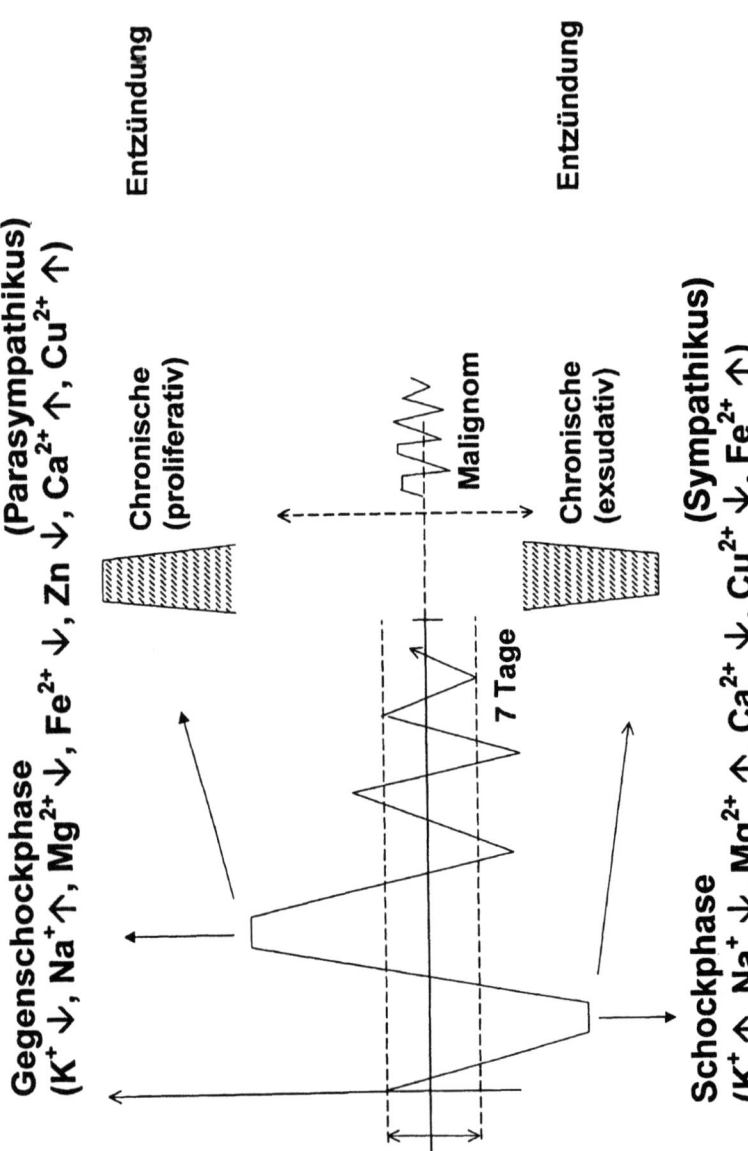

Abb. 1: Reiz-Reaktionsverhalten im System der Grundregulation. Der sympathikotonen Schockreaktion folgt die vagotone Gegenregulation. Dies ist mit entsprechenden Elektrolytveränderungen im Blut gekoppelt. Die Grundregulation kann in der Schock- oder Gegenschockphase stecken bleiben (chronische Krankheiten) bzw. irregulär oszillierend ein malignes Tumorgeschehen kennzeichnen (sogenannte «Regulationsstarre») (kombiniert nach [17], [19], [24], [29]).

(z. B. Fasten, Ernährungsumstellung, Orthomolekulare Medizin, psychische Übungen) zur Überwindung der latenten Azidose. Der Übergang vom noch Tolerierten zur vegetativen Gesamtumschaltung stellt einen biologischen Schnitt dar, von dem aus der zunächst immer über ein entzündliches Geschehen verlaufende Krankheitsprozess in ein degeneratives Leiden übergeht.

Das System der Grundregulation

Die Ergebnisse der Grundregulationsforschung haben gezeigt, daß die Zellfunktionen wesentlich von der Zusammensetzung des sie umgebenden extrazellulären Milieus (Grundsubstanz, extrazelluläre Matrix) abhängen (Abb. 2). Keine Zelle wird direkt von der Endstrombahn oder von Nervenendigungen erreicht (auch die myoneuronale oder neuronalen Synapsen enthalten einen mit polymeren Zuckern gefüllten Spalt (Übersicht bei [17]). Zellen und Zellverbände sind der Grundsubstanz immer nachgeschaltet. Während dies im Mittelpunkt regulationsmedizinischer Betrachtungen steht, ist es in der Schulmedizin unmittelbar die Zelle, mit ihrem Genom. Die Grundsubstanz befindet sich in stetigem situationsgerechten Umbau, wobei Umwelt- und Inwelteinflüsse den jeweils altersgerechten Zustand bestimmen (Fliessgleichgewicht). Die extrazelluläre Matrix ist in ihrer Struktur im wesentlichen aufgeklärt [16, 17]: zwischen Endstrombahn und Zelle liegt ein als Grundsubstanz bezeichnetes Molekularsieb aus hochpolymeren Zuckerproteinen- und Zuckerkomplexen (Proteoglykane und Glykosaminoglykane PG/GAGs), in die Strukturproteine (Kollagen, Elastin) und Vernetzungsglykoproteine (z. B. Fibronektin) eingewoben sind. Es sei kurz erwähnt, daß aufgrund der piezo- und pyroelektrischen Eigenschaften von Kollagen jede mechanische und Wärmeeinwirkung zur Bildung elektro-magnetischer Felder führt, die in die Grundsubstanz eingespeist aktivierend auf Zellen und Nerven wirken. Hier liegt u. a. der Wert von mechanischen Übungen (Gehen, Laufen, Massagen) zumal die Grundsubstanz mechanische Energiewirkung durch Übergang in erhöhte Visko-Elastizität verbraucht [17]. Da die PG/GAGs Wasser bei 37°C in geordneter flüssig-kristalliner Form binden, verfügt die Grundsubstanz dadurch neben den Nervenfasern über ein schnell leitendes Informationssystem (z. B. pH-Änderungen). Durch Fieber können fehlerhafte Informationen im gebundenen Wasser durch Erhöhung der Temperatur und damit des Flüssiganteils gelöscht werden [17].

Die PG/GAGs sind neben der Wasserbindung zum Ionenaustausch befähigt und damit die Garanten von Isoionie, Isotonie und Isoosmie in den Geweben

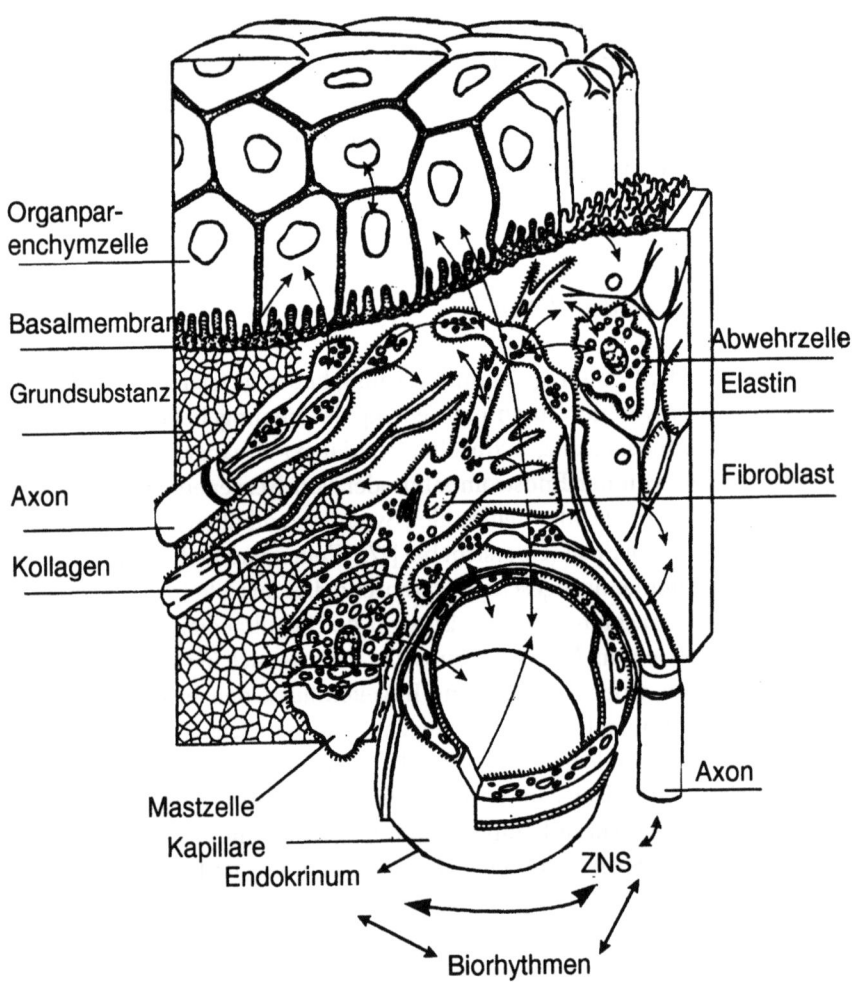

Abb. 2: Schema der Grundregulation. Wechselseitige Beziehungen (Pfeile) zwischen Endstrombahn (Kapillaren, Lymphgefässe), Grundsubstanz, terminalen vegetativen Axonen, Bindegewebszellen (Abwehrzellen, Mastzellen, Fibroblasten u. a. m.) und Organparenchymzellen. Eptheliale und endotheliale Zellverbände sind von einer zur Grundsubstanz vermittelnden Basalmembran unterlagert. Jede Zelloberfläche trägt einen mit der Grundsubstanz verbundenen Glykoprotein- und Glykolipidfilm (Glykocalyx; gepunktete Linien); wozu u. a. die Histokompatibilitätskomplexe (MHC) und zellmembranständigen Rezeptoren gehören. Die Grundsubstanz ist über die Endstrombahn an das Endokrinium, über die Axone an das ZNS angeschlossen. Der Fibroblast stellt das stoffwechselaktive Zentrum dar (aus [17]).

[17]. Da die PGs zu Ringschlüssen befähigt sind, entstehen dadurch nach einem raschen Assembly-Disassembly-Prozeß im Nanometerbereich (ca. 100 nm) liegende Tunnelstrukturen, die u. a. zur guest-host Bindung befähigt sind; d. h. sie transportieren im Inneren der Tunnel lipophile an der äusseren Tunnelwand hydrophile Substanzen (Abb. 3). Auf diese Weise erfolgt der Stofftransport durch die Grundsubstanz entsprechend pH-Gradienten, Konvektionsströmungen, Konzentrationsgefällen usw. in alle Richtungen. Da davon die Zellver- und -entsorgung abhängt, wird deutlich, wie wichtig es ist, das Molekularsieb der Grundsubstanz durch Lebensführung möglichst sauber zu halten [17]. Durch Glukoseüberschuss (u. a. zuviel Weissmehl und Weisszucker) oder altersbedingter Insulinresistenz unterliegen alle Grundsubstanzkomponenten einschliesslich der Zellglykocalyces einer nicht-enzymatischen Glykosilierung mit Entwicklung nicht abbaufähiger «Stoffwechselleichen» (die Halbwertszeit der PG/GAGs liegt bei ca. 2 Wochen) (Übersicht bei [17]).

Da in der Grundsubstanz die peripheren vegetativen Nervenfasern blind enden und gleichzeitig über die Kapillaren das Hormonsystem zugeschaltet ist, ist die Grundsubstanz direkt mit dem zentralen Nervensystem und den das Hormonsystem regulierenden Kernen im Gehirnstamm und Zwischenhirn verbunden (Abb. 2). Daher sind im System der Grundregulation auch ständig psychische Einflüsse wirksam [17].

Das aktive Zentrum zur Synthese von Grundsubstanz ist der Fibroblast (sowie seine Verwandten, die Knochen- und Knorpelzelle, die Gefässwandmuskelzelle und der Adipozyt). Zentral ist es die Gliazelle, die abgesehen von Kollagen und Elastin, ebenfalls Grundsubstanz synthetisieren kann. Gliazellen übernehmen im ZNS auch die Immunüberwachung [17]. In der Peripherie sind es die Zellen des unspezifischen (Makrophagen, Monozyten, dendritische Zellen, Granulozyten), des regulatorischen (Th3-Lymphozyten) und spezifischen Immunsystems (T- und B-Lymphozyten), die die Immuntoleranz überwachen [17, 18].

Daraus ergeben sich die wesentlichen Wirkprinzipien der biologischen Medizin:

- Aktive Beteiligung und Nutzung selbstregulierender Prozesse des menschlichen Organismus (Autoregulation).
- Selbstheilung durch Aktivierung autoregulativer Prozesse zur autonomen Überwindung von Krankheiten (hygiogenetisches Wirkprinzip).
- Indirekte Wirkungen der therapeutisch eingesetzten Reize aufgrund der Wirkungsvermittlung durch das Autoregulationssystem.
- Individuelle Wirkungen, die von der Art des Reizes und der Reaktionslage des Patienten abhängen (Reiz-Reaktions-Prinzip).

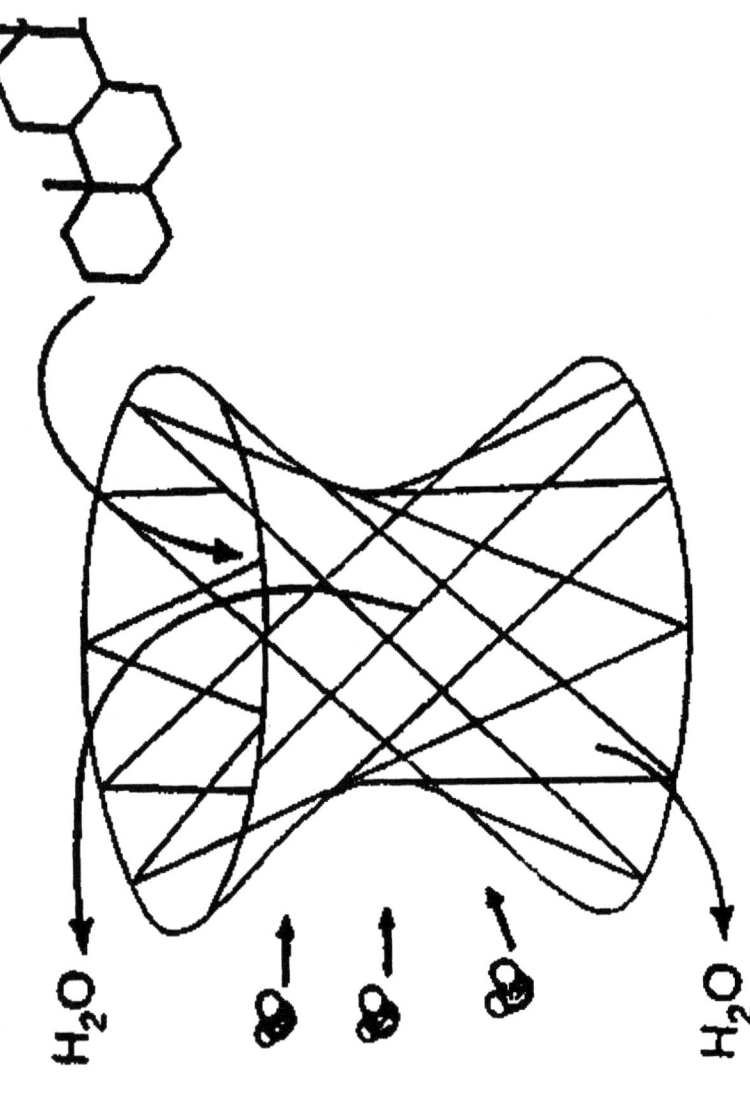

Abb. 3: Tunnelstruktur der Proteoglykane/Glykosaminoglykane der Grundsubstanz. Gleichzeitiger Transport von hydrophoben (lipophilen) Substanzen im Tunnelinneren (guest-host Komplexierung) und hydrophilen Substanzen durch Bindung an die Tunnelaussenwand. Die hyperbole Form kennzeichnet eine energetische Minimalfläche (aus [17]).

«Diese für die Naturheilkunde geltenden Prinzipien treffen auch für die Homöopathie zu. Damit liegt ein wissenschaftliches Denkmodell vor, das viele Besonderheiten der homöopathischen Medizin zu erklären vermag» [8].

Entzündung als Regulationsprinzip

Nur die extrazelluläre Matrix mit ihren zellulären und nervösen Komponenten ist zur Entzündung befähigt. Eine Entzündung ist eine unspezifische Reaktion, die keinen Hinweis auf einen bestimmten pathologischen Prozess erlaubt. Vielmehr ist diese durch teils synergetische, teils antagonisierende und vielfach redundante Interaktionen gekennzeichnet [11, 26]. Die Bedeutung der Entzündung besteht darin, daß gestörte Regulationsverhältnisse durch «Entgiftung» im weitesten Sinne (z. B. auch psychischen Stress) wieder ins Gleichgewicht gebracht werden können. Zur Entgiftung gehört daher auch die Ausleitung. Letztlich geht es um Wiederherstellung der Autoregulation, d. h. das Gleichgewicht von Katabolie und Anabolie. Die dazu notwendige Wiedereinregulierung des Neurovegetativums läuft über die Entzündung, genauso wie die Störung ihrer Balance zu einer entzündlichen Reaktion führt [11, 13, 23]. Das bedeutet, dass die extrazelluläre Matrix auf jede Regulationsbelastung (z. B. Stress, Umwelteinflüsse) mit einem Anstieg proinflammatorischer Zytokine (z. B. Tumornekrosefaktor-α, TNF-α) und verwandten Molekülen (Chemokine (z. B. Makrophagen anlockende Proteine, MAPs), Adhäsionsmoleküle (z. B. Interzelluläre Adhäsionsmoleküle ICAMs)) reagiert (Übersicht bei [26]).

Auch bei vermeintlich nicht-entzündlichen Erkrankungen wie psychischen Erkrankungen oder idiopathischem Schwindel steigen diese proentzündlichen Moleküle an [23]. Bei Herzinfarktpatienten konnte gezeigt werden, dass sie bereits Jahre vor dem Ereignis, im klinisch gesunden Zustand, erhöhtes ICAM-1 aufweisen [26]. *Das bedeutet, dass die Fähigkeit der extrazellulären Matrix zur Entzündung im Zentrum aller Regulationsvorgänge steht* [11, 16, 26].

Jedem erworbenen chronischen Leiden gehen individuell längere Zeiten (bis zu Jahren) an Befindensstörungen voraus [8, 19]. Diese sind eine Domäne der Regulationsmedizin. Die ausgezeichnete Wirkung niedrig- bis mittelpotenzierter Homöopathika, speziell der Komplexhomöopathika (Antihomotoxika), bei Regulationsstörungen ist z. T. auf deren ausleitende Wirkung zurückzuführen, mehr jedoch auf Wiederherstellung und Erhalt der immunologischen Toleranz (besonders bei Autoimmunerkrankungen) durch die sogenannte «Immunologische Beistandsreaktion» [12, 16, 18, 25] (Abb. 4).

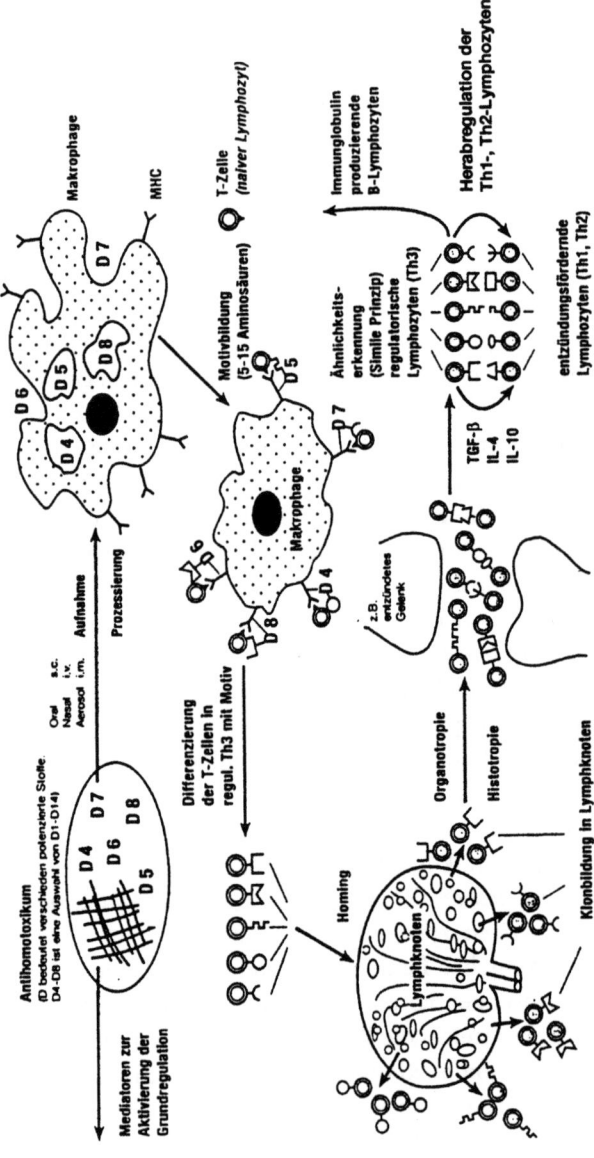

Abb. 4: Immunologische Beistandsreaktion. Niedrig- bis mittelpotenzierte Einzel- oder Komplexhomöopathika generieren regulatorische Lymphozyten (Th3-Zellen), die nach Kontakt mit entzündungsfördernden T-Lymphozyten (Th1- und Th2-Zellen) das entzündungshemmende Zytokin TGF-β (Transforming Growth Factor-beta) freisetzen (aus [16]).

Dabei werden durch bestimmte niedrig- bis mittelpotenzierte Einzelbestandteile (ca. D2-D14) (z. B. Bellis perennis D2 in Traumeel S oder Toxicodendron quercifolium D4 in Zeel comp) eine bestimmte Population von T-Lymphozyten so programmiert, dass sie die entzündungsfördernden Lymphozyten (T Helfer 1- und T Helfer 2 Lymphozyten) herabregulieren und die humorale Abwehrlage durch Anregung der Immunglobulin-bildenden B-Lymphozyten «aktualisieren». Die Beistandsreaktion wird dadurch erklärt, dass die aufgrund der Potenzierung geringster Mengen und daher nicht-immunogener Proteine eines Homöopathikums nach Einbringen in den Organismus von Makrophagen und anderen antigenpräsentierenden Zellen (Monozyten, dendritische Zellen; zusammengefasst als APCs) intrazellulär aufgenommen und bis auf einen wenige Aminosäuren (ca. 5–15 Moleküle) langen Rest («Motiv») verdaut werden. Die Motive werden anschliessend an die Zelloberfläche zurückgebracht, wo sie an die Gewebeverträglichkeitskomplexe (MHC-Komplexe) gebunden werden [4, 31, 32, 33] (dies könnte auch schon bei Neusynthese von MHC-Komplexen in der Zelle geschehen, worauf beide zusammen an die Zelloberfläche gebracht werden [1]). Die ständig an APCs vorbeipatroullierenden T-Lymphozyten «pflücken» die Motive ab und binden sie an eigene Rezeptoren [1, 4, 18, 31, 33]. Dies leisten vor allem «frische» nicht immunogen erfahrene Lymphozyten («naive» Lymphozyten) [12, 16, 18, 31]. Diese werden durch ein Chemokin aus APCs speziell angelockt [2]. Damit dieser Transfer funktioniert, muss offenbar die Zahl der den T-Zellrezeptoren angebotenen Motive gering sein, und diese müssen möglichst verschieden voneinander sein [4, 31]. Nach Bindung der Motive wandeln sich die Lymphozyten in regulatorische Th3 Lymphozyten um [16, 25, 32, 33]. Diese werden schließlich chemotaktisch an den Ort der Entzündung gelockt, wobei jedes Organ eine eigene Komposition chemotaktischer Zytokine («Chemokine») aufweist [2, 10, 12, 22]. Im Entzündungsbereich vergleichen die inflammatorischen und die regulatorischen Lymphozyten die jeweils zellmembranständigen Antigene bzw. Motive. Wird Ähnlichkeit festgestellt (molekularbiologisches Simile) so reicht dies bereits aus, um die Th3 Zellen zur Produktion entzündungshemmender Zytokine (speziell des transformierenden Gewebefaktor-β TGF-β) anzuregen, die die entzündungsfördernden Zytokine (TNF-α, IFN-γ, IL-1) solange herabregulieren bis wieder immunologische Toleranz hergestellt ist. Der TGF-β wird zusätzlich unterstützt von Interleukin-4 und 10 (IL-4, IL-10) aus TH2-Zellen [12]. Über diese erfolgt auch die Anregung der B-Zellen zur Synthese von Immunglobulinen [16, 18, 33]. In der Wiederherstellung der immunologischen Toleranz spielen auch Phytotherapeutika eine wichtige Rolle. Hier dürfte der Begriff «Immunmodulation» auf Anregung der immunologischen Beistandsreaktion zurückzuführen sein.

Bei oraler Aufnahme werden nämlich Phythotherapeutika im Dünndarm proteolytisch und hydrolytisch soweit aufgespalten, dass sie niedrig- bis mittelpotenzierten Homöopathika entsprechen. Über die im Dünndarmepithel lokalisierten Makrophagen (M-Zellen) kann ebenfalls die immunologische Beistandsreaktion ausgelöst werden [33]. Es sei kurz angemerkt, daß körpereigene Moleküle, die keine Abwehrreaktion auslösen (z. B. Blut), nach Entnahme und Rückgabe in den Körper («Eigenbluttherapie») die immunologische Beistandsreaktion verstärken (Übersicht bei [16] (wahrscheinlich gilt dies auch für die Eigenharnbehandlung).

Es gilt festzuhalten: Niedrig konzentrierte bzw. niedrig- bis mittelpotenzierte Substanzen sprechen die Sprache der Zytokine und sind für den Erhalt der immunologischen Toleranz unerlässlich.

Eine bisher zu wenig beachtete Bedeutung für die Regulationstherapie kommt den niedrig- bis mittelpotenzierten Homöopathika, Antihomotoxica composita, Phytotherapeutika und basischen Nahrungsmitteln in der Bewältigung einer latenten Gewebsazidose zu, da deren Inhaltsstoffe Komponenten mit ungesättigten Bindungen aufweisen (Flavone, Ubiquinone, Brenzkatechine usw.), wodurch überschiessende Radikale abgefangen werden können [16, 17].

Latente Gewebsazidose als Therapiehindernis

Eine latente Gewebsazidose ist bei allen anhaltenden Befindensstörungen (u. a. chronischer Müdigkeit, Antriebslosigkeit, larvierten Depressionen), chronischen Krankheiten und Tumoren gegeben [17]. Sie ist Ausdruck einer zunehmenden Regulationsblockade («Starre») der Grundregulation und stellt prinzipiell eine proinflammatorische Situation dar [7, 9, 17, 24, 25].

Normalerweise wird nach jeder Mahlzeit über die Belegzellen der Magenschleimhaut Salzsäure in das Magenlumen sezerniert. Im Antiport geben die Zellen Bikarbonat in die unterlagernden Kapillaren ab. Über die Endstrombahn wird das Bikarbonat in die Grundsubstanz des gesamten Organismus verteilt, wo es überschüssige saure Valenzen bindet und mobilisiert. Sie werden schliesslich im Harn ausgeschieden. Die Grundsubstanz wird dadurch zwischen den Mahlzeiten basisch (dies spiegelt sich auch in pH- Verlaufsmessungen des Urins wieder) [9]. Dieses Säure-Basen Fluten kann durch Basika, basische Nahrungsmittel und Ausleittherapien (speziell Fasten) sowie durch Abfangen von Radikalen (Spurenelementen, Vitaminen, «orthomolekularer Medizin») unterstützt bzw. wieder hergestellt werden. Allerdings ist zu bedenken, dass eine latente Gewebsazidose häufig von einer Darmdysbiose begleitet wird, die unbedingt mitbehandelt werden muss [16, 19].

Da bei Vorliegen einer «Regulationsstarre» bereits ca. 50 % des Stoffwechsels anaerob ablaufen, wird über die dabei anfallende Milchsäure die latente Azidose unterhalten.

Wird eine latente Gewebsazidose nicht erkannt, hat überhaupt keine Therapie Aussicht auf Erfolg. Wird schliesslich die immunologische Toleranz wieder hergestellt, stellt sich auch die gesundheitsfördernde Balance von Sympathikus und Parasympathikus im Sinne einer Autoregulation wieder ein.

Regelung und Steuerung des Sympathikus am Beispiel der Neuraltherapie und Akupunktur

In der Regulationsmedizin sind es die Akupunktur und Neuraltherapie, die durch Antagonisieren des Sympathikus in das gestörte Reflexverhalten zwischen Neuroendokrinium, Vegetativum und Soma eingreifen können [3, 17]. Dies allerdings auf verschiedenen Wegen: nach Untersuchungen von Heine [15] sind Lokalanästhetika vom Ester- und Amintyp chemisch so aufgebaut, dass sie sich an die negativ geladenen Proteoglykane/ Glykosaminoglykane der Grundsubstanz und Basalmembranen sowie an den Zuckeroberflächenfilm von Zellen und Zellfortsätzen (Glykocalyx) binden können. Dadurch entsteht für die Wirkdauer der Substanzen (ca. 60 bis 120 min) ein lokaler Ladungsausgleich zwischen Grundsubstanz, Basalmembranen und der Oberfläche von Nerven. In dieser Zeitspanne ist dann die Bildung eines Aktionspotentials nicht mehr möglich. Dadurch werden nozizeptive Nervenfasern ausgeschaltet, sowie im zugehörigen Segment neben den entsprechenden kuti-myo-viszeralen Reflexen auch der zugehörige Sympathikus «ruhig gestellt».Schliesslich werden entsprechend dem Konvergenz- und Divergenzprinzip neuronaler Integration die zentralen schmerzverarbeitenden Systeme erreicht. Zunächst erfolgt die Schmerzhemmung relativ auf segmentaler Ebene über das Rückenmark (vermehrte Ausschüttung schmerzhemmender Substanzen wie Enkephaline, Serotonin, Glycin u. a.), bevor die Erregung zu höheren Zentren aufsteigen. Efferent wird dann die Schmerzhemmung durch Enkephaline und Monoamine verstärkt, was sich auf die peripheren somato- und viszerosensiblen Axone sowie den Sympathikus fortsetzt (Übersicht bei [17]. Dadurch kann die Grundregulation (evtl. durch Wiederholung der Neuraltherapie) schliesslich wieder normale Regelbereiche erreichen. Damit der Erfolg anhält, müssen Störungsmöglichkeiten der Grundsubstanz, vor allem Herde ausgeschaltet und die gegebenen Hinweise auf Lebensführung berücksichtigt werden [3, 7, 17, 24, 25]. Eine bisher nicht näher erforschte Wirkung der Neuraltherapie könnte eine Hemmung der extrazellulär an PG/GAGs gebundenen proinflammeatorischen Zytokine (IL-1, IL-5, IL-6, TNF-α) sein. Sie spielen als Botenstoffe für Gewebs- und Organparenchym- sowie Nervenzellfunktionen eine wesentliche Rolle [10, 11, 12, 26, 27]. Um voll funktionsfähig zu werden, müssen diese Zytokine nämlich kurzfristig in das Maschenwerk der PG/GAGs gebunden werden, um so ihre Quartärstruktur und damit volle Funktion zu erhalten. Bei längerer Immobilisation scheinen entzündungsfördernde Zytokine ihre Funktion zu verlieren. Für Lidocain konnte gezeigt werden, dass es die Aktivität von Interleukin-5 hemmt. IL-5 stellt im Entzündungsgeschehen, bei Allergien, parasitären Infektionen und Krebs eine wichtige Schaltstation dar [27].

In der klassischen chinesischen Medizin wird die Akupunkturbehandlung immer von einer Regulationsanregung durch Ernährungsumstellung, Phytotherapie und psychischen Entspannungsübungen begleitet oder geht ihr voraus. Dadurch wird immer auch eine eventuelle latente Gewebsazidose bekämpft und eine immunologische Beistandsreaktion angeregt.

Der unmittelbare Zugang zum Sympathikus erfolgt bei der Akupunktur über den Akupunkturpunkt. Dieser weist eine besondere funktionell-anatomische Struktur auf: stets findet sich an diesen Stellen ein Gefäss-Nervenbündel, das eingehüllt in lockeres Mesenchym einen mehr oder minder kurzen Kanal mit unnachgiebigen Wänden passieren muss, wie das straffe Kollagen bei Faszien-, Bändern- und Aponeurosen oder bei Knochenkanälen (Abb. 5). 82 Prozent der klassischen Akupunkturpunkte stellen Perforationen der oberflächlichen Körperfaszie dar [17]. Das durch die jeweilige Perforation tretende Gefäss-Nervenbündel findet in der Tiefe Anschluss an muskuläre und viszerale Spinalnervenäste und schliesslich an den Spinalnerven selbst. Dieser führt auch sympathische Axone, die zum Grenzstrang und zu den peripheren Ganglien ziehen. In der feineren Verzweigung bilden die Sympathikusäste den Gefässwandnervenplexus, über den der Sympathikus sämtliche Gewebe und Organe erreicht [3, 17].

Im Perforations- bzw. Kanalbereich komprimieren Druck- und Volumenschwankungen der Gefässe das sympathische adventielle Nervengeflecht («Vasomotorenplexus») und die begleitenden multimodalen spinalen Nervenäste. Dadurch werden kuti-myo-viszero-neurale Reflexe ausgelöst, die über segmentale Rückkopplung zu entsprechenden Regelungen führen mit dem Ziel einer adäquaten Gewebe- und Organdurchblutung. Dies geschieht überwiegend autonom. Im Punktkanal erfolgt die Eigenregulation über Axonreflexe wobei an den

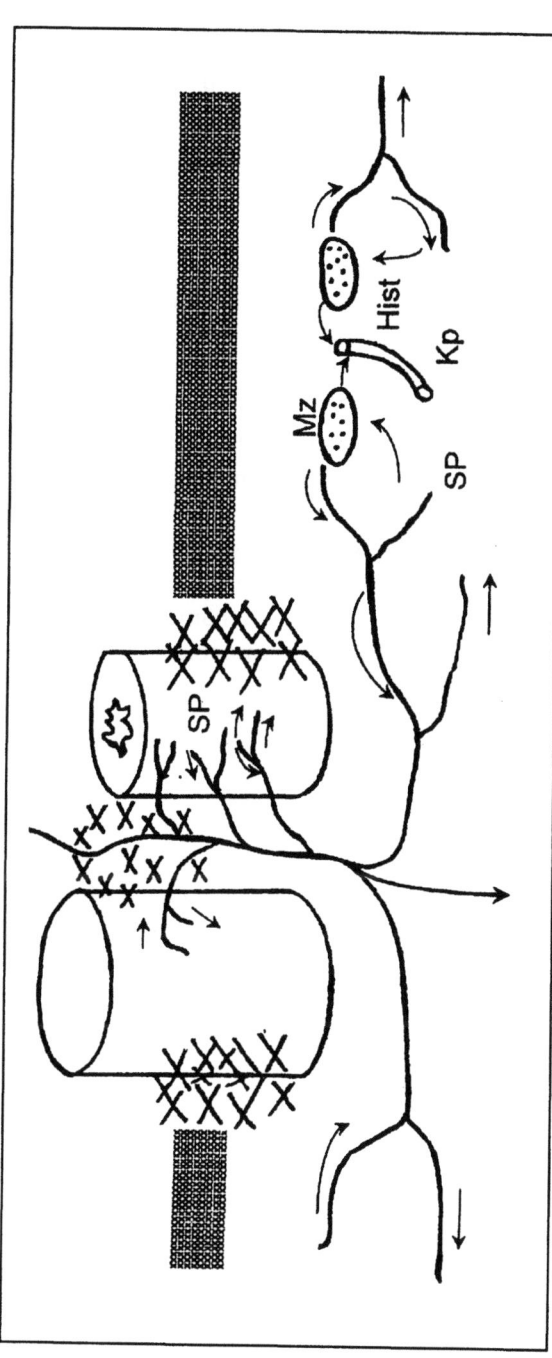

Abb. 5: Schema eines Akupunkturpunktes. Ein Gefäss-Nervenbündel erreicht, eingehüllt in lockeres Bindegewebe (gekreuzte Linien) durch eine Perforation der oberflächlichen Körperfaszie (gerasterter Balken) die Haut (rechts Arterie, links Vene, dazwischen Spinalnervenast mit abzweigenden Axonen; die Pfeile markieren Axonreflexe). Stärkere Erregungen laufen über fortgesetzte Axonreflexe unter Einschaltung von durch Substanz P (SP) zur Degranulation angeregten Mastzellen (Mz). Hist Histamin, Kp Kapillare (aus [17]).

terminalen Axonendigungen viszeraler Nervenäste Substanz P freigesetzt wird, die lokal den Sympathikus antagonisiert. Erst bei stärkeren Puls-Volumenschwankungen werden über die Akupunkturpunkte zentral geleitete Reflexe ausgelöst mit entsprechenden Schmerzempfindungen. Durch die Akupunktur werden diese lokalen und davon ausgehend die zentralen Gegenregulationen verstärkt, wie sie oben beschrieben wurden. Dabei ist zu bedenken, dass die Arteriolen, die den Einstrom in das Kapillarbett steuern, rein sympathisch innerviert werden [7, 17].

Regulationsstörungen, die sich im zugehörigen Hautsegment über schmerzhafte Akupunkturpunkte («Triggerpunkte») bemerkbar machen, zeigen, dass diese entzündlich erkranken können. Dabei ist die Gefahr gegeben, dass die jeweiligen Gefäss-Nervenbündel schliesslich in der Perforation durch Kollagen eingemauert werden. Dadurch kann sich über Segmente und Quadranten hinaus ein auf Störungen von Meridianterritorien bezogenes Fibromyalginsyndrom entwikkeln [5, 6]. Die operative Lyse des Gefäss-Nervenbündels scheint in diesen Fällen dauerhafte Hilfe zu bieten [5, 6]. Ach das Anspritzen geeigneter Akupunkturpunkte mit Homöopathika/Antihomotoxika (Homöosiniatrie, Biopunktur wie auch die Akupressur) scheinen hilfreich bei Regulationsstörungen zu sein (Literatur bei 4], da sich dadurch die Entwicklung einer immunologischen Beistandsreaktion provozieren lässt.

Zusammenfassung

Die Regulationsmedizin ist durch das System der Grundregulation wissenschaftlich begründet. Dabei steht das jeder Zelle und jedem Zellverband vorgeschaltete Molekularsieb der Grundsubstanz im Mittelpunkt des Interesses und nicht wie in der Schulmedizin die Zelle mit ihrem Erbmaterial. Vor diesem Hintergrund wird ein kurzer Überblick über wichtige neue Erkenntnisse zur Grundregulation und regulationsmedizinischen Verfahren gegeben.

Summary

Regulation medicine (complementary medicine) is scientificly based on the ground regulation system. Its main point is the functional molecular sieve of the extracellular matrix located in front of each cell or cell system. In contrast, official medicine is based on the cell with its genom. This is the background to give a short review concerning new scientific work on groundregulation and regulation therapies.

Literatur

[1] Abbas K. A. et al. Cellular and Molecular Immunology. 3rd Edition. Philadelphia: Saunders 1997; 115-138
[2] Adams G. J. et al. A dendritic-cell-derived c-c chemokine that preferentially attracts naive T cells. Nature 1997; 387: 713-17
[3] Barop H. Anatomische, neurophysiologische und relationspathologische Grundlagen der Neuraltherapie nach Huneke. Ärztezeitschr Naturheilverfahren 1997; 38: 655-62
[4] Barton G. M., Rudensky A. Y. Requirement for diverse, low-abundance peptides in positive selection of T cells. Science 1999; 283: 67-74
[5] Bauer J., Heine H. Akupunkturpunkte und Fibromyalgie. Biol Med 1998; 27: 257-61
[6] Bauer J., Heine H. Möglichkeiten chirurgischer Intervention bei fibromyalgischen Beschwerden (Rücken und untere Extremität). Biol Med 1999; 28: 135 41
[7] Bergsmann D., Bergsmann R. Chronische Belastungen. Unspezifische Basis klinischer Syndrome. Schriftenreihe Ganzheitsmedizin. Wien: Facultas 1998
[8] Dellmour F. Physiologische Grundlagen der Homöopathie. Dtsch Zsch Klin Forsch 1999; 3: 11-15
[9] Diemer A. Störungen des Säure-Basen-Haushaltes in der naturkundlichen Praxis. Ärztezeitschr Naturheilverf 1999; 40: 618-27
[10] Ebnet K., Vestweber D. Molecular mechanisms that control leukocyte extravasation: the selectins and the chemokines. Histochem Cell Biol 1999; 112: 1-23
[11] Gabay C., Kushner I. Acute-phase proteins and other systemic response to inflammation. N Engl J Med 1999; 340: 353-64
[12] Hafler D. A. et al. Oral administration of myelin induces antigen-specific TGF-β1 secreting T cells in patients with multiple sclerosis. Ann NY Acad Sci 1997; 835: 120-31
[13] Halle M., Berg A., Keul J. Übergewicht als Risikofaktor kardiovasculärer Erkrankungen und die mögliche Bedeutung als Promotor einer gesteigerten Entzündungsreaktion. Dtsch med Wschr 1999; 124: 905-09
[14] Hanzl G. S. Das neue medizinische Paradigma. Heidelberg: Haug Verlag 1995
[15] Heine H. Grundsätzliches zur Theorie der Neuraltherapie. Ärztezeitschr Naturheilverf 1988; 29: 651-65
[16] Heine H. Die Matrix. In: Hess H (Hrsg.). Biologische Medizin in der Orthopädie/Traumatologie, Rheumatologie – Antihomotoxische Medizin in Praxis und Klinik. Baden-Baden: Aurelia-Verlag 1998; 1-38
[17] Heine H. Lehrbuch der biologischen Medizin. 2. Aufl. Stuttgart: Hippokrates 1997
[18] Heine H. Schmolz M. Immunologische Beistandsreaktion durch pflanzliche Extrakte in Antihomotoxischen Präparaten. Biol Med 1998; 27: 12-4

[19] Heines J. Chronifizierung – Crux der modernen Medizin. Z Allg Med 1997; 73: 1029–32
[20] Internationale Ärztegesellschaft für Bioelektronische Funktionsdiagnostik (BFD) e. V. (Hrsg.) Diagnostische Akupunkturverfahren. Ein Kursbuch für die ärztliche und zahnärztliche Praxis. Berlin: CON 1998
[21] Lazarone I et al. Incidence of adverse drug reactions in hospitalized patients. A meta-analysis of prospective studies. JAMA 1998; 279: 1200–5
[22] Luster A. Chemokines-chemotactic cytokines that mediate inflammation. New Engl J Med 1998; 338: 436–45
[23] Maes M. The immune pathophysiology of major depression. In: Honig A, van Praag HM (eds) Depression: Neurobiological Psychopathological and Therapeutic Advances. London: Wiley, pp. 197–215
[24] Perger F. Die therapeutischen Konsequenzen aus der Grundregulationsforschung. In: Pischinger A. (Heine H. Hrsg) Das System der Grundregulation. 9. Aufl. Heidelberg: Haug Verlag 1998; 135–207
[25] Pischinger A. Das System der Grundregulation. 9. Aufl. (Heine H ed.) Heidelberg: Haug Verlag 1998
[26] Robert C., Kupper T. S. Inflammatoryskin diseases, T cells, and immune aurveillances. N Engl J Med 1998; 338: 1817–28
[27] Rothenberg M. E. Eosinophilia. N Engl J Med 1998; 338: 1592–1600
[28] Schole J. Möglichkeiten der Stoffwechselstabilisierung bei zunehmender Fehlregulation und steigender Umweltbelastung. Erfahrungsheilkunde 1996; 45: 311–7
[29] Selye H. Einführung in die Lehre vom Adaptationssyndrom. Stuttgart: Thieme 1952
[30] Stancikova M. Hemmung der Leukozytenelastase – Aktivität in vitro mit Zeel T, Zeel comp. und ihren verschiedenen potenzierten Bestandteilen. Vorläufige Mitteilung. Biol Med 1999; 28: 83–4
[31] Valltutti S. et al. Serial triggering of many T-cell receptors by a few peptide-MHC complexes. Nature 1999; 375: 148–51
[32] Weiner H. L. et al. Induction and characterization of TGF-β secreting Th3 cells. FASEB Journal 1996; 10: A 1444
[33] Weiner H. L., Mayer L. F. (Eds). Oral Tolerance: Mechanisms and Applications. Ann New York Acad Sci 1996; 778: 1–451

BRIGITTE AUSFELD-HAFTER

Die chinesische Harmonielehre von der Wechselwirkung zwischen Mensch und Umwelt

Einleitung

Die alten Chinesen haben in ihrem klaren und beweglichen Geist eine vollständige Ordnung der Dinge geschaffen, die sich im Einklang befand mit der Ordnung des unermesslichen Kosmos, der sie umgab. Wie auch die Menschen anderer früherer Kulturen beschäftigte sie der Ursprung und die Entstehung der Welt. Sie gaben den Kräften der Natur und den unerklärlichen Erscheinungen eine Erklärung, die ihnen vernünftig erschien, indem sie ein Konzept der Entsprechungen aufbauten.

Folglich sahen chinesische Naturbeobachter zwei Jahrtausende lang die Beziehungen zwischen den yin- und yang-Kategorien und den Fünf Wandlungsphasen nicht allein im einzelnen Menschen, sondern auch im Universum in seiner Gesamtheit als massgebend an. Auf diese Weise war der Einzelne eingebettet in die geographischen und klimatischen Bedingungen seiner Umwelt und musste sich diesen Bedingungen unterordnen oder einfügen, um seine Gesundheit zu bewahren.

Die Traditionelle Chinesische Medizin ist auf einem geisteswissenschaftlichen und nicht auf einem naturwissenschaftlichen Wissen begründet. Das Konzept der Entsprechungen, somit der Zugehörigkeit aller greifbaren und abstrakten Phänomene zu bestimmten Assoziationsreihen, ermöglicht eine nahtlose Verbindung und eine ausgewogene Wechselwirkung zwischen Mensch und Umwelt.

Makrokosmos

Wandlungsphase	Holz	Feuer	Erde	Metall	Wasser
Richtung	Osten	Süden	Mitte	Westen	Norden
Tageszeit	Morgen	Mittag	Nachmittag	Abend	Nacht
Wetter	Wind	Hitze	Feuchtigkeit	Trockenheit	Kälte
Lebenszyklus	Geburt Wachstum	Blüte	Reife und Wechsel	späte Reife Niedergang	Stagnation Untergang
Farbe	grün	rot	gelb	weiss	schwarz
Töne	jiao	zhi	gong	shang	yu
	c	d	e	g	a

Um eine Diagnose zu stellen, bedient sich die Taditionelle Chinesische Medizin unter anderem der so genannten Fünf Wandlungsphasen. *Holz, Feuer, Erde, Metall* und *Wasser* sind die Sinnbilder der Fünf Wandlungsphasen. Diese Symbole eignen sich zur Diagnosestellung insofern, da sie die gegenseitigen Beziehungen und Einwirkungen aller Dinge und Erscheinungen der Aussen- und Innenwelt erläutern.

Das Modell der Wandlungsphasen ist nicht statisch zu verstehen, sondern dynamisch, denn nach chinesischer Anschauung treten die Fünf Wandlungsphasen in allen Erscheinungen des Kosmos zutage, so in den Himmelsrichtungen, in den Jahreszeiten, im Klima, in Mensch und Tier. Die Fünf Wandlungsphasen halten einander im Gleichgewicht, sie erzeugen einander und dämmen sich gegenseitig ein.

Sind die Kräfteverhältnisse der Wandlungsphasen ungleich, so äussert sich das beim Menschen als *Unbehagen* oder Krankheit, bei einer Gemeinschaft als *Ungerechtigkeit* oder Schwäche.

Zum Beispiel wird der *Wind* als klimatischer Faktor mit der Wandlungsphase *Holz* verbunden. Der Ostwind erhebt sich im Frühling; er bewirkt Krankheiten der Leber sowie Störungen im Hals und im Nacken. «Wind ist die Ursache von hundert Krankheiten» meinen die Chinesen und schreiben ihm einen starken Einfluss auf das menschliche Leben zu, so stark, dass er das Qi, die Lebensenergie, verletzen kann. Der Wind als äussere Kraft, die Krankheiten bewirken kann, wenn man ihr zu sehr ausgesetzt ist.

Und noch ein anderes Beispiel: Die Farbe, die dem Holz entspricht, ist *grün*. Jede der fünf Farben steht symbolhaft für eine Krankheit. Die Vorliebe oder Abneigung eines Patienten für eine bestimmte Farbe wird in die Untersuchung miteinbezogen. Falls die grüne Farbe vorherrscht, weist diese im Entsprechungssystem der Wandlungsphasen auf das Holz-Element hin. Wichtig ist jedoch, dass jedes Extrem uns auffordert, auch die entgegengesetzte Polarität zu beachten, damit wir die Harmonie – oder im Falle einer Krankheit die Dysharmonie – erkennen können [1].

Sind jedoch die Fünf Wandlungsphasen ausgeglichen, so spricht man von Gesundheit und *Harmonie*.

Auf den Begriff der Harmonie (zheng qi) wird noch zurückzukommen sein. Vorerst nur so viel: Harmonie kann in ihrer zweiten Bedeutung mit *Ausgewogenheit* oder *Gleichgewicht* oder *ebenmässiger Ordnung* umschrieben werden. Das erste Synonym von Harmonie ist allerdings der *Wohlklang*, daher erlaube ich mir hier einen kleinen Exkurs in die Welt der Töne, der Musik und leider auch des Lärms.

Schon lange Zeit vor unserer Zeitrechnung hat man in China erkannt, dass die Natur, die Umwelt, das Klima und auch jegliche Geräusche, die Gesundheit des Menschen stark beeinflussen. Im «Inneren Klassiker des Gelben Fürsten» (Huangdi Neijing), dem ersten grossen Werk der Traditionellen Chinesischen Medizin, wird wiederholt darauf hingedeutet, dass sich eine intakte natürliche Umwelt und ein natürliches Klima positiv auf die menschliche Gesundheit auswirken. Im Huangdi Neijing wird ebenfalls darauf hingewiesen, dass die fünf Töne die physiologische Aktivität der Wandlungsphasen des Menschen beeinflussen können [2].

Im 5. Kapitel der «Unbefangenen Fragen» (Huangdi Neijing Suwen) wird gesagt:

> Die Wandlungsphase *Holz* entspricht dem Ton jiao, (unserem Ton «c»).
> Dem *Feuer* zugehörig ist der Ton zhi (das «d»).
> Die *Erde* erzeugt den Ton gong (das «e»).
> Das *Metall* klingt im Ton shang (dem «g»).
> Das *Wasser* fliesst mit dem Ton yu (dem westlichen «a»).

Zur Klangqualität erwähnt Suwen:

jiao («c»)	als ausgewogen und kontinuierlich
zhi («d»)	als harmonisch und schön
gong («e»)	als gross und harmonisch
shang («g»)	als leicht und kraftvoll
yu («a»)	als schwer und tief tönend.

Später wurden aus den fünf Tönen sieben. Hinzu kamen die Töne «abgewandeltes gong» in etwa «f» und «abgewandeltes zhi» in etwa «h». Somit bildet die uns bekannte Oktave von «c» bis «c» auch in China die Grundlage der Musik.

In der Qin- und Han-Dynastie-Zeit (zirka 200 vor bis 200 nach der Zeitenwende) wurde schliesslich entdeckt, dass man mit harmonischen Tönen wunderbar Musik machen kann, die hilft Müdigkeit zu vertreiben, den Willen des Menschen zu stärken, und die sogar in der Lage ist, einige Krankheiten zu heilen.

So heisst es in den «Historischen Aufzeichnungen» (Shiji, 104 v. Chr.), dass, als sich ein Mann namens Jing Ke (er lebte bis 227 v. Chr.) auf den Weg zum Kaiser der Qin-Dynastie machte, um ihn zu ermorden, ihn einige Freunde ein Stück des Weges begleitetet und ihm aus «abgewandelten zhi»-Tönen (unserem «h») komponierte Lieder mit klangvoller und kräftiger Stimme vorgesungen haben. Diese Lieder haben seine Entschlossenheit, den Qin-Kaiser zu ermorden, noch gestärkt. Leider fand ich in der Literatur der Klassik nur dieses makabre Beispiel. Die Militärmusik als Aufputsch- und Antriebsmittel für ängstliche Soldaten ist allerdings auch bei uns ein bekanntes Mittel zum Zweck.

Im 70. Kapitel des Huangdi Neijing ist beschrieben, dass zu hohe oder zu niedrige Töne oder zwei nicht harmonische Töne für die Gesundheit schädlich sind. Ebenso kann *Lärm* zu Krankheiten führen, wie der Anfang der Han-Zeit (im 2. Jh. v. Chr.) geschriebene Huainanzi im 7. Kapitel ganz richtig aufzeigt:

«Wenn die fünf Töne das Ohr stören, hört das Ohr nicht mehr gut.» Die westliche Erklärung lautet: Wenn die fünf Töne zu laut sind, kann das Hörvermögen verlorengehen.

«Werden Ohren und Augen zu stark und zu heftig Tönen ausgesetzt, so verlieren die Fünf Wandlungsphasen ihre Stabilität. Xue (westlich mit 'Blut' umschrieben, umfasst dieser Begriff allerdings mehr) und Qi (mit 'Lebensenergie' zu übersetzen) fliessen unaufhörlich, und der Geist rast ohne Unterbrechung.» Die westliche Erklärung hiezu: Wenn Ohren und Augen extrem lauter Musik ausgesetzt sind, sind die Fünf Wandlungsphasen nicht mehr stabil, die Zirkulation von Xue und Qi findet zu schnell statt und kann nicht kontrolliert werden, die konstellierende Kraft *Shen* (etwa mit Geist oder Bewusstsein zu übersetzen) dringt nach aussen und kann nicht im Inneren gespeichert werden. Wenn also die von den Fünf Wandlungsphasen ausgehenden fünf Töne zu extrem sind, können sie zu für den menschlichen Körper schädlichem Lärm werden. Fazit: Schädigung der Gesundheit durch Lärm – eine Darstellung aus dem 2. Jh. v. Chr.!

Der heutige Mensch ist viel Lärm gewohnt, leider. Viele Personen müssen dauernd mit Musik «berieselt» werden, da sie die «Lärmlöcher» – so nennt meine Nachbarin poetisch die Stille – nicht aushalten. Zu erwähnen ist hier die Unterhaltungs-Musik in den Warenhäusern oder – neue Errungenschaft! – die Musik, mit der die Wartezeit am Telefon ausgefüllt wird.

In einem zweiten Exkurs möchte ich einige schädigende Umwelteinflüsse als Therapiehindernisse der Akupunkturwirkung erwähnen [3].

Die Traditionelle Chinesische Medizin kennt als Aetiologie von Krankheiten die *äusseren* Ursachen und *inneren* Ursachen oder die *weder-noch* Kategorie, die so genannten neutralen Ursachen. Hier hinein fallen zum Beispiel die Diätfehler oder die Umweltbelastung durch Lärm, Stress oder Ruhelosigkeit. Auch Störfelder, die Errungenschaft der modernen Zeit, sind hier einzuordnen. Das grössere Problem stellt sich aber mit *Umweltgiften*, die jahre- und jahrzehntelang auf den Organismus einwirken, sowie das häufige Zusammentreffen mehrerer Intoxikationen, wie zum Beispiel Quecksilber, Blei, Cadmium zusätzlich mit Herbiziden und Fungiziden oder mit Industrieabgasen (NO^x SO^2, Dioxin, Formaldehyd). Durch Interaktionen kommt es meist nicht zu einer blossen Addition der Noxen, sondern zu wesentlich stärkeren Schädigungen der Enzymfunktionen, der Immunabwehr und der Entgiftungsfunktionen des Organismus.

Es gibt also auch bei der Akupunkturbehandlung immer wieder Therapieversager, die wegen direkter oder indirekter Schädigungen durch toxische Umweltfaktoren bedingt sein können. Leider haben sich diese schädigenden Umwelteinflüsse in der zweiten Hälfte des 20. Jahrhunderts aussergewöhnlich intensiviert und beeinflussen in ungünstiger Weise die subtile feinstoffliche Wirkung der Akupunkturtherapie. Hoffen wir, dass sich die Medizin im 21. Jahrhundert dem sich verstärkenden Trend zu noch mehr schädigenden Umwelteinflüssen zu entziehen vermag.

Das chinesische Konzept der Harmonie

Eigentlich gibt es in der Traditionellen Chinesischen Medizin zwei kontroverse Gedankengebäude zum Konzept der Harmonie, die hier in ihrer Bedeutung von *Gesundheit* verstanden werden soll.

Ungefähr im 5. Jahrhundert v. Chr. entwickelten sich die beiden ersten und wichtigsten philosophischen Schulen in der chinesischen Kultur: der Konfuzianismus und der Taoismus. Beide prägten die Traditionelle Chinesische Medizin in entscheidendem Masse. *Konfuzius* (551–479 v. Chr.) lebte in einer politisch unruhigen Zeit, in der die Sitten und die Moral zusehends verfielen. Aus dieser Situation heraus entwickelte er seine Moral- und Sozialgebäude und beschrieb Regeln für eine tadellose Lebensführung. Andererseits ist die Lehre von den *Fünf Wandlungsphasen* für die Traditionelle Chinesische Medizin von grosser Bedeutung. Sie hat ihre Wurzeln teilweise im Konfuzianismus.

Zusammenfassend ist festzuhalten, dass der Konfuzianismus die Harmonie durch *gesellschaftliche* Massnahmen zu erreichen suchte. Nur durch ein moralisch-korrektes Leben war – gemäss Konfuzius – eine körperlich-geistige Harmonie erreichbar.

Der Begründer des *Taoismus* war Lao Tse (vermutlich 4. oder 3. Jahrhundert v. Chr.). Der frühe Taoismus wandte sich gegen die lenkenden Einflüsse des Konfuzianismus, denn gerade diese machte er für die Schlechtigkeit der Welt verantwortlich. Der Taoismus versteht die anzustrebende Harmonie als ein ausgeglichenes Verhältnis der Beziehung von Mensch und Umwelt oder Mensch und Natur. Das Konzept von *Yin und Yang* hat im Taoismus seinen Ursprung.

Es kam den Taoisten gar nicht so sehr auf das Wissen über den Menschen an als vielmehr auf das Wissen darum, wie man sich als Mensch der Naturgesetzlichkeit am vollkommensten anpassen könne. «Nicht eingreifen» («nicht tun») lautet daher eine der zentralen und bekanntesten Wertmaxime aller Taoisten [4].

Der Taoismus versteht den Menschen als Mikrokosmos, der den ihn umgebenden Makrokosmos mit anderen Menschen bewohnt. Im Weisse-Wolke-Tempel in Beijing wurde 1886 das Bild der Inneren Landschaft (Neijingtu) auf eine mannshohe Stele eingraviert. Diese Innere Landschaft zeigt den Körper des Menschen als Landschaft angelegt, die dem taoistisch Eingeweihten als Meditaitonshilfe beim «Begehen des Tao» diente [5]. Anders empfindet der abendländische Mensch, der die Natur als von sich getrennt erfährt. Wir sprechen von der Natur als einer Welt «da draussen», die sich beliebig in Teile zerlegen und auf Mechanismen reduzieren lässt, um sie nutzbar zu machen. Und gerade diese Tatsache verunsichert uns, weil wir uns nicht mehr als Mikrokosmos im Makrokosmos verstehen. Anders liegen die Dinge im asiatischen Raum: Konfuzianismus, Taoismus sowie der später aus Indien und Tibet kommende Buddhismus prägen in China noch heute Kultur und Alltag.

Ein anderes Konzept der chinesischen Harmonielehre ist das *Feng Shui.*

Die Wurzeln der Feng Shui-Lehre liegen im mythologischen Dunkel der Urzeit chinesischer Kultur. Diese Lehre wurde hauptsächlich von taoistischen Meistern entwickelt. *Feng* hat die Bedeutung des Elementes Wind, *Shui* die des Wassers.

Feng Shui soll helfen, durch Beachtung der Naturkräfte eine optimale Ordnung zwischen dem Menschen und seiner Umwelt zu schaffen. Dies führt nicht nur zu äusserlichen Veränderungen im privaten Wohnbereich, sondern setzt auch eine innere Veränderung des Menschen voraus. Das häusliche Glück, sowie die eigene Gesundheit müssen erarbeitet werden, bauliche Veränderungen oder Umstrukturierungen können diesen Prozess lediglich unterstützen. Eine Möglichkeit, die angestrebte Harmonie mittels Feng Shui zu erreichen, bietet die Berücksichtigung der Energieströme, die durch die Wohnung fliessen: Die positive Energie, das Qi, soll unterstützt, die negative, das Sha, abgewendet werden. Ziel ist es nun, die Naturkräfte Wasser und Wind in Balance zu bringen [6]. Hier einige Beispiele, was bei einer Raumanordnung beachtet werden muss: Als günstige Ausrichtung des Hauseingangs wird die Südseite empfohlen, weil dort am meisten positive Energie in das Haus hineinfliesse. Auch Farben sind wichtig: Aktive Farben wie rot, orange und gelb sollten mit den passiven Blau- und Grüntönen in ein Gleichgewicht gebracht werden.

Die chinesische Harmonielehre von der Wechselwirkung zwischen Mensch und Umwelt

Ausblick ins 21. Jahrhundert

Zunächst möchte ich den Roman «Briefe in die chinesische Vergangenheit» von Herbert Rosendorfer [7] kurz zusammenfassen: Ein chinesischer Mandarin aus dem 10. Jahrhundert gelangt mittels einer Zeitmaschine (Zeit-Reise-Kompass) in das heutige München und sieht sich mit dem völlig anderen Leben der «Ba Yan» und ihren kulturellen und technischen Errungenschaften konfrontiert. In 37 Briefen an seinen Freund im Reich der Mitte schildert er seine Erlebnisse und Eindrücke bei den «Grossnasen».

Schauen wir ins nächste Jahrhundert, so müssen wir uns wohl einige Gedanken zum *Fortschritt*, dem vielgepriesenen, machen. Dieses Buch zeigt auf humorvolle Art, wie aus chinesischer Sicht der Fortschrittsglaube auch verstanden werden kann.

«Denn eines, teurer Dji-gu, ist mir klar geworden, was Du und ich nicht gewusst haben, und was uns allen unvollstellbar ist: die Welt wandelt sich. Sie nennen es hier Fort-Schritt. Schon ein sehr entlarvendes Wort – ich habe es Dir wörtlich übersetzt. Fort-Schritt – der Schritt, der fort führt. Man möchte meinen, das sei etwas Bedauerliches, wenn man aus der gewohnten, bewährten, vielleicht geliebten Umgebung fortschreitet. Aber nein: sie – die Grossnasen hier – finden ihren Fortschritt wünschenswert oder sogar tugendhaft.... Wohin schreiten sie? Ich habe den Verdacht, sie wissen es nicht. Jedenfalls scheint es mir, sie schreiten fort von sich selber....

Sie kennen, obwohl ihr Weltbild kugelförmig ist und sie ihre Erde kreisbewegt sehen, keinen *Kreislauf*, sie kennen nur die dümmliche gerade Linie. Ich habe das Gefühl: für sie verläuft der Lebensweg des Menschengeschlechts in einem schnurstrackigen Weg, und sie sind nur damit beschäftigt, davor zu zittern, wo dieser Weg hinführt.»

Der chinesische Mandarin empfindet unsere zwanghafte Sucht zur Veränderung als verhängnisvoll, ebenso wie die Verwechslung von *gut* mit *neu*. Dies sind Gedanken, die wir uns beim Fort-Schreiten von Zeit zu Zeit machen sollten, denke ich. Schauen wir uns Alberto Giacomettis Skulptur «L'Homme qui marche» aus dem Jahre 1960 an, die auf der aktuellen Hundertfrankennote abgebildet ist, verstehen wir, dass schon damals das Fort-Schreiten in Mode war.

Zum Thema *Harmonie* findet Rosendorfer sarkastische Bemerkungen:

«Die Grossnasen haben nicht nur den Zusammenhang mit den Dingen verloren, sie haben sogar den Sinn für die Notwendigkeit des Zusammenhanges verloren, daher empfinden sie ihre Unordnung (sprich Disharmonie) nicht als Unordnung.»

dtv

Herbert
Rosendorfer

Briefe in die
chinesische Vergangenheit

Die chinesische Harmonielehre von der Wechselwirkung zwischen Mensch und Umwelt 91

Und ein anderes Zitat:

«Sie empfinden dumpf die Unordnung, sind von Unrast befallen, weigern sich aber, feste Massstäbe anzuerkennen. Sie meinen immer, die Dinge müssten sich nach ihnen richten, und haben jeden Sinn dafür verloren, dass sie sich nach den Dingen richten müssten.»

Der heutige Mensch will sich also nicht nach dem Makrokosmos und seinen Gesetzen richten, für einen chinesischen Denker aus dem 10. Jahrhundert etwas Unfassbares! Der Mensch hat sich im 20. Jahrhundert – unmerklich, aber wirksam – den Zwängen und Regulationen der Ökosysteme entzogen und sein Schicksal selber in die Hand genommen. Lange Zeit hat der Abendländer sein Verhältnis zur Natur als Herrschaft gedacht. Dass dies auf die Dauer nicht funktioniert, ist uns erst in den letzten Jahren klar geworden, überleben wird der Mensch nur, wenn er sich in die Ökosysteme reintegriert.

Der Roman befasst sich ebenfalls mit der chinesischen Geomantie, mit dem *Feng Shui*, und der Würde, die grosse Räume – wie wir sie früher in königlichen Palästen fanden – ausstrahlen können:

«Die Grossnasen halten ihre Räume so niedrig, weil sie eine panische Angst vor Würde haben. Raumverschwendung über den Köpfen bedeutet Würde. Warum haben sie Angst vor der Würde? Weil Würde notwendigerweise dem Einzelnen, dem Edlen, dem Weisen, dem Richter zukommt, und das gönnen sie einem Einzelnen nicht. Lieber verzichten sie überhaupt auf Würde. So regiert hier die Missgunst der Niedrigen, und das nennen sie 'Herrschaft des Volkes'».

Rosendorfer – und mit ihm der Mandarin des 10. Jahrhunderts – spricht hier auch von der Qualität, die er der Quantität gegenüberstellt. Das chinesische Denken gründet – hier sehen wir es wieder deutlich – auf einem qualitativen Denken.
Was lernen wir aus der Lektüre dieses Romans?
Das im 18. Jahrhundert als Lehnübersetzung vom französischen progrès gebildete Substantiv wird gewöhnlich für Weiterentwicklung (des Menschen) gebraucht (und als politisches Schlagwort). Es geht also um die Weiterentwicklung und nicht um den unüberlegten Fort-Schritt! Die Verbesserung und das Erreichen einer höheren Stufe der Entwicklung ist im neuen Jahrtausend angesagt! Und eine nachhaltige Entwicklung ist nur möglich, wenn unsere Gesellschaft mit ihren wissenschaftlichen Tendenzen sich dem übergeordneten System Biosphäre anpasst. Lassen wir uns vom «wu wei» Lao Tses, dem «nicht eingreifen» (oder «nicht tun») beeinflussen. Diese Geisteshaltung war ja auch den Stoikern als «aequus animus» bekannt.

Und: «....wer ununterbrochen fortschreitet, steht ein halbes Leben lang auf einem Bein.»

Walter Heitler, Zürcher Professor für theoretische Physik [8] hat sich 1964 Gedanken zum Thema *Qualität versus Quantität* gemacht:

«Es dürfte gegenwärtig äusserst schwierig sein, die Brücke zwischen der jetzigen quantitativen Wissenschaft zu den Qualitäten zu schlagen – besonders wenn man bedenkt, wie sehr wir alle in der Denkrichtung der heutigen Forschung 'eingefahren' sind. Und doch handelt es sich hier ja um eines der wichtigsten und grundlegendsten Probleme der Wissenschaft.»

Sind wir 1999 entscheidend weitergekommen?

«Ist dieser Mann echt?» fragten sich Passanten auf dem Zürcher Paradeplatz am 15.11.1999 [9]. Wie ist die Reaktion des Lesers? Denkt er an eine Photomontage? Nein, dieser Mann, der auf der zweieinhalb Meter hohen Säule scheinbar nur mit dem Nacken auf der Säule aus weissen Kugeln abgestützt ist, scheint in sei-

Die chinesische Harmonielehre von der Wechselwirkung zwischen Mensch und Umwelt 93

nem Fortschreiten Richtung Himmel erstarrt zu sein. Diese Darbietung spottet aller physikalischen Regeln und doch habe ich sie tatsächlich gesehen. Der Amerikaner Paul Auster hat in seinem Buch «Mr. Vertigo» [10] die Reaktion von Passanten, die ein ähnlich unglaubliches Schauspiel geboten bekamen, ganz treffend geschildert. Es spricht Mr. Vertigo, der wie ein Vogel fliegen kann und sich Gedanken über seine Mitmenschen macht:

«Für sie war die Welt in einer bestimmten Weise eingerichtet, und jemand mit meinen Fähigkeiten passte da nicht hinein. Was ich tat, verstiess gegen alle Regeln. Es sprach der Wissenschaft Hohn, es stellte die Logik und den gesunden Menschenverstand auf den Kopf, es machte hundert Theorien zu Hackfleisch, und anstatt die Regeln so zu ändern, dass meine Darbietung darin Platz fand, stellten mich die Klugschwätzer und Professoren lieber als Betrüger hin.»

Bei Walter Heitler fand ich ein tastendes Vordenken in andere mögliche Dimensionen:

«Nach dem wir nun erkannt haben, dass die kausal-quantitative Wissenschaft 'nur' ein *Projektionsbild der Welt* beschreibt, entsteht natürlich die Frage, wie dieses Teilbild weiter in die fehlenden Dimensionen fortgesetzt werden könnte. Offenbar bestehen Räume, die wissenschaftlich bis jetzt wenig oder gar nicht betreten sind. In diesen Räumen muss alles vorkommen, was nicht quantitativ ist, also die Farbqualität, Ton, Geruch usw.; ..... Wir können uns nicht rühmen, über diese Dinge schon irgendetwas Wesentliches zu wissen.»

Zum Schluss noch eine versöhnliche Bemerkung:

«Ein Heilsystem muss in die Werte und Strukturen einer bestimmten Kultur oder Subkultur eingebaut sein. Nur so kann es erfolgreich auf die Gesamtheit der von einer Bevölkerung als solche definierten 'gesundheitlichen' Probleme eingehen.» [4]

Für die Einbindung der chinesischen Medizin in die Schulmedizin braucht es also eine ärztliche Komplemtärmedizin, die von Therapeuten ausgeführt wird, die mit unserem Kulturkreis vertraut sind und die so Zugang zum körperlichen und psychosozialen Leiden eines Patienten finden. Die Verbindung der eher quantitativ orientierten Schulmedizin und ihre ebenso agierenden Forschungstendenzen mit der qualitativ-synthetisch arbeitenden Traditionellen Chinesischen Medizin wird die in dieser Vorlesung angesprochenen Probleme angehen und – leider auch nur zum Teil – bewältigen können.

Es bleibt also noch viel zu tun im 21. Jahrhundert!

Literatur

[1] Connelly D. M.: *Traditionelle Akupunktur. Das Gesetz der fünf Elemente.* Traditional Acupuncture Institute, 10227 Wincopin Circle, Suite 100, Columbia, Maryland 21044, USA, 1995.

[2] Han Chaling: *Der Zusammenhang der Wandlungsphase «Metall» mit der physikalischen Umweltverschmutzung und deren Einfluss auf die Funktion des orbis pulmonalis («Lungen-Funktionskreis») beim Menschen.* Chin. Med. 1999, 14: 23–8 (Nr. 1).

[3] Bucek R.: *Umwelteinflüsse als Therapiehindernisse der Akupunktur.* Dtsch. Zschr. Akup. (1995) 38, 6.

[4] Unschuld P. U.: *Medizin in China: Eine Ideengeschichte.* Verlag C. H. Beck, 1980.

[5] Ausfeld-Hafter B.: Der menschliche Körper im Einklang mit der Natur: Das Leitbild der Traditionellen Chinesischen Medizin (TCM). In: Thurneysen A. (Hrsg.): Der Leib – seine Bedeutung für die heutige Medizin. Peter Lang, Europäischer Verlag der Wissenschaften, Bern 2000.

[6] Kappeler S.: *Die alte chinesische Harmonielehre von Wind und Wasser. Eine alte Lehre als wesentlicher Trend – Feng Shui oder die Wechselwirkungen zwischen Mensch, Natur und gebauter Umwelt.* NZZ, 5.99, Nr. 110.

[7] Rosendorfer H.: *Briefe in die chinesische Vergangenheit.* dtv, München 1991.

[8] Heitler W.: *Der Mensch und die naturwissenschaftliche Erkenntnis.* Friedr. Vieweg & Sohn, Braunschweig 1964.

[9] Zeitungsmeldung: *Auf der Säule erstarrt.* NZZ, 16.11.1999.

[10] Auster P.: *Mr. Vertigo*, Roman. Rowohlt Verlag GmbH, Reinbek b. Hamburg 1996.

Kurt Hübner

Geopathie – Grenzgebiet zwischen Physik und Medizin

1) Was ist Geopathie?

Geopathie ist die Lehre vom krankmachenden Ort. Gemeint sind aber nicht Orte mit hoher Belastung durch Elektrosmog, Gifte oder Allergene, sondern durch ein Agens, das volkstümlich Erdstrahlen genannt wird. Das Wahrnehmen oder Aufspüren solcher Orte, meist mit Wünschelrute oder Pendel, ist Teilgebiet der Radiästhesie. Radiästhetische Störzonen sind demnach Orte mit Erdstrahlenbelastung. Erdstrahlen sind keine Erfindung der Neuzeit. Bereits im alten China wurden per Gesetz Bauplätze auf Erdgeister untersucht. In Afrika gibt es Stämme, die ihre Hütten weitab der Wasserquellen errichten, da bei den Quellen die Erdgeister hausen. Gemeint ist der radiästhetische Effekt, der von fliessendem unterirdischem Wasser, sog. Wasseradern, ausgeht.

Erdstrahlen sind bis jetzt noch unverstandene Physik auf sehr tiefem energetischen Niveau. Deren gesundheitlichen Wirkungen auf den Menschen, die ebenfalls noch unverstanden sind, gehören ins Fachgebiet der Biologie und Medizin. Diese Wissenslücken werden oft mit dem Hinweis überspielt, dass es sich um ein «feinstoffliches» Phänomen handle, das sich eben den bekannten Wissenschaften entziehe. Viel eher dürfte es sich aber bei Erdstrahlen um komplexe Wechselwirkungen im Rahmen der klassischen Physik handeln. Fehlende wissenschaftliche Grundlagen und die Benutzung von Wünschelrute und Pendel verleihen der Geopathie den Hauch von Esoterik. Dies wiederum machte die Geopathie lange zum wissenschaftlich gemiedenen Grenzgebiet. Erst in den letzten Jahren gab es wieder Versuche, die Geopathie und Radiästhesie offiziell und streng wissenschaftlich zu erforschen.

2) Gibt es Beweise für die Existenz von Erdstrahlen?

Es gibt viele Hinweise dafür, dass den Erbauern von alten Kultstätten, Tempeln und Kathedralen die radiästhetische Wirkung von Wasseradern bekannt war. Viele berühmte Kathedralen sind auf einer unterirdischen Flussschlaufe gebaut. Unter den Kathedralen von Chartres und Santiago de Compostela wurde sogar tief im Boden ein ganzes System zusätzlicher künstlicher Wasserkanäle gefunden [1]. Dadurch werden sowohl Zonen mit erhebendem Einfluss, als auch solche mit gedrückter Stimmung geschaffen. Auch das sog. Globalgitter, ein erdmagnetisch gerichtetes Netz von radiästhetischen Störlinien muss bekannt gewesen sein.

Die Verwendung der Wünschelrute zur Erzsuche in Europa wurde bereits im 16.Jahrhundert dokumentiert. Das deutsche Bundesministerium für Forschung und Technologie, sowie weitere renommierte Institutionen finanzierten eine umfangreiche, streng wissenschaftliche Studie, in der ortsabhängige Wünschelrutenreaktionen über geo-bio-physikalisch wirksamen Reizzonen mit an Sicherheit grenzender Wahrscheinlichkeit nachgewiesen wurden. Die Studie wurde veröffentlicht [2]. Auch eine zweijährige Studie des Schweizerischen Nationalfonds mit dem Titel «Standortabhängige elektromyographische Messungen an humanen Muskeln auf radiästhetisch definierten Reizzonen im Vergleich zu neutralen Zonen» lässt keinen Zweifel über die Existenz des Phänomens aufkommen. Der entsprechende Schlussbericht sollte im Jahre 2000 erhältlich werden.

Ohne vorerst auf die gesundheitlichen Aspekte einzugehen, darf festgehalten werden, dass die Existenz von örtlichen Reizzonen mit einer Wirkung auf den Menschen als gesichert angesehen werden kann.

3) Die wichtigsten radiästhetischen Störquellen

Als gesundheitlich besonders relevant haben sich unterirdische Wasserläufe, geologische Verwerfungen und erdmagnetisch gerichtete Gitterstrukturen erwiesen. Sie spielen bei der kleinräumigen Beurteilung eines Schlaf- oder Arbeitsplatzes, wo sich Personen täglich über lange Zeit aufhalten, eine dominante Rolle. Auf diese Störquellen soll nachfolgend näher eingegangen werden. Daneben gibt es auch grossräumige radiästhetische Phänomene, die das menschliche Wohlbefinden beeinflussen können. Die alte chinesische Lehre Feng Shui sei in diesem Zusammenhang erwähnt. Aber auch bauliche Strukturen, wie Kamine und andere gemauerten Hohlräume, Rundbögen, Dome und pyramidenförmige Gebäudeformen, sowie Gegenstände, wie grosse Spiegel, können radiästhetische Störzonen verstärken, spiegeln oder verschieben. Solche Störungen können auch durch Leitungen und Kanäle über kurze Distanzen in ein Haus eingeleitet werden.

Fliessendes unterirdisches Wasser, auch kleine Rinnsale haben eine radiästhetische Wirkung, stehendes Wasser hingegen nicht. Letzteres verursacht durch aufsteigende Feuchte Schimmelbefall, der für die Bewohner andere gesundheitliche Folgen haben kann. Wasseradern wirken auf Personen in ihrer ganzen Breite, wobei von den Rändern je eine starke Strahlung senkrecht und schräg nach oben geht. Beim typischen mitteleuropäischen Klima gibt es an Hanglagen kaum ein Haus, das völlig frei von unterirdischen Rinnsalen ist. Problematisch wird es, wenn ein ganzer Wohnungs- oder Gebäudeteil wasserbelastet ist und keine Ausweichmöglichkeiten bestehen.

Geologische Verwerfungen sind Orte, wo zwei aufeinanderfolgende Erdschichten durch Faltung oder an Hängen an die Erdoberfläche kommen. Oft führen Verwerfungen auch Wasser. Die davon ausgehende radiästhetische Störung ist ausserordentlich stark, aber auf eine schmale Linie beschränkt. Zum Glück ist diese Art Störzone nicht allzu häufig.

Kann man als Unvoreingenommener der Behauptung, dass Wasseradern und Verwerfungen Störzonen verursachen, noch ein gewisses Verständnis entgegenbringen, so wird es bei den sog. Netzgittern schon schwieriger. Ein engmaschiges Gitter mit einem Linienabstand auf unseren Breiten in Mitteleuropa von ca. 2,0×2,5m überzieht den ganzen Erdball. Die Linien sind erdmagnetisch gerichtet und verlaufen in nordsüdlicher und ostwestlicher Richtung. Die Maschenweite hängt sowohl von der geographischen Breite, wie von der Beschaffenheit des Untergrundes ab [3]. Wiederentdeckt wurde dieses Gitter, das bereits im Altertum bekannt sein musste, von einem deutschen Arzt, Dr. Hartmann. Nach diesem wird es Hartmann-Gitter oder auch Globalgitter genannt. Aus gesundheitlicher Sicht aber problematischer ist ein Gitter, dessen ca. 70cm breiten Linien alle 10m dem Globalgitter überlagert sind. Der Entdecker ist ebenfalls ein Deutscher namens Benker. Man spricht von Benker-Kuben, PWL und 10m-Linien oder Doppellinien, da die Ränder gut wahrnehmbar sind. Doch damit nicht genug, hat der Hausarzt Dr. Curry ein weiteres, das sog. Diagonal- oder Curry-Gitter gefunden, dessen Linien von Nordosten nach Südwesten und von Nordwesten nach Südosten verlaufen. In Abb. 1 sind diese 3 Gitter und ihre ungefähre respektive Lage zueinander schematisch aufgezeichnet. Zusätzlich gibt es noch horizontale Gitterebenen. Es sind insbesondere die in der Höhe ca. alle 10m auftretenden horizontalen Störflächen der dreidimensionalen Benker-Kuben, die vom gesundheitlichen Aspekt her ebenfalls zu beachten sind. Die Orte, wo sich alle drei Gitter kreuzen, und die in Abb. 1 mit einem dicken Kreis markiert sind, werden als besonders gesundheitsgefährdend eingestuft. In Österreich werden diese Orte als Curry-Kreuzung, in Deutschland auch als Benker-Kreuzung bezeichnet. In Abb. 1 sind noch weitere kritische Gitterorte markiert, wobei die Strichdicke der Kreise das relative Gefährdungspotential angibt.

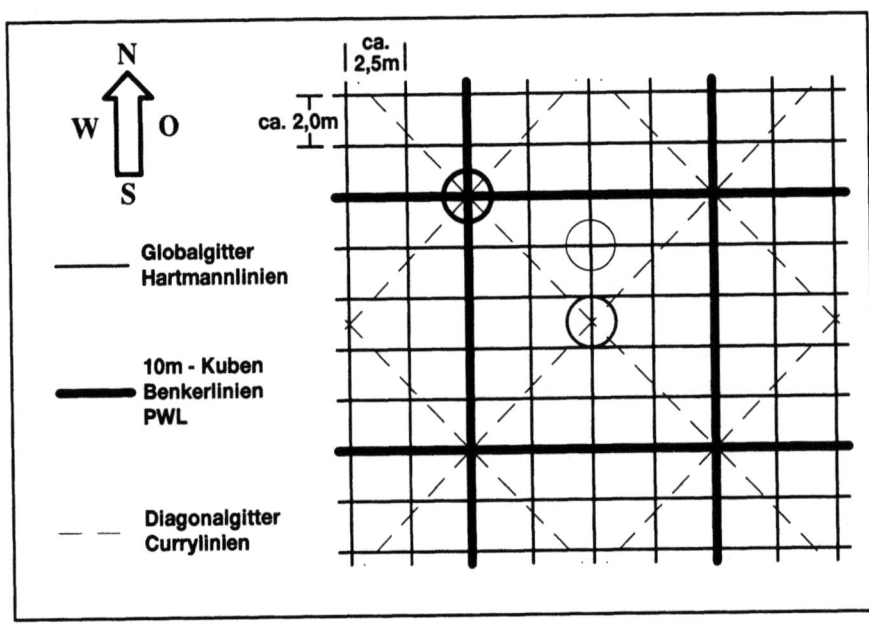

Abb. 1: Schematische Darstellung der wichtigsten radiästhetischen Gitter in Mitteleuropa. Die mit Kreisen markierten Orte haben eine besonders starke biologische Wikrung. Die Strichdicke gibt eine Gewichtung der biologischen Aktivität.

Es erstaunt, dass in keinen alten Überlieferungen Hinweise auf die Existenz der Benker- und Curry-Gitter zu finden sind, obwohl sie biologisch aktiver sind als das engmaschige Globalgitter. Vielleicht sind diese Gitter neueren zivilisatorischen Ursprungs. Wie noch gezeigt wird, scheinen bei radiästhetischen Störzonen schwache Mikrowellenfelder und niederfrequente schwache Schallwellen eine Rolle zu spielen. Nun sind aber die Schall-Wellenlängen der Grundfrequenzen und der ersten Harmonischen von 16,6Hz (Bahnstrom) und 50Hz (Industrie- und Haushaltstrom) identisch mit den Linienabständen der Benker- und Curry-Gitter. Wir wissen auch, dass die elektrischen und magnetischen Felder dieser Frequenzen in unserem elektrifizierten Europa allgegenwärtig und messbar sind. Sogenannte vagabundierende Erdströme sind ein Teil des Rücklaufstromes und breiten sich über viele Kilometer aus. Durch Magnetostriktion und Piezoeffekt entsteht der typische leise niederfrequente Brumm mit diesen Frequenzen. Um die Wellenlänge einer Schallwelle zu berechnen, muss man die Schallgeschwindigkeit von 331 Meter pro Sekunde durch die Frequenz dividieren. Im Falle der Bahnstromgrundfrequenz von 16,6Hz und der ersten Harmonischen von 33,2Hz ergibt dies 20m und 10m, was dem Linienabstand des Benkergitters entspricht. Beim 50Hz-Wechselstrom und der 100Hz-Harmonischen erhält man 6,6m und 3,3m. Dies entspricht den Abständen des Currygitters, bei dem man tatsächlich zwischen den Hauptlinien auch noch schwächere parallele Linien im Abstand von 3,3m findet. Die Übereinstimmung ist überraschend. In [3] wird bestätigt, dass das Globalgitter wirklich global ist, während die Benker- und Currygitter nur regional feststellbar sind. Das Globalgitter ist wahrscheinlich natürlichen Ursprungs. Vielleicht wird es ähnlich, wie die weltumspannenden Schumannwellen [4], durch die Blitzentladungen der weltweit rund 10 000 täglichen Gewitter angeregt.

Diese senkrechten Gitterwände durchdringen alle Stockwerkböden und sind auch in den obersten Geschossen von Hochhäusern vorhanden. Betonböden scheinen diese Störzonen noch zu verstärken und manchmal aufzufächern. Seismische Aktivität verbreitert vorübergehend die Breite der Gitterlinien.

4) Nachweis von radiästhetischen Störzonen

Da die Natur des Phänomens noch unklar ist, gibt es auch keinen direkten physikalischen Nachweis mit messtechnischen Mitteln. Der Effekt beruht ja nicht nur auf physikalischen Vorgängen auf tiefem Energieniveau, sondern auch auf deren biologischen Wechselwirkung mit dem Menschen. So haben auch alle Versuche, Störzonen mit der Messung einer physikalischen Grösse, wie Ionendichte, elektrischem oder magnetischem Feld, Bodenleitfähigkeit etc. nachzuweisen, keine eindeutigen Ergebnisse gebracht.

Via Sensorium des Menschen hingegen lassen sich Störzonen nachweisen. Die gebräuchlichsten Mittel dazu sind Wünschelrute und Pendel. Es sind Hilfsmittel, mit denen unbewusst wahrgenommene Einflüsse sichtbar gemacht werden. Man holt Information aus dem Unterbewussten. Diese Fähigkeit ist nicht jedem gegeben und es besteht neben dem esoterischen Beigeschmack noch die Gefahr der suggestiven Beeinflussung. Es mangelt daher nicht an Versuchen mit objektiveren Verfahren die Gegenwart radiästhetischer Störzonen nachzuweisen.

Von all den physiologischen Parametern, die sich auf gestörten Plätzen verändern [5], haben sich in der Praxis der elektrische Hautwiderstand und die kinesiologischen Reaktionen als objektivierender Nachweis bewährt. Misst man mittels Elektroden in periodischen Abständen den elektrischen Widerstand zwischen den beiden Handflächen eines Probanden auf einem neutralen und einem gestörten Platz, so findet man auf dem gestörten Platz höhere Werte. Auch der bekannte kinesiologische Test mit dem Herunterdrücken des ausgestreckten Armes ergibt auf einem neutralen Platz einen grösseren physischen Widerstand als auf einem gestörten.

Rund ein Viertel der Bevölkerung ist in der Lage, mit wenig Übung direkt und ohne Hilfsmittel Störzonen zu objektivieren. Die Methode beruht auf dem sog. Reaktionsabstand. Legen Sie Ihre beiden Handflächen gegeneinander. Vergrössern Sie nun langsam den Abstand zwischen Ihren Handflächen. Auf einem ungestörten Platz sollten Sie bei einer Distanz von ca. 20cm zwischen den beiden Handflächen eine leichte Sensation spüren. Diese ist von Mensch zu Mensch verschieden. Den einen kribbelts, der andere spürt einen Widerstand oder Wärme etc. Am besten spürt man diesen Reaktionsabstand indem man die Handflächen langsam gegeneinander hin und her bewegt. Auf einem gestörten Platz ist dieser Reaktionsabstand kleiner und typisch bei ca. 10cm. Dieser Unterschied zeigt auf, dass Ihr Körper auf einen äusseren Einfluss reagiert und objektiviert damit die Existenz einer Störzone.

5) *Gesundheitliche Wirkung auf den Menschen*

Störzonen gibt es überall. Auch bei einem Spaziergang im Wald bewegt man sich über Wasseradern und Gitterlinien. Wohl reagiert der Mensch auf deren Einfluss, doch bleibt dies im Normalfall unbemerkt im Unterbewussten. Verlässt ein Gesunder die Störzone, so schaltet sein Organismus wieder auf normal. Problematisch wird es, wenn z. B. der Schlafplatz, wo man sich während rund einem Drittel des Lebens aufhält, gestört ist. Von Untersuchungen an Rutengängern weiss man, dass man im Alphazustand für radiästhetische Störsignale empfänglicher ist. Das trifft auch auf den Schlaf zu. Bei robuster Gesundheit kann es Jahre dauern, bis negative Folgen sich bemerkbar machen. Gesundheitlich angeschlagene Personen reagieren viel schneller auf eine derartige Belastung. Die Symptome sind meist unspezifisch. Eine kurzfristige Exposition über einige Monate kann aber bereits Unwohlsein, Schlaflosigkeit, nicht ausgeruhtes Aufwachen und

Geopathie – Grenzgebiet zwischen Physik und Medizin

Schmerzen an alten Narben und Verletzungen zur Folge haben. Typisch und für die klassische Medizin sehr wichtig ist aber das Auftreten von Therapieresistenz mit all ihren Folgen. Mit andauernder Exposition wird die Empfindlichkeit sensibler Personen für Erdstrahlen immer grösser, so dass sie schliesslich auch auf nur schwach belasteten Plätzen nicht mehr schlafen können. Langfristig können Verhaltensstörungen und Beeinträchtigung der Lernfähigkeit auftreten. Schliesslich kommt es zur Schwächung des Immunsystems und Krankheiten brechen aus.

Tiere und Pflanzen reagieren sehr empfindlich auf Störzonen. Ein Hund, wenn er Platzwahl hat, wird stets auf einem ungestörten Platz schlafen. Katzen hingegen scheinen radiästhetische Störungen zu ihrem Vorteil nutzen zu können. Ein Bett, auf dem sich die Katze immer wieder wohlig räkelt, steht auf einem gestörten Platz. Jeder pflanzenliebenden Hausfrau ist schon aufgefallen, dass gewisse Pflanzen an einem Ort serbeln, während sie an einem andern prächtig gedeihen. Kleinkinder, die in ihrem Bettchen stets in der gleichen Ecke aufwachen, versuchen instinktiv einer Störung auszuweichen.

In [6] werden von einer sehr bekannten österreichischen Rutengängerin eine grosse Zahl von Fallbeispielen geschildert. Hier soll an Hand von drei Beispielen aufgezeigt werden, wie verschieden die Folgen radiästhetischer Störeinflüsse sein können.

Eine Frau stürzt im Garten mit dem Knie auf eine Betonplatte. Es schmerzt, aber es ist keine äussere Verletzung sichtbar. Statt Besserung nehmen die Schmerzen über mehrere Monate zu. Röntgenaufnahmen und Tomographie zeigen nichts aussergewöhnliches, so dass Krafttraining verordnet wird. Dieses macht die Schmerzen nur noch schlimmer. Eine Untersuchung des Schlafplatzes ergibt, dass eine Curry-Linie quer über den Kniebereich verläuft. Ein Verschieben bringt Besserung. Während Jahren hat diese Linie dem gesunden Knie nichts anhaben können. Die Heilung des innerlich leicht verletzten Knies wurde jedoch schmerzvoll verhindert.

Ein mehrjähriges Kleinkind zeigt Verhaltensstörungen und spricht nicht. Nichts scheint zu helfen. Das Kinderbett steht auf einer Benker- oder 10m-Kreuzung. Nach einem Verschieben des Bettes stellen die Eltern schon nach wenigen Tagen eine Verbesserung fest.

Eine Geschäftsfrau mit gelegentlichen Gelenk- und Rückenproblemen zieht in ein neues Haus. Nach wenigen Tagen werden diese Beschwerden unerträglich. Es stellt sich heraus, dass quer über die Rückenpartie eine Benker- oder 10m-Linie verläuft und sowohl das ganze Schlafzimmer als auch der Büroplatz über einer breiten Wasserader liegen. Ein Verstellen des Bettes aus der Benkerlinie heraus und ein Verschieben des Arbeitsplatzes aus dem Bereich der Wasserader heraus bringen schon kurzfristig eine spürbare Besserung.

Die Wirkung von Wasseradern scheint auch Gelenk- und Muskelbeschwerden zu fördern, während Benker- und Curry-Kreuzungen in Pendler- und Rutengängerkreisen als sog. Krebspunkte gelten. Zahlreiche Auflistungen von Fallbeispielen, z.B. auch in [6], sollen dies belegen. In der Tat ist bei Krebsgeschehen meistens eine radiästhetische Belastung am Schlaf- oder Arbeitsplatz zu finden. Nun ist aber die Wahrscheinlichkeit, dass ein 1x2m messendes Bett auf einer Benker- oder Curry-Kreuzung steht nicht verschwindend klein. Auf 100 Qudratmeter Fläche kommen nämlich zwei derartige Kreuzungen. Viele Leute schlafen demnach auf solchen Orten, ohne krebskrank zu werden. Bei Krebsprädisposition hingegen scheint eine solche radiästhetische Störung katalytische Wirkung zu haben.

Eine radiästhetische Belastung scheint auch eine echte oder vermeintliche Elektrosensibilität zu fördern. Bei der Diskussion um die Mobilfunkstationen sind es vorallem die Bewohner von radiästhetisch gestörten Häusern, die sich in ihrem Wohlbefinden beeinträchtigt fühlen.

6) Massnahmen gegen Erdstrahlenbelastung

Die beste Massnahme ist zweifelsohne das Ausweichen auf einen neutralen Ort. Wenn es die Umstände erlauben, sollte man gestörte Plätze für den Langzeitaufenthalt meiden. Dies gilt vor allem für den Schlaf- und Büroplatz, sowie für den TV-Sessel. Man sollte sich dort über längere Zeit aufhalten, wo man sich wohl fühlt. Bei Verdacht auf radiästhetische Störfelder wechsle man z.B. für einen Monat den Schlafplatz. Manchmal genügt ein Bettenwechsel unter Eheleuten um Gewissheit zu erlangen, dass ein radiästhetisches Problem vorliegt. In dem einen Bett schlafen beide Ehegatten bedeutend besser als im anderen. Die heutigen kleinen Schlafzimmer lassen leider wenig Alternativen zum Einrichten, besonders bei grossen Doppelbetten. Vorbedingung für ein solches Vorgehen ist die vorherige Bereinigung der elektrischen Belastungen an diesen Orten. Dies ist eine rein messtechnische und elektrotechnische Angelegenheit und hat mit Radiästhesie nichts zu tun.

Rosenquarze und kleine Metallgegenstände bestimmter Dimensionen können kleinräumig Störlinien verschieben und auch den Reaktionsabstand verändern. Das Problem ist nur, dass man vom Regen in die Traufe geraten kann.

Ohne korrekte Überprüfung läuft man Gefahr, die Situation am Aufenthaltsort zu verschlimmern. Ähnlich ist es mit den auf dem Markt erhältlichen sog. «Entstörgeräten». Einige davon verändern tatsächlich die radiästhetische Situation. Die Störzonen werden ausgeschmiert und verschoben. Meistens ist die Wirkung nicht von Dauer und erfordert eine periodische Kontrolle der Einstellung und des Aufstellungsortes. Eine permanente Beschäftigung mit der Sache erhöht jedoch die Empfindlichkeit für Erdstrahlen. Das Ganze ist ein Teufelskreis. Auch im günstigsten Fall ist so ein Gerät nur eine Krücke. Dies ist auch der Grund, warum seriöse Radiästhesie- und Geobiologievereine ihre Mitglieder dazu anhalten, auf den Einsatz von «Entstörgeräten» zu verzichten. Eine Analyse der verschiedenen Gerätearten und der sonst noch gepriesenen Entstörmittel gibt jedoch Hinweise auf die Natur des Phänomens der radiästhetischen Störzonen.

7) Was bewirken sog. «Entstörgeräte»?

Geräte, die am Netz oder mit einer Batterie betrieben werden, senden schwache Signale mit sog. biologisch verträglichen Frequenzen aus, die zum Teil auch in der Natur vorkommen. Die Idee ist, das Störsignal zu übertönen und so seinen Einfluss auf den Körper auszulöschen und durch ein unschädliches zu ersetzen.

Eine weitere Kategorie von Geräten beinhaltet, meist in Holzkästchen verpackt, Stäbe, Winkel, Spulen und Reflektoren aus Metall, oft federnd montiert [4]. Diese Metallgegenstände sind fast immer, von ihrer Dimension her, im Mikrowellenbereich bei Wellenlängen von 5 bis 30 cm resonant. Sie verändern dadurch lokal das Feld der vorhandenen natürlichen und künstlichen Mikrowellen dieser Wellenlängen. Je nach erdmagnetischer Orientierung und Aufstellungsort werden damit Störzonen ausgeschmiert und räumlich verschoben. Die normalisierende radiästhetische Wirkung erfolgt vor allem in Richtung des Minimums des klassischen Antennen-Strahlungsdiagrammes für elektromagnetische Wellen.

Elektrisch nicht leitende Hohlkörper, wie Flaschen, Plastikrohre, Keramik- und Tonschalen oder -Krüge und andere Behältnisse können ebenfalls Störzonen kleinräumig verschieben. Die all diesen Gegenständen gemeinsame physikalische Eigenschaft ist die eines akustischen Resonators, ähnlich einer Orgelpfeife. Die ständigen kleinen Luftströmungen regen diese Hohlkörper an zu schwingen. Dadurch entstehen ganz schwache, tiefe Töne. Ebenfalls können an den schwingenden dielektrischen Oberflächen der Hohlkörper Mikrowellen in Wechselwirkung treten.

Weiter werden mit Kupferleitungen und Ableitungen die Erdungsverhältnisse verändert und damit ebenfalls das lokale Mikrowellenfeld beeinflusst. Metallene Pyramidenstrukturen sind auch breitbandige Mikrowellenantennen. Rosenquarze und Quarzsand sind piezoelektrisch und koppeln so mechanische und elektrische Schwingungen. Diese Mittel können ebenfalls in ihrer unmittelbaren Umgebung Störzonen verschieben.

8) Was sind «Erdstrahlen»?

In der Literatur fehlt es nicht an Versuchen, das Phänomen Erdstrahlen zu erklären. Hartmann, der Entdecker des Globalnetzes beschrieb sie als etwas, das aus dem Kosmos kommt und etwas, das aus dem Boden kommt und das zusammen biologisch aktiv ist. Für Endrös [7] sind es die aus dem Kosmos einfallenden Mikrowellen und die aus dem Boden austretenden Neutronen. Aber auch Gravitationswellen und sogar Teslawellen, Neutrinos und Potentialwirbel [8] werden postuliert. Eine weitere Modellvorstellung basiert auf der gegenseitigen Kopplung zwischen Sauerstoff-Gasmolekülen durch deren magnetischen Moment. Andererseits liegen Berichte vor, dass sehr niederfrequente elektromagnetische Felder von z. B. nur 1,8Hz Rutenreaktionen wie über einer Wasserader erzeugen. Aus Forschungen neueren Datums über biologische Reaktionen bei sehr schwachen elektromagnetischen Feldern weiss man, dass niederfrequente Signale die gleichen Reaktionen erzeugen wie Mikrowellen, die mit der gleichen niederfrequenten Frequenz amplitudenmoduliert sind.

Die Bioelektrik des Menschen arbeitet im niederfrequenten Bereich, man denke nur an den Frequenzbereich der Hirnwellen. Die nötige Frequenzsynchronisation kommt wahrscheinlich durch konstante natürliche Signale, wie die Schumannwellen [4] mit einer Grundfrequenz von rund 8Hz, zustande. Diese ist durch den Umfang der Erdkugel gegeben. Ist der Mensch während langer Zeit konstanten Signalen mit einer andern Frequenz ausgesetzt, so werden die Frequenzsynchronisation und damit die informatorischen Abläufe gestört. Dass man zur Erklärung der Geopathie in dieser Richtung suchen sollte, zeigen auch die empirisch gefundenen sog. Entstörgeräte und Hilfsmittel zur Beeinflussung von Störzonen. Mikrowellen und niederfrequente Vorgänge sind im Spiel. Die resultierenden, niederfrequent modulierten Mikrowellen werden vom menschlichen Körper, wahrscheinlich via das polare Wassermolekül, aufgenommen und demoduliert. Die niederfrequente Komponente stört dann das ebenfalls niederfrequente körperinterne Informationssystem und damit die Steuerungsfunktionen. Die Mikrowellen, und zwar der ganze Frequenzbereich von ca. 1 bis 6GHz, sind dabei nur das Übertragungsmedium, wie Radiowellen auch nur das Vehikel sind, um niederfrequente Musik und Sprache zu übermitteln.

9) Schlussbemerkungen

Die immer grössere Wohndichte und selektionslose Nutzung des letzten Bauplatzes in Agglomerationen lässt gute Plätze rar werden. Geopathie ist von der Häufigkeit und Wirkung her als Belastung vor Elektrosmog und Hausgifte einzuordnen. Der volkswirtschaftliche Schaden durch die verursachten chronischen und wegen der Therapieresistenz nicht heilbaren Krankheiten ist gross, von den Leiden ganz zu schweigen. Die Betroffenen und ihre ÄrztInnen sind sich des Einflusses der Geopathie meistens gar nicht bewusst. Das wird sich nicht ändern, solange keine eindeutige und anerkannte physikalische Messmethode zur Anzeige einer radiästhetischen Störzone verfügbar ist oder solange kein akzeptierter klinischer Test typische Anzeichen einer geopathischen Belastung aufzeigen kann. Messung des elektrischen Hautwiderstandes und kinesiologischer Test und auch die Möglichkeit der direkten Wahrnehmung scheinen nicht zu genügen. Erschwerend ist, dass diese Methoden am Ort der Belastung und nicht in der Arztpraxis durchgeführt werden müssen.

Mit privater und öffentlicher Aufklärungsarbeit sollte die Akzeptanz des Phänomens Geopathie in der Medizin und in der Architektur gefördert werden. Die zunehmende Zahl von Fällen, die sich einer eindeutigen Diagnose entziehen, dürfte die Bereitschaft dafür vergrössern. Eine Schulung dieser Kreise in der erwähnten direkten Wahrnehmung wäre der Sache auch dienlich. Parallel dazu sollte im Bestreben, direkte Nachweismethoden zu finden, nicht nachgelassen werden. Sowohl rein physikalische Methoden als auch klinische Nachweise am Patienten sollten mit privaten und öffentlichen Mitteln erforscht und entwickelt werden. Voraussetzung sind aber ein Durchbruch bei der Akzeptanz des Phänomens und gute Ideen, wie diese Nachweismethoden zu realisieren sind.

Literatur

[1] Merz B.: Orte der Kraft. Eigenverlag, Institut de Recherches en Géobiologie, Chardonne, Schweiz 1992.
[2] König H. L., Betz H.-D.: Der Wünschelruten-Report. Ludwig Auer GmbH, Donauwörth 1989.
[3] Preiss H. F.: Erdstrahlen, Energie in Gitter- und Netzstruktur. Geobionic GmbH, Waldbrunn 1995.
[4] König H. L.: Wetterfühligkeit-Feldkräfte-Wünschelruteneffekt. Moos u. Partner, München 1987.
[5] Bergsmann O.: Risikofaktor Standort. Facultas-Universitätsverlag, Wien 1990.
[6] Bachler K.: Erfahrungen einer Rutengängerin. Droemersche Verlagsanstalt, München 1994.
[7] Endrös R.: Die Strahlung der Erde. Paffrath, Remscheid 1988.
[8] Meyl K.: Potentialwirbel. Indel, Villingen-Schwenningen 1990.

Hans Ulrich Albonico

Impfung, Immunsystem und Biographie.
Plädoyer für eine nachhaltige Medizin

Ausrottung der Krankheit?

«Gesundheit für alle bis zum Jahr 2000» – so der Slogan, mit welchem die Weltgesundheitsorganisation an ihrer Weltkonferenz in Alma Ata 1978 der Krankheit den Kampf ansagte. [1] Was ursprünglich als Aufruf zur weltweiten Verbesserung der Gesundheitsversorgung («Health» bedeutet im Englischen auch «Gesundheitsversorgung) gemeint war, verkam indessen in der Umsetzung immer mehr zu einer verdeckten Anspruchshaltung: Gesundheit sozusagen als staatlich verbrieftes Recht – Krankheit demgegenüber als Unrecht, als etwas Falsches, nicht zum Menschen Gehöriges. Weitgehend unbemerkt, und ohne weitere Hinterfragung, wurde damit die Krankheit in den Bereich des Unmenschlichen und grundsätzlich zu Bekämpfenden gerückt. Als direkte Folge davon ertönte immer lauter der Ruf nach Ausrottung der Krankheit, dem wir heute u. a. bei den sich rasch mehrenden Impfkampagnen begegnen.

In der hausärztlichen Praxis begegnet der Arzt demgegenüber immer häufiger Patienten, Patientinnen, die mit der Frage leben, ob Krankheit nicht auch einen Sinn haben könnte. Mit der Frage, ob Krankheit nicht eine potentiell bedeutungsvolle Etappe im Lebenslauf darstellen könnte. Von «Krankheit als zubemessener Schickung mit lebensgeschichtlichem Hintergrund und tieferem Sinn» spricht Prof. Frank Nager in einem Essay in der Schweizerischen Aerztezeitung vom 8. Dezember 1999. [2] Viele Eltern und Unterstufenlehrer beobachten, dass ihre Kinder besonders bei fieberhaften Kinderkrankheiten entscheidende Entwicklungsschritte machen. Ein Kind überwindet vielleicht seine Veranlagung zu Asthma, die immerwiederkehrenden Anginen oder Mittelohrentzündungen werden endlich überwunden, die Schulschwierigkeiten sind plötzlich wie weggeblasen. Erwachsene erleben, dass sie nach einer gut durchgemachten Grippe leistungsfähiger sind und weniger dem burn-out Syndrom erliegen.

Der moderne Mensch in unseren westlichen Industrienationen erlebt sich also in einem erheblichen Spannungsfeld der Betrachtung von Gesundheit und Krankheit, und es ist demnach nicht verwunderlich, dass die WHO während Jahrzehnten keine gültige Definition von Gesundheit und Krankheit mehr gefunden hatte (Für das 21. Jahrhundert wurde nun eine neue Definition vorgelegt, auf welche hier nicht eingegangen werden kann [3]). «Gesundheit für alle» erweist sich demnach als inoperationelles und missverständliches Ziel.

200 Jahre Impfgeschichte

Die Geschichte der Impfung zeigt, dass die Impfkontroverse – mehr als andere medizinische Auseinandersetzungen – seit jeher mit besonderer Heftigkeit und Emotionalität geführt wurde. Das ist seit mindestens 200 Jahren der Fall. Damals führte der englische Landarzt Edvard Jenner (1749–1823) die Impfung im modernen Sinne ein: Im Kampfe gegen die Pocken ersetzte er die frühere Einritzung von Menschenpocken-Eiter («Variolisation») durch die weniger gefährliche Inokulation mit Kuhpocken-Eiter («Vaccination»). Jenner ging dabei von der Beobachtung der englischen Landbevölkerung aus, wonach Menschen, welche die Kuhpocken durchgemacht hatten, nicht mehr an den echten Pocken erkrankten. Schon damals war die Impfung umstritten, wegen den damals noch massiven Komplikationen gefürchtet, und von breiten Kreisen in der Bevölkerung als unethischer Eingriff abgelehnt. [4] Die Impfkampagne gegen die Pocken wurde in der Folge zu einer der umfassendsten und wichtigsten weltweiten präventivmedizinischen Bemühungen, wobei bis heute eine wissenschaftliche Debatte besteht, inwieweit die Impfung selber zur Pockenausrottung beitrug [5] und ob selbst bei den Pocken ein Wiederauftreten zu befürchten sei. [6]

Mit dem 19. Jahrhundert folgte dann die heroische Zeit der grossen «Mikrobenjäger» [7] wie etwa Robert Koch in Deutschland oder Louis Pasteur in Frankreich. Pasteur, weithin als «Vater der Impfung» betrachtet, rettete in einem hochdramatischen Impfstoff-Versuch zwei Buben vor der Tollwut – der Eingriff wurde allgemein als so gefährlich angesehen, dass ihn selbst der engste Mitarbeiter Pasteurs, Emile Roux, als ethisch unverantwortlich verurteilte. Pasteur war jedoch so ambitiös, dass er – wie wir heute wissen – auch vor handfestem Wissenschaftsbetrug nicht zurückschreckte. Durch die Publikation der während 100 Jahren geheimgehaltenen umfangreichen Tagebücher [8] wurde beispielsweise bekannt, dass Pasteur bei seinem berühmtesten aller Impfexperimente, dem öffentlichen Anthrax-Impf-Versuch 1883 in Pouilly-le-Fort, nicht seinen eigenen Impfstoff, sondern die Vakzine seines Rivalen Chamberland verwendete. Das Impfexperiment erwies sich als 100% erfolgreich, Pasteur etablierte seinen unsterblichen

Ruhm, Chamberland verübte Selbstmord. Die Anthrax-Impfung war später nie mehr auch nur nahezu so wirksam.

Impfungen waren und sind immer wieder heroische Experimente, das ist auch heute nicht anders. So verfügen wir heute z. B. über Impfungen gegen die Schwangerschaft. Diese Impfung mit Impfstoffen gegen das Schwangerschaftshormon HCG wird bereits als «Durchbruch der Wissenschaft in der Lösung des Bevölkerungsproblems» gefeiert. Der indische Professor Pran Talwar wird mit folgenden Worten zitiert: «Die Überbevölkerung muss wie eine Epidemie betrachtet werden, ähnlich wie die Tetanus-, Diphtherie- und Pockenepidemien, die einst die Menschheit heimsuchten. Und auf dieselbe Weise wie bei den Epidemien kann man sie auch besiegen: nämlich mit einem Impfstoff». [9] Damit rührt die Impfung heute an allerzentralste Fragen des Menschseins. Schwangerschaft als Krankheit? Überbevölkerung als Krankheit? Und, falls die Antworten verschieden ausfallen, die Frage der Kompetenz. Denn hier geht es ja gerade darum, dass nicht die Frau selber über ihre Schwangerschaft entscheiden soll, sondern es sollen Experten darüber befinden.

Diese Tendenz zur Bevormundung findet sich bei vielen modernen Impfkampagnen. Und diese Tendenz steht klar im Widerspruch zu den Errungenschaften unserer modernen Zivilisation, die beispielsweise formuliert sind in der erwähnten WHO-Deklaration von Alma Ata (1978), wo für alle präventivmedizinischen Programme gefordert wird; «Maximale Eigenverantwortlichkeit der Bevölkerung und des Individuums sowie Teilnahme an Planung, Organisation, Durchführung und Kontrolle». [10] Die Forderung wurde noch weiter ausgeführt in der Ottawa-Charta 1986: «Gesundheitsförderung ist ein Grundprozess, der allen Menschen ein höheres Mass an Selbstbestimmung über ihre Gesundheit ermöglichen soll». [11]

Lernprozesse im Immunsystem

Während sich die naturwissenschaftliche Forschung des 19. Jahrhunderts mit dem «Krieg gegen die Mikroben» vor allem für die Krankheitserreger interessierte und damit die moderne Infektiologie begründete, wandte sich die Medizin des 20. Jahrhunderts immer mehr dem «Wirt» zu, dem erkrankten Organismus, und begründete damit den Forschungszweig der Immunologie (Lehre von den Abwehrkräften des Organismus). Ausgehend von der Untersuchung des Blutes (Hämatologie), richtete sich dabei das Interesse zunehmend auf die Wechselwirkungen des Immunsystems mit dem Nerven- und Hormonsystem (Neuro-Immunologie) und den psychischen Bezügen des Menschen (Psycho-Neuro-Immunologie). Aus dieser faszinierenden Forschung seien hier einige Aspekte herausgegriffen.

Unser Organismus steht in fortdauernder Auseinandersetzung mit seiner Umgebung, welche ihn je nach dem schützt oder auch bedroht. Der ungeborene Embryo lebt noch vollständig umhüllt im Schutze des mütterlichen Organismus, auch das Neugeborene bringt noch einen gewissen Immmunschutz mit auf die Welt, der sich z.B. in mütterlichen Antikörpern gegen verschiedene Kinderkrankheiten manifestiert. Aber unmittelbar mit der Geburt beginnt die Auseinandersetzung mit der Umwelt. Entscheidend in diesen frühen Phasen des menschlichen Lebens ist die Funktion des Thymus-Organes. Die Thymusforschung hat in den letzten 2 Jahrzehnten eine wahre Renaissance erfahren, und es ist interessant, festzustellen, welcher Konzepte sie sich dabei bedient.

Der Thymus entwickelt sich embryonal aus der 3. Schlundtasche, also exakt aus der Region des Verdauungstraktes, welche den Übergang der bewussten Nahrungsaufnahme in Mund und Gaumen zur unbewussten Nahrungsverarbeitung in Magen und Darm markiert. Und worin besteht die Aufgabe des Thymus? «Der Thymus, dieses Gebilde hinter dem Brustbein, im Altertum als Sitz des Gemütes verehrt, ist die Schule des Immunsystems. Milliarden von weissen Blutkörperchen durchlaufen täglich diese Schule...Wie das Immunsystem eigenes und fremdes Gewebe zu unterscheiden lernt, das war bis vor kurzem eines der grössten Rätsel der Immunologie. Es ist der Thymus, der aktiv über Leben und Tod entscheidet, der die selbstzerstörerischen, aber auch die nutzlosen Lymphozyten beiseite schafft und nur ausgewählte Immunzellen in die Blut- und Lymphbahnen entlässt...» Soweit die Darstellung eines Forschungsteams des Basler Instituts für Immunologie von Roche 1989. [12] Unser Immunsystem lernt aber nicht nur, zwischen fremd und selbst zu unterscheiden, sondern kann sich diese Fähigkeit z.B. mittels «memory-cells» auch erhalten, um sie später bei erneuten Fremd-Kontakten gezielt zu nutzen. Unterscheiden – Erinnern – gezielte Anwendung: das sind eigentlich alles Lernkonzepte. Im Immunsystem lernt unser Organismus, mit seiner Umwelt vernünftig umzugehen und sich dabei gesund zu erhalten.

Die von Rudolf Steiner und Ita Wegman begründete anthroposophische Medizin hat sich seit 1920 intensiv für diese Zusammenhänge interessiert und hat dabei – ausgehend von der phänomenologischen Betrachtung – die Frage der zugrundeliegenden Kräftewirksamkeiten aufgeworfen. Dabei geht es darum, zu erkennen, dass es sich bei den Kräften, welche dieses organische Lernen des Immunsystems bewirken, grundsätzlich um die gleichen Kräfte handelt, welche später für das geistige Lernen des Kindes zur Verfügung stehen müssen. «Diese Kräfte betätigen sich im Beginne des menschlichen Erdenlebens – am deutlichsten während der Embryonalzeit – als Gestaltungs- und Wachstumskräfte. Im Verlaufe des Erdenlebens emanzipiert sich ein Teil dieser Kräfte von der Betätigung in Gestaltung und Wachstum und wird zu Denkkräften... Es ist von der allergrössten Bedeutung, zu wissen, dass die gewöhnlichen Denkkräfte des Menschen die verfeinerten Gestaltungs- und Wachstumskräfte sind. Im Gestalten und Wachsen des menschlichen Organismus offenbart sich ein Geistiges. Denn dieses Geistige erscheint dann im Lebensverlaufe als die geistige Denkkraft.» [13]

Diese Sichtweise wird heute durch die immunologische Forschung Schritt um Schritt gestützt und bestätigt. Bereits die Tatsache, dass innerhalb der ersten sieben Lebensjahre sämtliche Zellen, die bei Geburt vorhanden waren, vollständig durch neugebildete ersetzt sind, dass also von der materiellen Substanz, mit der wir geboren wurden, zum Zeitpunkt des Zahnwechsels kein einziges Atom mehr vorhanden ist, zeigt auf, dass Wachstum und Entwicklung des lebendigen Organismus grundsätzlich von einem über-materiellen Prinzip veranlasst und geführt werden. Umgekehrt wissen wir heute, dass die substanziellen Träger der Funktionen des Immunsystems mit jenen des Nerven-Sinnes-Systems weitgehend identisch sind: Schon lange kennt die Neurologie die Existenz von lokalen Übertragungs-Stoffen an den als Synapsen bekannten Nerven-übergängen (Neurotransmitter), und seit einiger Zeit kennt die Immunologie solche Botenstoffe zur Vermittlung von Signalen zwischen verschiedenen Immunzellen (Zytokine, Lymphokine). Erst seit kurzem aber wissen wir aus der Neuro-Immunologie, dass es sich bei diesen Eiweissen weitestgehend um die gleichen Substanzen handelt!

Ausgehend von diesen Erkenntnissen hat z.B. ein englisches Forschungsteam am Royal Hospital in London aufgezeigt, dass es möglicherweise Zusammenhänge gibt zwischen der Masernimpfung, dem Auftreten von chronisch-entzündlichen Darmerkrankungen und dem frühkindlichen Autismus: Bei entsprechender Veranlagung kann die Masernimpfung durch Störung des Gleichgewichts solcher Botenstoffe einerseits zu einer chronischen Immunkrankheit und andererseits zu einer Krankheit im Nerven-Sinnes-System führen. [14]

Nun weist die anthroposophische Medizin auf einen weiteren grundlegenden Zusammenhang hin: Alle Erkenntnistätigkeit beruht grundsätzlich auf Anstrengung. In seinen Beiträgen zur Physiologie sagt Rudolf Steiner: «Nur so kann sich ein Wesen seines eigenen inneren Lebens bewusst werden, durch die Tatsache, dass sein eigenes Leben auf Widerstand stösst.» [15] Sollen also unsere Lymphozyten in der Thymusschule lernen, zwischen fremd und selbst zuverlässig zu unterscheiden, so braucht es Lehrer in dieser Schule, die von ihren Schülern etwas fordern, so dass sie an dieser Heraus-forderung wachsen und reifen können. Und es ist nun eine zentrale Hypothese der anthroposophischen Medizin, dass diese Herausforderung ganz besonders im Durchmachen der klassischen fieberhaften Kinderkrankheiten Masern, Mumps, Röteln, Keuchhusten, Varizellen und Scharlach liegt. Falls sich diese Hypothese erhärten lässt, ergäben sich daraus zentrale Fragen zum Umgang mit unserem Immunsystem in der frühen Kindheit:

- Was bedeutet es, wenn unsere Kinder in den westlichen Industrieländern immer weniger Fieberkrankheiten durchmachen?
- Was bedeutet es für das reifende Immunsystem, wenn wir ihm nach gängigem Impfkalender bereits in den ersten 18 Lebensmonaten 23 Impfungen gegen 8 verschiedene Krankheiten zumuten?

Und, ergänzend, könnte gefragt werden;

- Was bedeutet es, wenn wir unsere Kinder zwar immer weniger Krankheiten, dafür immer früherer und schärferer Belastung des Nerven-Sinnes-Systems aussetzen?

Es soll im folgenden aufgezeigt werden, dass zu dieser zentralen Hypothese und zu diesen Fragen heute aus der naturwissenschaftlichen Forschung gewichtige Stützen vorliegen. Noch wichtiger aber ist, dass sich bereits in der Fragestellung eine Sichtweise darstellt, welche als die biographische Verantwortung der Medizin bezeichnet werden kann, und welche eine unabdingbare Voraussetzung für eine nachhaltige Medizin darstellt.

Zum Wesen der Impfung

Worum geht es nun bei der Impfung? Das Konzept der Impfung kann ohne weiteres als faszinierend angesehen werden: wir versuchen, den Immunschutz vor einer Krankheit zu erwerben, ohne die Krankheit selber durchstehen zu müssen. Dazu werden abgeschwächte Krankheitserreger oder einzelne Antigene davon oder Toxine (Giftstoffe) in den Körper gebracht mit dem Ziel, dass der Organismus zwar Antikörper bildet, aber nicht erkrankt. Das kann ja auch gelingen; viele Impfungen haben sich durchaus bewährt. Aber es handelt sich doch um künstliche Eingriffe ins Immunsystem – wir nehmen Immunmanipulationen selber in die Hand, deren Auswirkungen grösstenteils noch unbekannt sind. In

Impfung, Immunsystem und Biographie

dieser «Geste» der Impfung liegt wohl die Hauptursache dafür, dass die Impfung seit jeher einerseits mit grossen Illusionen und andererseits immer mit Angst verbunden war.

Das Illusionäre der Impfung mag am Beispiel der Tuberkulose-Impfung aufgezeigt werden. 1882 entdeckte Robert Koch den «Erreger» der Tuberkulose, den «Koch'schen Bazillus» und bahnte damit den Weg zur Entwicklung eines Impfstoffes an. Seine Schüler Albert Calmette und Camille Guérin führten anfangs des 20. Jahrhunderst die «BCG-Impfung» ein, welche in den westeuropäischen Ländern ab 1925 breite Anwendung fand. Seither haben wir während Jahrzehnten konsequent alle Säuglinge durchgeimpft, in der Meinung, dass es sich dabei um den entscheidenden Durchbruch im Kampfe gegen die Tuberkulose handle. Aus den Tuberkulosestatistiken, die z.B. in Deutschland bis 1750 zurückreichen, ist jedoch ersichtlich, dass die BCG-Impfungen insgesamt schlicht keinen Einfluss auf Erkrankungshäufigkeit und Sterblichkeit an Tuberkulose hatte. Die Zahl der Tbc-Sterbefälle z.B. ging seit 1850 kontinuierlich zurück, und weder die Entdeckung des Tuberkulosebakteriums noch die Einführung der Impfung hatten darauf auch nur die geringste Auswirkung. [16] Der amerikanische Epidemiologe Leonard Sagan führt in seinem Buch «Die Gesundheit der Nationen – Die eigentlichen Ursachen von Gesundheit und Krankheit im Weltvergleich» den Rückgang der Tuberkulose auf verbesserte Umweltfaktoren und eine bessere natürliche Immunabwehr zurück. [17] Heute wird die Tbc-Impfung allgemein als unwirksam gegen die üblichen Formen der Tuberkulose angesehen und ist in den meisten Ländern vom Impfkalender abgesetzt. Die gleichen Beobachtungen wurden aber auch bei Diphtherie, Keuchhusten und Masern gemacht. [18]

Mit dem manipulativen Aspekt der Impfung verbunden ist auch die Angst. Die Angst zunächst vor direkten schädlichen Wirkungen der Impfung. Darauf wird noch genauer einzugehen sein. Sodann aber auch die Angst, dass mit der Impfung Krankheiten übertragen werden könnten. Bekanntestes und erneut aktuellstes Beispiel dazu sind die Polio-Impfstoffe: Schon in einer der ersten Impfkampagnen bei 1.8 Millionen Kindern in den USA in den fünfziger Jahren traten 260 bestätigte Fälle von impfverursachter Kinderlähmung mit 192 Fällen von Lähmungen auf [19] – ein Problem, dass auch heute noch ungelöst ist –, seit 1960 besteht eine wissenschaftliche Diskussion über die Frage der Kontamination der Polio-Impfstoffe mit dem Affenvirus SV-40, [20] und seit 1992 über die Möglichkeit der HIV-Ausbreitung durch Polio-Impfkampagnen. [21]

Immer mehr Menschen haben heute auch Angst, dass die durch Impfung verdrängten Krankheiten eines Tages sozusagen zurückschlagen. Wenn eine Bevölkerung über längere Zeit mit einer Krankheit keinen Kontakt mehr hat und somit keinen verlässlichen Immunschutz mehr aufbauen kann, so kann es zu verheerenden Rückfall-Epidemien kommen. Berühmtestes historisches Beispiel hierzu ist die Masern-Epidemie auf den Färöer Inseln 1946. Hier hatten die Inselbewohner während zwei Generationen keinen Masernkontakt mehr gehabt, als aus Dänemark die Masern neu eingeschleppt wurden. Innert Wochen erkrankten 6000 der 7782 Einwohner, 200 davon verstarben. 98 alte Leute, die sich daran erinnerten, 65 Jahre früher die Masern durchgemacht zu haben, blieben von einer Neuerkrankung verschont. [22]

Direkte Auswirkungen der Impfung auf das Immunsystem

Wie erwähnt, sind Impfungen grundsätzlich Manipulationen des Immunsystems, deren vor allem längerfristigen Folgen bis heute weitestgehend unbekannt sind. So wurde bisher fast ausschliesslich die humorale Immunantwort untersucht, also die durch die Impfung veranlasste Antikörper-Bildung. Dabei zeigte sich, dass bei den meisten Impfungen die Impf-Antwort nicht gleichwertig der Reaktion auf die natürliche Erkrankung ist. So führt z.B. das Durchmachen einer Röteln zu dauerhafteren Antikörper-Titern als die Impfung und schützt deshalb besser vor der einzig gefährlichen Rötelnerkrankung während der Schwangerschaft. Das gleiche wurde bei den Masern und beim Mumps beobachtet. [23]

Die zelluläre Immunantwort auf Impfungen ist noch weitgehend ungeklärt. Markowitz und Katz schreiben in der klassischen Impfmonographie von Plotkin und Mortimer: «Die zellvermittelte Immunität nach Impfung ist noch kaum untersucht, weil einfache in-vitro-Untersuchungsmethoden fehlen.» [24] Die Frage der zellulären Impfreaktion ist jedoch zentral wichtig etwa zur Klärung der Aktivierung von sog. Autoimmunkrankheiten. Wenn wir heute dem reifenden Immunsystem des Säuglings bereits 23 Impfungen gegen 8 verschiedene Krankheiten zumuten – und zahlreiche weitere sind vorgesehen – so stellt sich die Frage, ob das bei entsprechender Veranlagung nicht zu einer Überforderung bzw. «Verwirrung» des Immunsystems führen kann. Die «Verwirrung» ist aber exakt die Geste der seit der Impf-Aera zunehmenden sog. Auto-Immunkrankheiten, bei welchen unsere Lymphozyten nicht mehr sicher zwischen fremd und selbst unterscheiden. Damit kommt es zur Antikörper-Bildung gegen eigene Gewebe, welche zu schweren chronischen destruktiven Entzündungen führen.

Jeder Impfstoff besteht einerseits aus den eigentlich wirksamen Antigenen, andererseits aus verschiedenen Zusatzstoffen. Bereits die Antigene sind geeignet,

Impfung, Immunsystem und Biographie 115

den Organismus zu verwirren, weil sie ja nur eine Schein-krankheit hervorrufen sollen. Diese Problematik verschärft sich mit den modernen gentechnischen Vakzinen, welche nur noch sehr reduzierte Antigene enthalten, was zu unvorhersehbaren Reaktionen führen kann – eine grundsätzliche Problematik, worauf auch Nobelpreisträger Rolf Zinkernagel hingewiesen hat. [25] Von den Zusatzstoffen sind vor allem das Aluminium und das quecksilberhaltige Thiomersal als sowohl potentiell toxische wie auch allergisierende Chemikalien bekannt. Mit dem Thiomersal wird dem 5 kg schweren Säugling mit der Grundimmunisierung mehr Quecksilber direkt ins Blut gespritzt als die WHO als zulässig für die perorale Aufnahme pro Tag beim Erwachsenen erklärt hat. [26]

In der Folge seien die wichtigsten Autoimmunkrankheiten aufgelistet, bei denen heute die Möglichkeit der Auslösung durch Impfungen bekannt ist:

- Jugendlicher Diabetes nach Mumps-, Hämophilus B- und Hepatitis-B-Impfung [27, 28]
- Akute und chronische Arthritis nach Röteln-Impfung [29]
- Chronisch-entzündliche Darmerkrankungen nach Masern-Impfung [30]
- Idiopathische Thrombocytopenie (Blutplättchen-Mangel) nach Masernimpfung [31]
- Guillain-Barré-Syndrom (aufsteigende Lähmung) nach Masern-, Hepatitis-B- und Grippe-Impfung [32]
- Multiple Sklerose nach Hepatitis-B-Impfung. [33]

Wahrscheinlich sind alle diese Impfkomplikationen selten, allerdings wissen wir wenig Verlässliches über ihre tatsächliche Häufigkeit. Gezielte neuere Untersuchungen, z.B. durch Korrelation von Spitaleintrittsbefunden mit Impfzeugnissen, haben aufgezeigt, dass ernsthafte Impfkomplikationen mindestens 5 – 10 mal häufiger auftreten als bisher angenommen. [34] Eine kürzlich erfolgte statistische Überprüfung des Zusammenhangs zwischen der Hämophilus-B-Impfung und dem jugendlichen Diabetes kam gar auf eine Häufigkeit, welche die bisherigen Schätzungen um ein hundertfaches übertrifft. [35] Diese Problematik des sog. «Underreportings» gilt in besonderem Masse auch in der Schweiz: eine Umfrage am 1. Schweizerischen Impfkongress im November 1999 hat ergeben, dass nur die wenigsten Aerzte wissen, dass es eine Meldepflicht für Impfkomplikationen gibt, ferner, dass von 60 einem Impfstoff-Hersteller gemeldeten Komplikationen nur eine einzige auch dem BAG gemeldet wurde. [36]

Indirekte Auswirkungen der Impfung auf das Immunsystem

Wie gezeigt, sieht die moderne Immunologie im Immunsystem ein lernfähiges Schutz- und Abwehrsystem des Organismus, mit dem er seine Integrität im Sinne der Immunkompetenz erhalten muss. Und unsere Hypothese besagt, dass dieses Immunsystem insbesondere auch im Durchmachen der klassischen fieberhaften Kinderkrankheiten «trainiert» wird. Wir müssten also erwarten, dass durch den mit den modernen Impfkampagnen einhergehenden Rückgang der Kinderkrankheiten in den westlichen Industrieländern immer mehr Zustände eines untrainierten und schwachen Immunsystems auftreten.

Tatsächlich beobachten wir in erster Linie eine massive Zunahme von Allergien: Krankheiten wie Asthma, Heuschnupfen und atopischen Ekzemen. In der Schweiz hat bereits jedes dritte, in Japan jedes zweite Kind irgendeine Form der Allergie. 12% der Buben und 7% der Mädchen leiden in der Schweiz an Asthma. [37] In den USA ist jeder dritte ins Spital eingewiesene Kindernotfall durch Asthma bedingt. [38] Selbstverständlich haben Allergien eine multifaktorielle Genese, aber der zeitliche Zusammenhang ihrer Zunahme mit den Impfungen ist augenfällig. Allergien beruhen im Wesentlichen auf einer Schwächung des Immunsystems, das überschiessend – oder, im Falle der sog. «Anergie» überhaupt nicht mehr – auf Reize der Umwelt reagiert. Nach einem unlängst im British Medical Journal erschienenen Beitrag sind Allergien «eine durch Langeweile bedingte Überreaktion des Abwehrsystems». [39] Es sei an dieser Stelle ein kurzer Überblick über die aktuelle epidemiologische Forschung zu diesen Zusammenhängen gestattet:

1. Die deutsch-deutsche Allergiestudie der Universitätskinderklinik München

Nach der deutschen Oeffnung wurde eine breit angelegte Untersuchung zum Vergleich der Allergiehäufigkeiten in Ost- bzw. Westdeutschland in die Wege geleitet. Verglichen wurden Kinder in Leipzig und Halle mit jenen in München. Die Erwartung war, dass die Kinder Ostdeutschlands mit ungleich höherer Schmutz- und Krankheitsexposition auch vermehrt unter Allergien leiden würden. Die Studie ergab indessen – ganz im Gegenteil – eine im Westen dreifach erhöhte Allergierate. Schlussfolgerung der AutorInnen: «Verschiedene Untersuchungen haben eine Zunahme von Heuschnupfen und Ekzemen über die letzten Jahrzehnte gezeigt. Unsere Resultate legen nahe, dass der Rückgang von Infektionskrankheiten tatsächlich mit einer Zunahme von Allergien in den westlichen Ländern verbunden ist.» [40]

2. Die japanische Tb-Asthma-Studie des National Wakayama Hospital

In dieser Untersuchung wurden Schulkinder, welche im Kleinkindesalter eine Tuberkuloseinfektion durchmachten, verglichen mit solchen ohne Tuberkulose. Die erste Gruppe zeigte signifikant weniger Asthma, niedrigere IgE-Werte (Allergie-Antikörper) und weniger allergiespezifische Zytokin-Profile. Schlussfolgerung der Autoren: «Ein mit der Zunahme von Allergien zusammenhängender Faktor ist der Rückgang zahlreicher Infektionskrankheiten in den Industrieländern zufolge verbessertem Lebensstandard und zufolge der Impfprogramme.» [41]

3. Die Masern-Allergie-Studie in Guinea-Bissau

Diese Studie bei afrikanischen Schulkindern ergab, dass Kinder mit durchgemachten Masern deutlich weniger allergische Krankheiten entwickeln. Schlussfolgerung der Autoren: «Die Masernkrankheit kann die Entwicklung von Allergien bei afrikanischen Kindern verhindern.» [42]

4. Die schwedische Untersuchung zur Allergiehäufigkeit im «anthroposophischen lifestyle»

In die gleiche Richtung deutet diese Studie des schwedischen anthroposophischen Arztes Jackie Swartz an der Vidar-Klinik in Järna in Zusammenarbeit mit den Abteilungen für Immunologie, Epidemiologie und Umweltmedizin des Karolinska Universitätsspitals in Stockholm, welche die Schüler einer Waldorfschule mit jenen von zwei staatlichen Nachbarschulen verglich. Mittels Haut- und Bluttests wurde eine deutlich niedrigere Allergisierung bei den Waldorfschülern gefunden. Als mögliche Ursachen werden die Ernährung, der niedrige Antibiotika-Gebrauch und das Durchmachen der Masern diskutiert. [43]

Unsere Hypothese wird heute also durch umfangreiche Forschungen gestützt. Selbstverständlich spielen zahlreiche andere Faktoren ebenfalls eine Rolle – das Konzept der Multikausalität, auf das Andreas Beck in diesem Vorlesungszyklus hingewiesen hat, [44] ist gerade bei den Immunkrankheiten von hervorragender Bedeutung. Wenn wir aber nochmals auf das Wesenhafte dieser Kinderkrankheiten blicken, wird rasch ersichtlich, dass bei diesen Zusammenhängen dem Fieber eine zentrale Rolle zukommt.

Die Bedeutung des Fiebers

Wie wir gesehen haben, muss sich der menschliche Organismus in seiner ganzen kindlichen Entwicklung den Gegebenheiten und Anforderungen seiner Umwelt anpassen. Das ist die Domäne der Immunologie, welche sich mit den vielfältigen Prozessen befasst, durch welche das Kind sich schliesslich immunkompetent in seiner äusseren Umwelt behaupten kann. Aber das ist nicht alles. Die anthroposophische Medizin geht davon aus, dass sich das Neugeborene gewissermassen auch nach innen anpassen muss. Es betritt diese Welt ja mit einem genetisch geprägten physischen Organismus, den es jetzt auch in Einklang mit seiner Eigenpersönlichkeit, seinem eigenen Wesen bringen muss. Das bedingt tiefreichende Anpassungsprozesse bis hinein in die Eiweisssubstanz, welche nur im Fieber überhaupt möglich werden. So sind aus der ärztlichen Praxis instruktive Beispiele der Besserung oder Heilung veranlagter chronischer Krankheiten durch akute Fiebererkrankungen bekannt, etwa die Heilung des Nephrotischen Syndroms (kindliche Nierenkrankheit) durch die Masern [45] oder von Multipler Sklerose durch Varizellen. [46]

Zudem haben Studien seit hundert Jahren konsistent aufgezeigt, dass Menschen mit durchgemachten fieberhaften Kinderkrankheiten später seltener an Krebs erkranken. Der bekannte Wiener Chirurge R. Schmidt, der 1910 diesen Zusammenhang erstmals komprehensiv zusammenstellte und später, nach 38 Jahren weiterer Beobachtung, in seinem Lehrbuch zur Inneren Medizin bestätigte, kommentierte dazu:

> «Ein Kausalzusammenhang könnte insofern bestehen, als unter dem Einfluss von Infektionskrankheiten der konstitutionelle Boden in einer Weise umgepflügt werden könnte, so dass die Disposition zur Erkrankung an Krebs bedeutend absinkt. Es käme solcher Art von Infektionskrankheiten eine gewisse Krebsprophylaxe zu. Ist dem so, so würde gerade unsere moderne Hygiene, wenigstens insofern sie das Auftreten von Infektionskrankheiten eindämmt, die Häufigkeit der Krebserkrankung fördern.» [47]

Besonders deutlich konnte der Zusammenhang im Falle des Ovarialkarzinoms (Krebs der Eierstöcke) aufgezeigt werden, so dass die Studienautoren von «Mumps, Masern, Röteln und Varizellen als protektiven Faktoren» gegen den Ovarialkrebs sprechen. [48] In einer eigenen Fall-Kontroll-Studie bei 379 Karzinompatienten in 35 anthroposophischen Allgemeinpraxen der Schweiz konnten wir den Sachverhalt grundsätzlich erneut bestätigen. Die Studie ergab konsistent ein vermindertes Krebs-Risiko für Personen mit durchgemachten Kinderkrankheiten, allerdings nicht beim Brustkrebs. [49]

Der gleiche inverse Zusammenhang wurde verschiedentlich auch für fieberhafte Erkrankungen im späteren Leben aufgezeigt. Eine sehr umfassende Fall-Kontroll-Studie des Deutschen Krebsforschungs-Zentrums in Heidelberg ergab, dass Personen, welche innert 5-10 Jahren vor Studienbeginn eine fieberhafte Infektionskrankheit durchgemacht hatten, signifikant seltener an Krebs erkrankten. [50] Schliesslich möchte ich auf eine sehr eindrückliche, noch unpublizierte Untersuchung zum Melanom (schwarzer Hautkrebs) hinweisen: Unter der Aegide der «European Organisation for Research and Treatment of Cancer» führten Prof. Kölmel der Universität Göttingen und Mitarbeiter eine retrospektive Fall-Kontroll-Studie bei 603 Melanompatienten durch, welche aufzeigt, dass das Risiko, an einem Melanom zu erkranken, mit der Anzahl früher durchgemachter Fieberkrankheiten signifikant abnimmt. Nach einer Grippe z. B. sinkt das relative Risiko auf 80%, nach einer Grippe mit Fieber über 38.5 Grad auf 65%, und nach einer Grippe-Pneumonie (Lungenentzündung) auf 45% ab. Diese Risikoreduktion ist wesentlich ausgeprägter als der bekannte Zusammenhang mit der Sonnenbestrahlung. [51]

Epidemiologische Auswirkungen von Impfkampagnen

So wie Impfungen grundsätzlich Eingriffe ins Immunsystem darstellen, bedeuten Massenimpfkampagnen Eingriffe in ökologische Gleichgewichte zwischen Mensch und Krankheitserregern. Solche Gleichgewichte entwickeln und stabilisieren sich über viele Generationen hinweg, es entsteht eine relativ verlässliche Koexistenz von Wirt und Erregern, welche je nach dem einen gewissen Tribut fordert, aber auch einen Nutzen bringt, zumindest den der Stabilität. Ein Impfprogramm, welches ganze Jahrgänge erfasst, bewirkt innert kürzester Zeit tiefreichende Veränderungen. Das äussert sich zunächst im erwünschten Rückgang der Krankheit, alles scheint auf dem besten Wege zu sein, man spricht von «Honeymoon-Phase» und erhofft sich die baldige Ausrottung der Krankheit.

Bei den Kinderkrankheiten wie Masern, Mumps und Röteln muss man heute davon ausgehen, dass die Ausrottung nicht gelingen wird. In der Schweiz lässt sich z.B. die Durchimpfrate nicht über 80% heben; die Impfungen selber haben eine Wirksamkeit von höchstens 80-90%, ein Drittel der Bevölkerung bleibt somit von der Impfkampagne unbeeinflusst, was dazu führt, dass die Viruszirkulation aufrechterhalten bleibt. [52] Hingegen führt die Verdrängung der natürlichen Krankheit durch die Impfviren zu einem bedenklichen Regulationsstau im epidemiologischen Netzwerk. Wie am Beispiel der Färöer Inseln gezeigt, kann das Rückschlagen der Krankheit verheerende Auswirkungen haben. Die Krankheit tritt stärker auf, befällt die zuvor geschützten Altersgruppen der Erwachsenen und der von ihren Müttern nicht mehr geschützten Säuglinge und führt entsprechend ungleich häufiger zu Komplikationen und Todesfällen. Diese Situtation wird z.Z. etwa in den USA bereits beobachtet, die Enzephalitisrate nach Masern ist heute in den USA auf das Zehnfache angestiegen. [53]

Bei epidemiologischer Betrachtung ist damit eine Erweiterung der biographischen Verantwortlichkeit zur Nachhaltigkeit zu fordern. Der Begriff der Nachhaltigkeit ist heute in der Medizin – mit Ausnahme der Umweltmedizin – noch erstaunlich wenig bekannt. Die Probleme, die mit solchen epidemiologischen Eingriffen verbunden sind, wurden uns Aerzten am ersten Schweizerischen Kongress «Medizin und Umwelt» 1992 vom Atomphysiker Hans-Peter Dürr, Direktor des Heisenberg-Instituts für Physik am Max Planck Institut für Physik und Astrophysik in München, [54] wie folgt ins Gewissen gerufen:

«Die Kenntnis der Naturgesetze verschafft uns prinzipiell die Möglichkeit, die Zukunft nach unseren eigenen Wünschen zu gestalten und die von uns angestrebten Ziele letztlich zu erreichen. Es ist diese Möglichkeit, die Wissen zu einem Machtfaktor macht und uns die Vorstellung vermittelt, die Natur letztlich völlig 'in den Griff' bekommen zu können. In begrenzten Bereichen gelingt uns dies ja auch wirklich. Die konsequente Verfolgung dieses Weges hat dem Menschen, in der Tat, ungeahnte Einflussmöglichkeiten verschafft.

Dem Siegeszug des Menschen, die Natur auf diese Weise mit immer besserem Wissen und tieferen Einsichten immer strenger und umfassender beherrschen zu können, stehen jedoch eine Reihe von prinzipiellen Hindernissen im Wege. Nach den revolutionären Erkenntnissen der Atomphysik zu Beginn unseres Jahrhunderts gleicht nämlich die Natur nicht einem mechanischen Uhrwerk, das nach strengen Gesetzen abläuft und das zukünftige Geschehen eindeutig festlegt, sondern Natur entwickelt sich auf eine offene Weise...

Frühere Kulturen, die sich in kleinen Nischen unserer Oekosphäre entwickelten, waren sich der prinzipiellen Beschränkungen, die sie beim Umgang mit der Natur im eigenen Interesse beachten mussten, weit mehr bewusst, als wir das heute in den industialisierten Ländern sind. Ihre tieferen Einsichten und die daraus resultierenden praktischen Verhaltensweisen wischen wir heute leichtfertig mit dem Argument beiseite, dass alle diese Hindernisse im Prinzip durch die Intelligenz und die unerschöpfliche Erfindungskraft des Menschen überwunden werden können. Dies ist, wie mir scheint, ein fataler Irrtum, da viele Hindernisse nicht eigentlich überwunden wurden, sondern, wie wir heute erkennen müssen, nur kurzfristig an andere Stellen verschoben worden sind, wo sie uns nun zu einem späteren Zeitpunkt mit wesentlich höheren Forderungen wieder beggnen...» [55]

In einer solchen Sichtweise müssen undifferenzierte Massenimpfkampagnen in Frage gestellt werden. Eine der grossartigsten Entdeckungen der modernen Immunologie ist das lymphozytäre Antigen-System (HLA-System), womit gezeigt werden konnte, dass jeder Mensch individuell-spezifische Eiweiss-Strukturen an seinen Zelloberflächen trägt: ein molekularer Beweis sozusagen für die Einmaligkeit jedes menschlichen Individuums. Für die Medizin bedeutet das, dass jeder Mensch in Krankheit wie in Gesundheit individuell erfasst werden muss. Die gleiche Sorgfalt, mit welcher der Arzt einen kranken Patienten behandelt, muss er auch bei der je individuellen Impfberatung anwenden.

«Die Impfung der Kinder gegen eine ganze Reihe von Krankheiten könnte bald eine Praxis der Vergangenheit werden....Die Impfungen würden dann nur noch gegen Krankheiten mit hohem Risiko verabreicht. Wir stehen an der Schwelle einer neuen Epoche, wo jedes Kind seine individuelle Behandlung erhalten wird.»
Jean Dausset, Nobelpreisträger für die Entdeckung des HLA-Systems.

Literatur

[1] WHO. *Declaration of Alma Ata.* Geneva 1978.
[2] Nager F. *Von der Vielfalt des Heilens.* Schweiz. Ärztezeitung 1999; 80: S. 2876–80.
[3] WHO. *Health 21 – The health for all policy framework for the WHO Europen Region.* WHO Kopenhagen 1999.
[4] Henderson D. *Smallpox and Vaccinia.* In: Plotkin & Mortimer. Vaccines. Saunders, 1994.
[5] Sagan L. *Die Gesundheit der Nationen – Die eigentlichen Ursachen von Gesundheit und Krankheit im Weltvergleich.* Hamburg, Rowohlt 1992.
[6] Stickl H. *Die gegenwärtige Pockensituation in der Welt. Ausblicke in die Zukunft.* Vortrag am 3. B. Lipschütz-Gedächtnis-Symposium in Saulgau, 1989. In: Hautnah Dermatologie 1990; 2. Kreuzlingen, Dermamed Verlag.
[7] De Kruif P. *Mikrobenjäger.* Orell Füssli, Zürich 1926.
[8] Geison G. *The private Science of Louis Pasteur.* Princeton University Press, Princeton 1995.
[9] Richter J. *Impfung gegen Schwangerschaft – Traum der Forscher, Alptraum für Frauen?* Bielefeld 1993: BUKO Pharma-Kampagne, August Bebel-Strasse, Bielefeld.
[10] WHO. aaO.
[11] WHO *Ottawa-Charta zur Gesundheitsförderung.* WHO, Genf 1986.
[12] Roche Basel. *Aus der Schule von Charlys Immunsystem geplaudert* (Gespräch mit Harald von Boehmer). Roche Magazin 1989: 35: S. 2–15.
[13] Steiner R., Wegman I. *Grundlegendes für eine Erweiterung der Heilkunst nach geisteswissenschaftlichen Erkenntnissen* (1925). GA 27: Rudolf Steiner Verlag, Dornach 1977.
[14] Thompson N et al. *Is measles vaccination a risk factor for inflammatory bowel disease?* The Lancet 1995; 345: S. 1071–74.
[15] Steiner R. *Physiologie* (1911). Rudolf Steiner Verlag, Dornach 1991. S. 93 ff.
[16] Weise H. U. *Epidemiologie der Infektionskrankheiten in der Bundesrepublik.* Die Gelben Hefte 1984; 1. McKeown T. *The Modern Rise of Population.* Academic Press, New York 1976, S. 96.

[17] Sagan L. a a O: S. 72 ff.
[18] McKeown T. a a O: S. 93.
Tönz O. *Keuchhustenimpfung.* Therap Umschau 1983; 40: S. 203.
[19] Robbin F.C. *Polio - Historical.* In: Plotkin & Mortimer. aaO: S. 140 f.
[20] Robbin F. C. a a O: S. 142 f.
[21] Hooper E. *The River.* Penguin Books 1999.
[22] Panum P. *Observations made during the epidemic of measles on Färöer Island in the year 1846.* Virchows Archiv 1847.
[23] Stohrer-Draxl P et al. *Masern, Mumps und Röteln: Durchimpfungsrate und Seroprävalenz bei 8.-Klässlern in acht verschiedenen Orten der Schweiz 1995/96.* Praxis 1999; 88: S. 1069-77.
[24] Markowitz L, Katz S. *Measles Vaccine.* In: Plotkin & Mortimer. a a O: S. 243.
[25] Oehen St et al. *Vaccination for Disease.* Science 11. 1. 1991: S. 195-198.
[26] Arbeitsgruppe für differenzierte Impfungen. *Impfen - Routine oder Individualisation - Eine Standortbestimmung zur Impfproblematik aus hausärztlicher Sicht.* Bern (Postfach) 1999: S. 49 f.
[27] Classen J, Classen D. Brit Med J 1999; 319: S. 1133.
Helmke K et al. *Isles cell antibodies and the development of diabetes mellitus in relation to mumps infection and mumps vaccination.* Diabetologica 1986; 29/1: S. 30-33.
[28] Arznei-Telegramm. *Diabetes mellitus und Hämophilus-Influenzae-B-Impfung.* Arznei-Telegramm 1999, 12: S. 126.
[29] Institute of Medicine, National Academy of Sciences (USA). *Adverse Effects of Pertussis and Rubella Vaccines.* National Academy of Science Press, Washington DC 1991.
[30] Wakefield A J et al. a a O.
[31] Farrington P. et al. *A new method for active surveillance of adverse effects from DPD-and MMR-vaccines.* The Lancet 1995; 345: S. 567-69.
[32] Morris K., Rylance G. *Guillain-Barré-Syndrome after MMR-vaccine.* The Lancet 1994; 343: S. 60.
Grose C., Skigland J. *Guillain-Barré-Syndrome following administration of live measles vacine.* Am J Med 1976; 60: S. 441-43.
Ropper A. H., Victor M. *Influenza Vaccination and the Guillain-Barré-Syndrome.* New Engl J Med 1998; 339: S. 1845-46.
[33] Denis F. Bull Soc Fr Microbiol 1999; 14: S. 7-10.
[34] Farrington P. et al. a a O.
[35] Classen I. P., Classen D. a a O.
[36] 1. Schweizerischer Impfkongress Basel, 18./19. November 1999.
[37] Wüthrich B. et al. *Prevalence of positive skin prick tests, asthma and pollinois in Swiss schoolchildren (SCARPOL study)* ACI News 1994, Suppl 2: S. 168.
[38] Arbeitsgruppe für differenzierte Impfungen. *Impfen - Routine oder Individualisation.* a a O.
[39] Matricardi P. et al. *Cross sectional retrospektive study of prevalence of atopy among Italian military students with antibodies against hepatitis A virus.* Br Med J 1997; 314: S. 999-1003.
[40] Von Mutius E. et al. *Prevalence of asthma and allergic disorders among children in united Germany: a descriptive comparison.* British Me J 1992; 305: 1395-99.
[41] Shirakawa T. et al. *The inverse association between Tuberculin Responses and Atopic Disorder.* Science 1997; 275: S. 77-79.
[42] Shaheen S. et al. *Measles and atopy in Guinea-Bissau.* The Lancet 1996; 347: S. 1793-94.

[43] Alm J. et al. *Atopy in children of families with an anthroposopohic lifestyle.* The Lancet 1999; 353: S. 1485-88.

[44] Beck A. *Chronische Krankheiten anders gesehen - Zunahme der Multikausalität.* Bern 4. 11. 1999.

[45] Cameron J., Glassrock E. (Ed) *The Nephrotic Syndrome.* Dekker, New York/Basel 1968.

Blumberg R. *Effect of Measles on the Nephrotic Syndrome.* Am J Dis Child 1947; 73: S. 242-43.

[46] Ross R. *Varicella and remission of multiple sclerosis.* The Lancet 1991; 337: S. 300.

[47] Schmidt R. *Krebs und Infektionskrankheiten.* Med Klinik 1910; 43: S. 1630-33.

[48] West R. *Epidemiologic study of malignancies of the ovaries.* Cancer 1966; 23: S. 1001-07.

Wynder E. et al. *Epidemiology of cancer of the ovary.* Cancer 1969; 23: S. 352.

Newhouse M. et al. *A case control study of carcinoma of the ovary.* Br J Prev Soc Med 1977; 31: S. 148-53.

McGowan et al. *The woman at risk for developing ovarian cancer.* Gynecol Oncol 1979; 7: S. 325-44.

[49] Albonico H. et al. *Febrile infectious childhood diseases in the history of cancer patients and matched controls.* Medical Hypotheses 1998; 51: S. 315-20.

[50] Abel U. *Infekthäufigkeit und Krebsrisiko.* Dtsch med Wschr 1986; 111: S. 1978-81.

Abel U. et al. *Common infections in the history of cancer patients and controls.* J Cancer Res Clin Oncol. 1991; 117: S. 339-44.

[51] Kölmel K. et al. *Febrile infections and malignant melanoma: results of a case-control-study.* Melanoma Research 1992; 2: S. 207-21.

Kölmel K. et al. *Infections and melanoma risk.* Melanoma Research 1999; 9: S. 511-519.

[52] Tschumper A., Abelin Th. *Die Impfstrategien gegen Masern, Mumps und Röteln im Licht der epidemiologischen Literatur.* Bericht zu Handen der Gesundheitsdirektion des Kantons Bern. Bern 1989.

[53] Centers for Disease Control (CDC). *Measles - United States 1994.* MMWR 1995; 26: S. 486-497.

[54] Dürr H. P. *Das Netz des Physikers. Naturwissenschaftliche Erkenntnis in der Verantwortung.* Dtv, München 1988.

[55] Dürr H. P. *Mensch und Natur - Wissen, Komplexität und Verantwortung.* 1. Schweizerischer Kongress Medizin und Umwelt am 21./22. Februar 1992, Bern: S. 1-13.

Peter Plichta

Die Welt als Verwirklichung des platonischen Bauplans

Teil 1: Der unendliche vierdimensionale Primzahlraum

Die höhere Mathematik beruht im Wesentlichen auf einer Anzahl von recht einfachen Sätzen, die sich in der Vergangenheit formulieren und auch beweisen ließen. Warum es diese Sätze, die wie die Zahnräder eines Schweizer Uhrwerks ineinandergreifen, aber überhaupt gibt, könnte bis heute kein Mathematiker erklären. Doch nun ließ sich erstmals zeigen, daß Mathematik gar keine Erfindung des Menschen darstellt, sondern daß die mathematischen Sätze in Wirklichkeit präexistent sind. Sie ergeben sich aus der Verknüpfung der komplexen Zahlen und der Primzahlen mit Raum und Zeit.

Da der amerikanische Wissenschaftshistoriker Thomas Kuhn (schon 1962) unwiderruflich nachgewiesen hat, daß wissenschaftliche Umbrüche von der herrschenden Wissenschaftsobrigkeit grundsätzlich nicht verstanden werden – schon allein weil damit auch Machtverlust verbunden ist – würde dem neuen Wissen über die genaue Art und Weise der Verankerung der Primzahlen in der Natur das Schicksal zuteil, erst nach 2 Generationen (durch Aussterben der Professoren und der von ihnen infizierten Studenten) Akzeptanz zu finden.

Nun ist es aber gelungen, die Naturmathematik zu entdecken, die die Physik der Atomhüllen (Atomphysik) mit der Physik der Atomkerne (Kernphysik bzw. Kernchemie) verknüpft. Dies stellt keine bloße wissenschaftliche Entdeckung oder empirisch belegte Theorie dar, sondern einen geistigen Durchbruch auf dem Gebiet wissenschafts-analytischen Denkens und der mathematischen Logik. Bei der Untersuchung der Frage nach dem «Warum» wird der Zusammenhang zwischen den verschiedenen wissenschaftlichen Teilgebieten erleuchtet und dadurch das Zeitalter der Theorien bzw. Spekulation beendet. Mathematik und die Wissenschaften sind eben doch keine menschliche Erfindung, sondern nur Entdeckung der präexistierenden Ideen. Das ist kein Paradigmenwechsel, sondern der Beginn einer neuen Achsenzeit (Karl Jaspers).

Historisches. Plato behauptete vor über 2300 Jahren, daß hinter der Welt ein transzendenter, uns verborgener geometrisch-mathematischer Bauplan steht. Sein Schüler Aristoteles verwarf diesen Gedanken. Die Gegensätzlichkeit dieser beiden Auffassungen von der Welt wurde später von römischen Philosophen diskutiert und blieb auch im Mittelalter und der Renaissance Dreh- und Angelpunkt jeder Naturphilosophie. Mit Beginn der Neuzeit forderte Descartes, nur noch das als wahr anzunehmen, was man mit Klarheit und Unterscheidungsvermögen sehen und messen kann. Sein Nachfolger Leibniz verfolgte diesen aristotelischen Gedanken konsequent und erklärte Raum und Zeit zu Begriffen, die außerhalb des menschlichen Verstandes nicht real existieren. Leibniz' großer Gegenspieler Newton war hingegen Platonist und hielt Raum und Zeit für real.

Die Dialektik dieser beiden Auffassungen durchzieht auch in den nächsten Jahrhunderten bis heute das physikalische Weltbild, aber konnte niemals auch nur ansatzweise entschieden werden. Denn es entbehrte bisher jeder Idee, wie der von den Platonisten vermutete mathematische Weltgeist (die ewige 'Idee') jemals von Menschen erfaßt und exakt formuliert werden könnte.

Doch im Jahre 1980 gelang der Durchbruch zu einer Erkenntnis, die eine Entscheidung darüber analytisch herbeiführte. Es wurde erfaßt, daß Raum und Zeit nur mit Hilfe einer Skalierung durch Zahlen vom Verstand untersucht werden können. Dabei stellen die Zahlen nur scheinbar Hilfsgrößen dar, in Wirklichkeit sind sie aufgrund ihres Unendlichkeitsattributes trinitärer Bestandteil der einen Unendlichkeit vom räumlich, zeitlich und mengenmäßig Ausgedehnten. Diese neue, naturphilosophische Erkenntnis erlaubt, die oben beschriebene Dialektik unter Verwendung der heutigen, gewaltigen naturwissenschaftlichen Wissensfülle mathematisch-analytisch zu prüfen.

Atomphysik: Das Primzahlkreuz. Die Elektronenhüllenphysik kennt den Begriff der sog. erlaubten stationären Umlaufbahnen. Warum Elektronen auf berechenbaren Bahnen verweilen dürfen – ohne Energie zu verlieren – ist gänzlich unbekannt. (Die Frage ist tabuisiert – anfangs noch kritisiert, wurde dieses Problem schnell zum Axiom.) Die Anzahl der Elektronenpaarzwillinge auf den jeweiligen Schalen wird jedoch durch die Quadratzahlen $1^2, 2^2, 3^2, 4^2$ begrenzt (J. R. Rydberg). Dies führte zu dem Gedanken, den Raum um einen Atomkern als durch Zahlen strukturiert zu betrachten. Hierzu muß man aber die herkömmliche, lineare Betrachtungsweise der Zahlen (Zahlenstrahl) aufgrund der Rotationssymmetrie des Raums um einen Atomkern aufgeben und eine zyklische Anordnung wählen. Dazu bieten sich erweiternde, konzentrische Zahlenkreise um den Atomkern herum an.

Komplizierte Untersuchungen und Prüfungen führten schließlich zu der Erkenntnis, daß die *die wahren, physikalischen Grundlagen wiedergebende zyklische Anordnung* ein 24er-System sein muß. Dies begründet sich u. a. durch den natürlichen ($6n \pm 1$) – Takt der Primzahlen, die ja das Grundgerüst für die Folge der

Die Welt als Verwirklichung des platonischen Bauplans

natürlichen Zahlen bilden. Denn alle Primzahlen (außer 2 und 3) liegen immer um eine durch 6 teilbare Zahl wie [5;7], [11;13], [17;19], [23;5^2], [29;31], [35;37], wobei an diesen Stellen natürlich immer mehr Produkte von Primzahlen auftreten, je größer die Zahlen werden.

Die (zweidimensionale) Abbildung I zeigt die zyklische Geometrie um einen Punkt herum. Zugrundeliegend ist dabei zunächst eine komplexe Unterschale – entsprechend der max. ein Elektronenpaar fassenden K-Schale eines Atoms. Dieser Eulersche Einheitskreis weist bereits das fundamentale Merkmal des spiegelbildlichen Zahlenzwillings ± 1 auf (analog Spinumkehr, Hundsche Regel etc.). Auf den weiteren darumliegenden Zahlenkreisen erkennt man leicht, daß die Primzahlzwillinge sich ebenfalls aus der Strukturzahl ± 1 ableiten. Des weiteren wird bei Betrachten der Abbildung I schon die später behandelte Sonderstellung der Primzahlen 2 und 3 deutlich. Bemerkenswerterweise finden sich auf dem *Primzahlkreuz* die Quadrate der fortlaufenden (6n ± 1) – Zahlen 5, 7, 11, 13, 17, ... als Zahlen der Form 24n + 1 alle an der gleichen Stelle der jeweiligen Kreise wieder, nämlich auf der Geraden, die vom Mittelpunkt durch die Zahl 1^2 geht. (1 Uhr auf einer 24-Stunden-Uhr)

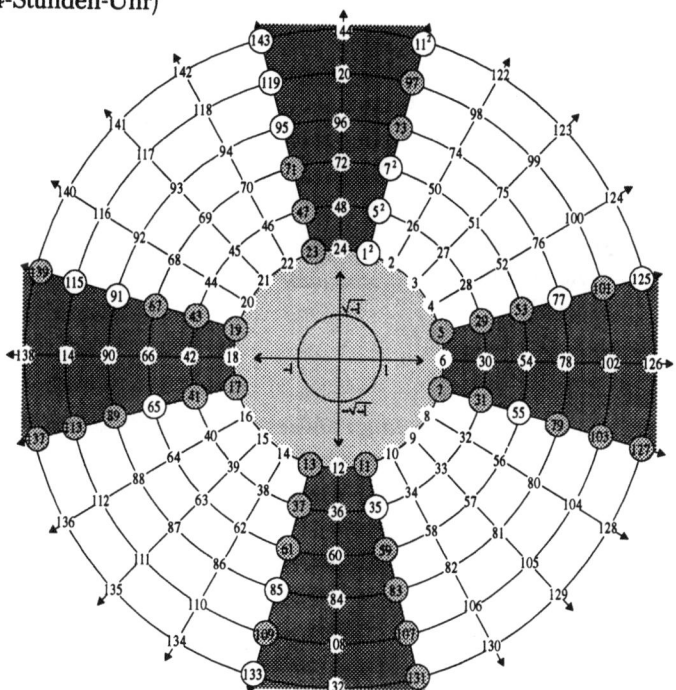

Abbildung I: *Das Primzahlkreuz*

Mathematik: Das Primzahlkreuz. Dabei weisen natürlich nur bestimmte Kreise Quadrate von Primzahlen oder Primzahlprodukten der Form 6n ± 1 auf. Diese Kreise werden durch folgendes Schema berechnet, wobei auch die (an sich fehlenden) Quadrate der Nichtprimzahlen der Form 6n ± 1 (also $25^2 - 1 = 24 \cdot 26$, $35^2 - 1 = 24 \cdot 51$ usw.) vorkommen:

Tabelle I

$5^2 - 1 = 24 \cdot 1$
　　　　Abstand 0　　　0
$7^2 - 1 = 24 \cdot 2$
　　　　Abstand 2　　　　　　2
$11^2 - 1 = 24 \cdot 5$
　　　　Abstand 1　　　1
$13^2 - 1 = 24 \cdot 7$
　　　　Abstand 4　　　　　　4
$17^2 - 1 = 24 \cdot 12$
　　　　Abstand 2　　2
$19^2 - 1 = 24 \cdot 15$
　　　　Abstand 6　　　　　　6
$23^2 - 1 = 24 \cdot 22$
　　　　Abstand 3　　3
$25^2 - 1 = 24 \cdot 26$
　　　　Abstand 8　　　　　　8
$29^2 - 1 = 24 \cdot 35$
　　　　Abstand 4　　4
$31^2 - 1 = 24 \cdot 40$
　　　　Abstand 10　　　　　10
$35^2 - 1 = 24 \cdot 51$

usw.

Die Systematik in der Folge der dabei auftretenden (*kursiv* gedruckten) Faktoren ergibt sich durch Ermitteln ihrer Abstände, d. h. der Anzahl der Zahlen, die in der Folge der natürlichen Zahlen zwischen ihnen liegen. Beispielsweise liegen zwischen den Faktoren 2 und 5 die *2* fehlenden Zahlen drei und vier. Zwischen den Faktoren 5 und 7 liegt die fehlende Zahl sechs, der Abstand beträgt also *1*.

Die Codierung setzt sich aus 2 ineinander verschachtelten Folgen zusammen. Es handelt sich bei der einen um die fortlaufenden Zahlen

$$0, 1, 2, 3, 4, 5, \ldots$$

und bei der anderen um die Folge der geraden Zahlen

$$2, 4, 6, 8, 10, \ldots$$

Das Auftreten dieser elementarsten Folgen fordert konsequenterweise die Untersuchung, ob nicht auch elementare mathematische Konstanten wie z. B. die Kreiszahl π fest mit dem Primzahlkreuz-Modell verknüpft sind. Denn wenn ein geometrisches Modell wirklich der eine, (lang gesuchte) platonische Bauplan sein soll, müßte er nicht nur die atomphysikalischen, sondern gleichzeitig erst recht auch die mathematischen Grundlagen beinhalten.

In der Vergangenheit sind eine Anzahl von Reihenberechnungen (Gregory und Leibniz, Gauß, Ramanujan) und unendliche Produktdarstellungen (Vieta, Wallis) zur Berechnung von π gefunden worden. Die Gründe für die Existenz dieser Reihen und Produkte liegen in tiefem Dunkel.

Beim Primzahlkreuz geschieht der Übergang von einem Kreis zum nächsten jeweils bei den Vielfachen der Zahl 24. Nimmt man nun nacheinander alle (auf einem Strahl liegenden, s. o.) Quadrate von Primzahlen der Form $6n \pm 1$ und teilt sie durch ihre Vorgängerzahl, erhält man fortlaufende Quotienten 25/24, 49/48, 121/120, 169/168 usw. Bildet man aus diesen Quotienten das unendliche Produkt

$$\left(1+\frac{1}{1\cdot 24}\right)\cdot\left(1+\frac{1}{2\cdot 24}\right)\cdot\left(1+\frac{1}{5\cdot 24}\right)\cdot\left(1+\frac{1}{7\cdot 24}\right).$$

erhält man einen Wert der transzendenten Kreiszahl π. Er lautet

$$\left(\frac{\pi}{3}\right)^2$$

Es konnte also in der Tat aus der Primzahlkreuz-Geometrie die ewige mathematische Konstante π berechnet werden. *Diese elementare Eigenschaft des Primzahlkreuzes ist der eigentliche Grund dafür, daß die Verwendung trigonometrischer Grundsätze (hierbei wird der Kreis mit einem Kreuz kombiniert) oft zu Reihenentwicklungen führt, deren Werte π enthalten.*

Warum hier die Kreiszahl π als quadratischer Drittelwert auftritt, ist eine Folge davon, daß nur die Quadrate der Primzahlen der Form $6n \pm 1$ berücksichtigt wurden. Darüber hinaus stellen die Quadrate aller Zahlen der Form $6n \pm 1$ genau ein Drittel aller Quadratzahlen dar. In der Tat liefert deswegen die *Aufsummierung* der reziproken Quadrate aller Zahlen der Form $6n \pm 1$ ebenfalls den Wert $(\pi/3)^2$.

Die Zahlen der Form $6n \pm 1$ leiten sich von der Zahl 1 ab (K_1-Zahlen) und stellen ein Drittel aller Zahlen. Dies indiziert bereits eine dreifache Aufteilung der Zahlen. Ein weiteres Drittel aller Zahlen leitet sich nämlich von der 2 ab: 2, 4, 8, 10, 14, … . Das restliche Drittel sind die 3er-Zahlen: 3, 6, 9, 12, … . Die Zahlen 2 und 3 bilden also deshalb eine Ausnahme im $6n \pm 1$ – Takt der Primzahlen, weil sie als Anfangsglieder der durch sie gebildeten Zahlenklassen K_2 bzw. K_3 unteilbar sind

Es muß an dieser Stelle einmal sehr scharf ausgesprochen werden, daß sowohl viele Berufsmathematiker (die Zahlen für menschliche Erfindung halten) oder aber Zahlenamateure (die den Zahlen kabbalistisch-mystische Eigenschaften zuschreiben) diesen elementaren Dreischnitt der Zahlen oft nicht einzusehen vermögen, weil es die menschlichste aller Eigenschaften ist, einem neuen Gedanken zunächst mit Ablehnung oder Gleichgültigkeit zu begegnen und lieber am alten Weltbild festzuhalten.

Wenn wir in die obige Produktdarstellung noch die Primzahlen 2 und 3 einbeziehen, und zwar in der Form $2^2/3$ und $3^2/8$, was als Produkt $36/24 = 3/2$ ergibt, vergrößert sich der Wert $\pi^2/9$ auf $\pi^2/6$. Den gleichen Wert liefert die Aufsummierung der reziproken Quadrate aller Zahlen

$$\frac{1}{1^2} + \frac{1}{2^2} + \frac{1}{3^2} + \frac{1}{4^2} + \frac{1}{5^2} + \ldots = \frac{\pi^2}{6}$$

Bisher ist nie ein Zusammenhang zwischen dieser Reihe und dem wichtigsten Naturgesetz der Welt gesehen worden, dem reziproken Quadratgesetz $1/r^2$. Für die fortlaufenden ganzen Zahlen $r = 1, 2, 3, 4, 5, \ldots$ liefert die Aufsummierung ausgerechnet einen Wert, der etwas mit der Kreiszahl π zu tun hat. (Als Euler 1735 diese Reihe berechnete, benutzte er eine Formel, die von vornherein schon π^2 enthielt.) Da das reziproke Quadratgesetz die Abnahme von elektromagnetischen (z. B. Licht) und gravitativen Wirkungen *radialsymmetrisch* um einen Mittelpunkt herum beschreibt, ist es streng an die Kreisform geknüpft. Aus diesem Grund hätte man das lineare Behandeln von Zahlen verlassen und zu zyklischer Betrachtung von Zahlen auf Kreisen gelangen müssen. Das hätte dann auch dazu geführt, in den Zahlengesetzen der Atomhülle (Quantenzahlen) einen tieferen Sinn zu sehen und dadurch von der empirischen Betrachtungsweise zu arithmetisch-logischer Begründung vorzustoßen, was nur A. Sommerfeld ansatzweise erfaßt hatte.

Von dem Geburtsjahr der Atomphysik (N. Bohr 1913) bis in die Mitte der 50er Jahre ist viel Mühe darauf verwandt worden, eine gemeinsame Grundlage der Zahlengesetze der Atomhülle auf der einen sowie den Atomkernen auf der anderen Seite zu finden – vergeblich. Dies setzt nämlich sowohl Kenntnis des

Die Welt als Verwirklichung des platonischen Bauplans 131

zyklischen Primzahlraums als elektromagnetischem Ausbreitungsraum als auch Kenntnis der mathematisch-geometrischen Grundlage des materiellen Gasraums (der später eingeführt wird) voraus. Wer das Periodensystem der Elemente (Atomhülle) mit der jeweiligen Anzahl der Isotope (Atomkerne) linear vergleicht, kann keine Gemeinsamkeiten erkennen.

Die logarithmische Physik. Bis in die Mitte des vorigen Jahrhunderts waren die Physiker davon überzeugt, daß alle physikalischen Phänomene letzten Endes auf Newtonsche Mechanik zurückführbar seien. Bei der Untersuchung von Gasen und dem Phänomen der Wärme stieß man aber sehr bald auf eine andere Art Physik, die nicht mechanischen, sondern logarithmischen Gesetzen gehorcht. Die Basis dieses Logarithmus erwies sich ausgerechnet als die wichtigste mathematische Grundkonstante, die Eulersche Zahl $e = 2{,}718\ldots$. Da die Abnahme der Primzahlen (*Primzahlsatz*) aber just von dieser Zahl gesteuert wird (*Vallée Poussin/ Hadamard 1896: e^x/x*), lag es auf der Hand, die Struktur und Verteilung der Primzahlen daraufhin zu untersuchen, ob das Rätsel der Primzahlen nicht selber mit dem Rätsel dieser Welt verknüpft ist. Da sich außerdem ohne die mathematischen Grundkonstanten e, i, π keine Physik betreiben läßt und diese – wie wir bei π beispielhaft gesehen haben – einen arithmetisch-geometrischen Hintergrund haben, kann allein die unendliche und ewige Schlichtheit der Zahlen der Bauplan der Welt sein.

Herkömmliche Raumbetrachtung durch ein xyz-Koordinatensystem wurde in der Physik durch Einführung einer zusätzlichen Zeitkoordinate (Minkowski-Raum) abgelöst. Diese gekünstelte 4-Dimensionalität kann nun endlich aus der Welt geschafft werden, indem man das rechtwinklige Kreuz des Eulerschen Einheitskreises als Grundstruktur des Raumes erkennt. Quadratur dieser Struktur führt nämlich zu einer x^2y^2-Geometrie zweier sich kreuzender Flächen. Dieser 4-dimensionale Raum kennt keine z-Achse. Es handelt sich um den unendlichen Raum um einen Atomkern herum.

Es gibt 2 mathematische Formen der Unendlichkeit, das unendlich Große (in Form von ganzen Zahlen) und das unendlich Kleine (in Form der reziproken Zahlen). Schnittstelle ist die Zahl 1, die selber ihr eigener Kehrwert ist. Darüber hinaus wurde in der Mathematik – zunächst lediglich zur Vereinfachung – die Verwendung von Exponenten eingeführt. Später wurde deutlich, daß ohne die Einführung der Begriffe Exponent und Basis höhere Mathematik nicht sinnvoll betrieben werden kann. Eine Zahl in Basisstellung gibt nämlich eine Quantität an, während eine Zahl in Exponentstellung einen mit einer mathematischen Operation verknüpften Steuerbefehl darstellt, nämlich wie oft die dazugehörige

Basiszahl mit sich selbst multipliziert werden soll. Diese Zahlen – Exponenten bzw. Logarithmen – haben natürlich auch etwas mit der Struktur und Verteilung der Primzahlen zu tun – *aber in einer völlig anderen, auf den Kopf gestellten Weise.*

Teil 2: Der endliche dreidimensionale Primzahlraum

Als die Wissenschaftler unseres Jahrhunderts Gott als nicht wissenschaftlich beweisbar erklärten, mußten sie, um ihn abzuschaffen, auch seine Attribute – den unendlichen Raum und die ewige Zeit – durch Begrenztheiten ersetzen, indem sie Raum und Zeit einen Anfang zuwiesen. Als sie dann auch noch die unendlichen Zahlen und die imaginären bzw. transzendenten Konstanten zu menschlichen Erfindungen erklärten, war Platos Ideenlehre, nach der das Universum auf Zahl und Geometrie aufgebaut ist, endgültig durch menschliche Dogmatik ersetzt.

Die in der Welt existierende Ordnung wurde als von der Natur ohne jeden höheren Zweck hervorgebracht verstanden. Die Ordnung war unbewußt, das Universum selbst besaß keine bewußte Intelligenz, nur der Mensch war mit dieser ausgestattet. Die Naturgesetze wurden nicht mehr als übernatürlich (göttlich) verstanden, sondern als natürlich. Die mathematischen Muster, in der die materielle Welt angelegt ist, wurden nicht etwa weggeleugnet, sondern eifrig bejaht, aber einfach der unerforschlichen Natur der Dinge oder auch der Natur des menschlichen Geistes zugeschrieben. So entstand über Leibniz, Kant und Physiker dieses Jahrhunderts unser modernes Weltbild.

Urknall-Theorie und moderne Elementarteilchenphysik. Es ist eigentlich nicht nötig, sich mit der zufälligen Entstehung der Naturgesetze durch einen Urknall auseinanderzusetzen, weil die Eleganz des mathematischen Bauplans die Theorie vom Urknall von selbst in eine hinter uns liegende Epoche verbannt. Erörtert werden soll jetzt aber die Frage, wie es passieren konnte, daß eine solche Theorie überhaupt entstehen und sich so durchsetzen konnte, daß zum Schluß bei der Bevölkerung kein Zweifel mehr darüber bestand, daß es sich um wissenschaftlich bewiesene Wahrheit handelt.

Mit dem Bau großer Spiegel- und Radioteleskope hatte in diesem Jahrhundert unsere Kenntnis über das Ausmaß des Universums (Makrokosmos) ungeheuer zugenommen. Gleichzeitig war ein neuer Zweig der Physik geboren worden, die Teilchenphysik (Mikrokosmos). Sie war aus der Kernphysik hervorgegangen und setzte sich mit ungeheuer kurzlebigen Phänomenen auseinander, die man nur

Die Welt als Verwirklichung des platonischen Bauplans

auf Photographien als Kondensstreifen erkennen kann und sie dennoch als (Materie-)Teilchen bezeichnete.

So waren zwei Teilgebiete der Physik in Mode geraten, die sich mit dem unermeßlich weit Entfernten und Großen und mit dem unermeßlich Kurzlebigen und Kleinen auseinandersetzten und dabei zwei Gemeinsamkeiten besaßen. Beide verschlingen sie bis heute Unsummen und beide sind in sich widersprüchlich. Da ist einmal die zunehmende Rotverschiebung der immer weiter entfernten Objekte, deren Deutung fragwürdig ist, und zum anderen der atomare Teilchen-Zoo, dessen Photographien höhnisch an die Schatten in Platons Höhlengleichnis erinnern. Der Vergleich drängt sich um so mehr auf, als die Teilchen mit griechischen Buchstaben benannt worden sind.

Ein genialer Marketingtrick – die Story von den ersten drei Minuten – verknüpfte die handfesten wissenschaftlichen und wirtschaftlichen Interessen beider so extrem verschiedenen Fachrichtungen:

Aus einer gebündelten Energie heraus formte sich plötzlich ein kugelförmiges Gebilde. Zeit und Raum waren geboren. Vom Zeitpunkt 0 bis zum Bruchteil der ersten Sekunde waren alle winzigen Teilchen entstanden, die wir von unseren Maschinenexperimenten her kennen. Gleichzeitig entstanden auch alle Antiteilchen.

Zufällig wurde ein geringer Teil mehr Materie als Antimaterie erzeugt. Die überschüssige Materie bildete in der Folgezeit unser bekanntes Universum, die restliche Menge neutralisierte sich mit der Antimaterie unter Energiebildung, die heute noch als Hintergrundstrahlung von 2,73° Kelvin nachweisbar ist (Das Auftreten gerade dieser universalen Zahlenkonstanten, die zahlenmäßig mit dem absoluten Nullpunkt übereinstimmt, wurde nicht diskutiert.) *Nach der unvorstellbar kurzen Anfangszeit begann dann der unvorstellbar lange Zeitraum, der es den heutigen Astrophysikern ermöglicht, Lichtsignale zu empfangen, die Milliarden Jahre alt sind.*

Computeranimationen, bei denen der Anfang zeitlich gedehnt und der Rest zeitlich gestrafft dargestellt wird, lassen diese Vermutungen besonders für die Jugend realistisch erscheinen.

Glauben und Wissen. Kritik an dieser Theorie, die hauptsächlich aus nichtphysikalischen Disziplinen laut wurde, galt von vornherein als unqualifiziert, weil nur noch das als wahr akzeptiert wird, was gemessen werden kann. Eben dadurch sind wir in dem größten Kampf der Weltgeschichte – zwischen dem Glauben und dem Wissen – erneut in eine Falle gelaufen. Wir haben aufgehört, an eine göttliche Ordnung zu glauben und glauben stattdessen an den unumstößlichen Wert unserer Meßergebnisse und ihrer Interpretation.

Es läßt sich zwar vorstellen, daß sich aus Energie, wo immer sie auch herkommen mag, Materie und Antimaterie bildet, jedoch dürfen die Gesetze der Energie- und Ladungserhaltung auch dabei nicht verletzt werden. Niemals kann wegen der universellen Gültigkeit dieser Gesetze aus Energie ein Überschuß von Antimaterie oder Materie, oder von positiver oder negativer Ladung hervorgehen, wie es die Urknalltheorie fordert.

Dem jetzt aufgedeckten mathematischen Bauplan der Welt zufolge gibt es Antiprotonen, Antineutronen, Positronen, weil Protonen, Neutronen und Elektronen notwendige Mittelpunkte endlicher Größe des 4-dimensionalen Raumes sind. Betrachtet man ein solches Teilchen nun selbst als Objekt im 4-dimensionalen Raum (wie in einem Raumspiegel aus 2 rechtwinklig aufeinander stehenden Spiegelflächen), muß sich ihm gegenüber ein Teilchen befinden, bei dem Ladung und Spin genau entgegengesetzt sind. Zusätzlich existieren senkrecht zur Achse Teilchen-Antiteilchen noch zwei imaginäre (nicht sichtbare) Spiegelbilder. Beim Zusammenführen von Teilchen und Antiteilchen müssen sich beide Teilchen in Energie auflösen.

Die Frage, warum die Welt aus Materie und nicht aus Antimaterie besteht, ist unsinnig, denn es gibt eben überhaupt nur eine Art von Materie (und ihre Spiegelform).

Expansion des Universums, Rotverschiebung. Wenn es einen Urknall gegeben hätte, müßten sich die einzelnen Protonen und Heliumkerne mit statistisch verteilten Geschwindigkeiten von ihrem Ursprungsort entfernt haben. Da Sonnen und Galaxien später entstanden sind, müßte das Weltall und seine Masseverteilung einem sich aufblähenden Luftballon ähneln. Ein Luftballon hat aber einen Mittelpunkt, der vom Aufblähen unberührt bleibt.

Astronomische Untersuchungen haben nun gezeigt, daß die Massenverteilung im Universum ziemlich gleichmäßig ist. Zudem wird Rotverschiebung galaktischer Objekte beobachtet, die zwar mit größerer Entfernung ebenfalls immer größer wird, Objekte jenseits der Grenzen der Beobachtungsreichweite demnach aber der Lichtgeschwindigkeit nahe sein müßten. Gleichzeitig wird die Rotverschiebung von der Erde aus seltsamerweise in alle Richtungen gleichmäßig beobachtet.

Um dies zu erklären, um wie in der Scholastik das Phänomen zu retten, wurde dem Raum die Eigenschaft zugeschrieben, daß er durch die in ihm vorhandene gravitierende Materie gekrümmt ist. Als Beweis dient die geringfügige Ablenkung von Sternenlicht durch die Sonne. Daß eine Lichtwelle, der ja eine Masse zugeordnet werden kann, der Gravitationskraft unterliegt, muß doch nicht zur Vorstellung eines verbogenen Raumes führen.

Die kosmologischen Schlußfolgerungen über die Entstehung der Welt mußten aufgrund der bisherigen Unkenntnis über Raum und Zeit und das Wesen der Materie in der Sackgasse enden.

Das Atom – Kern und Hülle. Vor allen anderen Überlegungen zum Wesen der Materie ist es zunächst einmal notwendig zu begründen, warum Atome überhaupt aus 2 Teilen – aus Kern und Hülle – bestehen. Im Zuge der Entdeckung des Neutrons und der Erstellung der Nuklidkarte sind große Anstrengungen unternommen worden, ein einheitliches Gesetz zu finden, das den Aufbau der Atomkerne und den der Atomhülle auf eine einzige Grundlage stellt.

Den Lesern ist der grundsätzliche Aufbau des Periodensystems der chemischen Elemente und seine Oktavstruktur bekannt. Das Periodensystem gibt die Verteilung der einzelnen Elektronen auf den Atomschalen wieder. Dabei muß betont werden, daß es bisher – obwohl oder gerade weil 1000fach bestätigt – gänzlich unbekannt war, WARUM das Periodensystem eine übergeordnete Achterstruktur besitzt, und die Gruppe der stabilen 81 Elemente mit dem Element 83 endet. Dazu ist zu sagen, daß – genau wie es eine natürliche Dreifachheit der Zahlen auf dem Primzahlkreuz gibt – ebenfalls im Grunde nur 3 Kernteilchen existieren – nämlich Proton, Neutron, Elektron. Dem Elektron kommen im Atomverbund 4 Quantenzahlen zu, die den Zustand des Elektrons exakt bestimmen. Die Zahl 4 nimmt in diesem Zusammenhang Exponentenstellung ein. Analog dazu führt die Gleichung $3^4 = 81$ auf die Anzahl 81 der stabilen chemischen Elemente. Die Instabilität, also das Fehlen der primzahligen Elemente 43 und 61, sorgt dabei dafür, daß die Reihe der stabilen chemischen Elemente nicht mit dem Element 81, sondern mit dem primzahligen Element 83 endet (genaue Erklärung dafür würde hier zu weit führen; grundsätzlich geht es darum, daß mit dem Element 82 ein weiteres geradzahliges Element hinzukommt, so daß es gleich viele geradzahlige wie ungeradzahlige stabile Elemente gibt).

Tabelle II

I	II	III	IV	V	VI	VII	VIII
(1)							2
3	4	5	6	7	8	9	10
11	12	13	14	15	16	17	18
19	20						
		31	32	33	34	35	36
37	38						
		49	50	51	52	53	54
55	56						
		81	82	83			

In der Tabelle II erkennt man, daß nach dem Element *1* (Wasserstoff, im Periodensystem nicht einzuordnen) bis zum Element 20 nacheinander *19* Hauptgruppenelemente folgen und anschließend (mit Unterbrechungen durch die Nebengruppenelemente) bis zum Element 83 weitere *19* Hauptgruppenelemente.

Das Pendant dazu ist die Isotopenverteilung der Atomkerne. Diese wird in der Nuklidkarte in treppenartiger Struktur dargestellt. Man fand jedoch keine Gemeinsamkeiten zwischen den Atomhüllengesetzen des Periodensystems und dem verwirrenden Aufbau der Nuklidkarte. Die Logik impliziert jedoch, daß die Struktur von Atomkern und Atomhülle aufs Exakteste miteinander übereinstimmen muß, und zwar in mathematisch absolut genauer Weise, eben nicht nur in Bezug auf die gleiche Anzahl der Hüllenelektronen und der Anzahl der Protonen im Kern. Auch wenn eine solche einheitliche Theorie bisher nicht erkannt werden konnte, darf menschliche Bequemlichkeit doch nicht die Oberhand gewinnen. (Das Postulieren von Austauschteilchen oder die 'Neutronenleim-Theorie' kann niemals erklären, wie zwischen Kern und Hülle oder innerhalb des Kerns selbst Informationen übertragen bzw. Gesetze a priori wirken.)

Wie entstehen eigentlich Atomkerne? Atomkerne entstehen durch Stoßprozesse zwischen Nukleonen, also in gasgefüllten Räumen, deren Struktur 3-dimensional ist. Durch Reduktion auf Zweierstöße kann dieses Problem durch ein Galtonsches Nagelbrett und damit durch die Mathematik des Pascalschen Dreiecks dargestellt werden.

Normalerweise verbrennen Sonnen ihren verdichteten Wasserstoff nur bis zum Element $_2$Helium. Das Verschmelzen von 2 Heliumkernen würde $_4$Beryllium mit der Massenzahl 8 liefern und die Aufnahme eines Protons durch Helium einen Atomkern mit der Massenzahl 5. Atomkerne mit den Massenzahlen 5 und 8 sind jedoch allesamt völlig instabil, d. h. ihre Halbwertszeiten sind so unvorstellbar klein, daß man sie nur indirekt bestimmen kann. Gerade das 'Verbot' dieser Massenzahlen sichert das ruhige Abbrennen der meisten Sterne (so wie unserer Sonne), so daß die Sonnenbestrahlung der Erde lange und konstant genug war, um die Existenz von Lebensformen überhaupt erst möglich zu machen.

Es gibt aber sehr massenreiche Sterne, die mit Hilfe von Druck und Hitze diese natürlichen Schranken auf andere Art und Weise überwinden und aufgrund ihrer hohen Nukleonendichten immer mehr Elemente des Periodensystems bis hinauf zu $_{26}$Eisen erzeugen (Fusionen zu noch schwereren Elementen liefern keine Energie mehr). Dadurch steigt der Anteil der schweren Elemente so stark an, daß eine solche Sonne Brennstörungen erleidet und explodieren kann. Bei diesem *Supernova*-Ereignis treten blitzartig so unvorstellbare Temperaturen und Drükke auf, daß Protonen mit Elektronen verschmelzen und so Neutronen entstehen. Gleichzeitig fusionieren die vorhandenen Elemente kombinatorisch miteinander und bilden durch den vorhandenen Überschuß an Neutronen Elemente mit Ordnungszahlen bis weit über 100. Die Bruchstücke der Explosion erkalten rasch und nach ein paar Millionen Jahren ist auch die Radioaktivität abgeklungen, d. h. die radioaktiven Atomkerne mit geringer Halbwertszeit sind verschwunden. Übrig bleiben die stabilen Isotope der Elemente, aus denen auch unsere heutigen Silikatplaneten bestehen. Der Restwasserstoff verdichtet sich zu einem Stern zweiter Generation, wozu auch unsere Sonne zählt.

Wenn nicht ein geheimnisvolles Gesetz Elementen wie $_{92}$Uran und $_{90}$Thorium Isotope mit extrem hohen Halbwertszeiten erlauben würde, wäre der Bau von Kernmeilern unmöglich. Nur mit Hilfe der hohen Neutronendichten in solchen Meilern konnte man künstliche Isotope erzeugen und lernte so, zwischen radioaktiven und stabilen Elementen bzw. Isotopen zu unterscheiden. Man tabellierte die verschiedenen Isotope und erhielt Gewißheit, daß bspw. Zinn eben kein stabiles elftes oder zwölftes Isotop besitzt. Dies gilt auch im hintersten Winkel des Universums.

Folgende Erkenntnis ist festzuhalten: Die Nuklidauffächerung der chemischen Elemente ist universell, wobei die Atomkerne von 81 Elementen (in Form max. 10 verschiedener Isotope) stabil sein können.

Systematik der Isotope. Die folgende Tabelle III zeigt, wie die 81 stabilen Elemente (also ohne $_{43}$Technetium und $_{61}$Promethium, die sich nur künstlich herstellen lassen und sofort wieder zerfallen) nach dem Kriterium der Teilbarkeiten der Ordnungszahlen in 4 Kolonnen à (1 + 19) eingeteilt sind.

Eine der Kolonnen besteht ausnahmslos aus Primzahlen. Die 19 als Codierungszahl ist der ordnende Faktor des Gesamtsystems. Das Element $_{19}$Kalium ist als einziges der ungeradzahligen Elemente weder Reinisotop (nur 1 Isotop) noch Doppelisotop (2 Isotope), sondern Mehrfachisotop (mehr als 2 Isotope). Alle anderen ungeradzahligen Elemente sind Rein- oder Doppelisotope. Die geradzahligen Elemente stellen die restlichen Isotopenzahlen von 3 bis 10.

Der Nachweis der Vierfachheit der stabilen Elemente ergab als erste Konsequenz die Frage: warum gerade *4* Teile?

Atomkerne (Nuklide) entstehen durch Stoßprozesse. Arithmetik und Geometrie des Pascal-Sierpinski-Dreiecks beschreiben das Aufeinandertreffen zweier Teilchen statistisch exakt.

Tabelle III: Ordnungszahlen und deren Teilbarkeit

	19			
	4	2	6	3
19	8 = 4 · 2	10 = 2 · 5	9 = 3 · 3	1
	12 = 4 · 3	14 = 2 · 7	15 = 3 · 5	5
	16 = 4 · 4	18 = 2 · 9	21 = 3 · 7	7
	20 = 4 · 5	22 = 2 · 11	25 = 5 · 5	11
	24 = 4 · 6	26 = 2 · 13	27 = 3 · 9	13
	28 = 4 · 7	30 = 2 · 15	33 = 3 · 11	17
	32 = 4 · 8	34 = 2 · 17	35 = 5 · 7	23
	36 = 4 · 9	38 = 2 · 19	39 = 3 · 13	29
	40 = 4 · 10	42 = 2 · 21	45 = 3 · 15	31
	44 = 4 · 11	46 = 2 · 23	49 = 7 · 7	37
	48 = 4 · 12	50 = 2 · 25	51 = 3 · 17	41
	52 = 4 · 13	54 = 2 · 27	55 = 5 · 11	47
	56 = 4 · 14	58 = 2 · 29	57 = 3 · 19	53
	60 = 4 · 15	62 = 2 · 31	63 = 3 · 21	59
	64 = 4 · 16	66 = 2 · 33	65 = 5 · 13	67
	68 = 4 · 17	70 = 2 · 35	69 = 3 · 23	71
	72 = 4 · 18	74 = 2 · 37	75 = 3 · 25	73
	76 = 4 · 19	78 = 2 · 39	77 = 7 · 11	79
	80 = 4 · 20	82 = 2 · 41	81 = 3 · 27	83

Daher müßte sich zwingenderweise auch die Vierfachheit aus der Pascal-Sierpinski-Geometrie ergeben. Zur Erinnerung: Die Weißfärbung der durch 2 teilbaren Pascalschen Zahlen bei gleichzeitiger Schwarzfärbung der ungeraden Zahlen ergibt das folgende fraktale Muster:

Abbildung II: Das Pascal-Sierpinski-Dreieck

Die Welt als Verwirklichung des platonischen Bauplans

Und tatsächlich besteht ein beliebig vergrößerter Abschnitt des Sierpinski-Dreiecks immer aus 4 Teilen: 3 gleiche Teile umgeben 1 weißes, umgedrehtes Dreieck.

Aber erst weitere Untersuchungen zeigten den unmittelbaren Zusammenhang zu den vier 19er-Kolonnen der stabilen Elemente, von denen eine ja durchweg aus *primzahligen* Ordnungszahlen besteht.

Färbt man nämlich die Pascalschen Zahlen nicht in Bezug auf die Teilbarkeit durch die Primzahl 2 weiß, sondern im Falle der Teilbarkeit durch eine andere Primzahl 3, 5, 7, 11, 13 usw., so erhält man ein identisches Muster. Beispiel: Teilbarkeit durch 3:

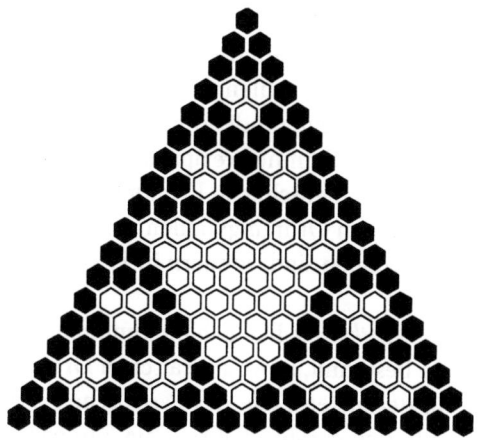

Abbildung III: Pascal-Sierpinski-Dreieck, durch 3 teilbare Pascalsche Zahlen sind weiß gefärbt

Immer werden 3 gleichartige Dreiecke ein umgedrehtes weißes Dreieck in der Mitte einrahmen, und zwar egal in welchem Maßstab man betrachtet. Im Unterschied dazu entstehen bei Sichtbarmachung der Teilbarkeit der Pascalschen Zahlen durch Nicht-Primzahlen 4, 6, 8, 9, 10, 12... unregelmäßige Muster.

Das Pascal-Sierpinski-Dreieck unterscheidet also in dieser Art und Weise zwischen primzahligen und teilbaren (Ordnungs-)Zahlen.

Exponenten und Basen, Potenzinvertierung. Die Dreifachheit der fortlaufenden, ganzen Zahlen bestimmt die Geometrie des Primzahlkreuzes im vierdimensionalen Raum. Dagegen spiegelt das Pascal-Sierpinski-Dreieck die Vierfachheit der durch Stoßprozesse im dreidimensionalen Raum entstandenen Atomkerne wider.

Die Untersuchungen des $1/r^2$-Gesetzes und des $1/2^r$-Gesetzes haben ergeben, daß beide Räume nur durch Vertauschen von Basis und Exponent miteinander verknüpft sind (*Potenzinvertierung*). In der Tat erhöhen sich ja die Zeilensummenwerte $2^0, 2^1, 2^2, 2^3, 2^4, \ldots$ im Pascalschen Dreieck so, daß der Exponent von Zeile zu Zeile um 1 zunimmt. Genauso nehmen die Glieder in der Folge der fortlaufenden Basiszahlen 1, 2, 3, 4, ... sukzessive um 1 zu.

Exponenten werden zwar genauso wie die Basiszahlen indisch-arabisch geschrieben (nur aus ästhetisch-praktischen Gründen etwas kleiner), doch ihr Wesen ist uns fremd. Während etwa 3x eine uns leicht faßbare Anzahl bedeutet, ist der Ausdruck x^3 ein abstrakter Steuerbefehl und gibt an, daß die Basis x dreimal mit sich selbst multipliziert werden soll. Exponenten (gleicher Basen) werden addiert, wenn die Potenzausdrücke miteinander multipliziert werden sollen: $x^2 \times x^3 = x^{2+3} = x^5$.

Für Basiszahlen gilt der Hauptsatz der Arithmetik, wonach sich jede Zahl durch genau ein Produkt von Primzahlen darstellen läßt. Dagegen hat man sich keine Gedanken darüber gemacht, ob denn für Exponenten bzw. Logarithmen eine andersartige Zerlegung in Summen reziproker Primzahlen existiert. Deswegen und weil Exponenten als menschliche Erfindung gelten, hat niemand überlegt, ob denn die fortlaufenden Ordnungszahlen der chemischen Elemente 0, 1, 2, 3, 4, 5, ... gar keine Anzahlen sind, sondern in Wirklichkeit Steuerbefehle.

Ordnungszahlen und Modularithmetik. Die Zahlenkombination 1 + 19, die in vierfacher Weise die Isotopie bestimmt, ist im Pascalschen Dreieck versteckt.

Über der $1 = 2^0$ in der ersten Zeile des Pascalschen Dreiecks befindet sich noch eine 0. (Dies ergibt sich daraus, daß sich die Fibonacci-Folge aus den Pascalschen Zahlen berechnen läßt. Die Fibonacci-Zahlen 0, 1, 1, 2, 3, 5, 8, 13, 21, ... sind rekursiv definiert als die Summe der beiden vorherigen Glieder. Sie sind darüber hinaus primzahlcodiert.) Um diese 0 als Potenz der Zahl 2 zu definieren, muß ein neuer Exponent eingeführt werden: $a^{00} := 0$.

Die Folge der Exponenten der Zeilensummen des Pascalschen Dreiecks 2^{00}, $2^0, 2^1, 2^2, 2^3, 2^4$ ... entspricht den Dezimalziffern des Kehrwertes von 81 (1/81 = 0,0123456789(10)(11)(12)...). Die erste Null und das Kommazeichen (0,) im Dezimalbruch *0,0123456...* entsprechen dem Exponenten 00.

Addiert man die reziproken Zeilensummenwerte $2^{00}, 2^0, 2^{-1}, 2^{-2}, 2^{-3}, 2^{-4}$ ... auf, wobei die Brüche < 1 dezimal um eine Stelle verschoben werden, erhält man

$$0 + 1 + (0{,}05 + 0{,}0025 + 0{,}000125 + 0{,}00000625 + \ldots) =$$

$$1 + 0{,}052631578947368421\,0526315\ldots = 1 + \frac{1}{19}$$

Die Welt als Verwirklichung des platonischen Bauplans

Die Anzahl 81 der stabilen chemischen Elemente hat im Dezimalsystem den Restwert 19. Der Gedanke, zahlentheoretische Zusammenhänge über Restwerte zu untersuchen, stammt von Euler. Gauß hat diese sogenannte Modularithmetik weitergeführt und zu einem Grundpfeiler der Zahlentheorie gemacht.

Es läßt sich danach die folgende unendliche Potenzsumme mit der Basiszahl 19 bilden. (Weil die 19 zweistellig ist, müssen die Glieder der Potenzsumme fortlaufend durch 100er-Exponenten geteilt werden.)

$$\frac{19^{00}}{100^0}+\frac{19^0}{100^1}+\frac{19^1}{100^2}+\frac{19^2}{100^3}+\frac{19^3}{100^4}+\ldots=$$

$$\frac{00}{10^0}+\frac{0}{10^1}+\frac{1}{10^2}+\frac{2}{10^3}+\frac{3}{10^4}+\frac{4}{10^5}+\ldots=0{,}012345\ldots$$

Weil die Zahl 81 den Restwert 19 hat, ist der Kehrwert von 81 die Dezimale 0,0123456789(10)(11)(12)....

Die Ordnungszahlen der im dreidimensionalen Gasraum gebildeten chemischen Elemente entsprechen also der Folge der Exponenten im Pascalschen Dreieck.

Der vierdimensionale Raum ist dezimal für *81* stabile Elemente angelegt. Der Raum, in dem Atomkerne entstehen, ist dreidimensional, aber ebenfalls dezimal. Beide Räume unterscheiden sich durch Potenzinvertierung. Damit die Folge der Exponenten (Ordnungszahlen) dieselbe ist wie die Folge der fortlaufenden Dezimalzahlen, braucht das System modularithmetisch die Basis *19*.

Damit ist das tief verborgene Rätsel des Gesetzes gefunden, das Atomkerne mit ihren Hüllen verknüpft. Während etwa das Erde-Mond-System über reziproke Umdrehungszahlen verknüpft ist, ist die Verknüpfung bei den Atomen modularithmetisch. Das bedeutet, daß die Ordnungszahlen der chemischen Elemente Logarithmen sind und damit Steuerbefehle. Diese ganzzahligen Exponenten werden durch eine vierfache Teilbarkeit geordnet.

Das Erbe der Antike. Demokrit und Leukipp, Pythagoras und Plato haben zwei merkwürdige und geniale Voraussagen geprägt: Die ersteren behaupteten, daß die stoffliche Welt aus Atomen besteht. Die letzteren prophezeiten, daß sich hinter dieser Welt ein tief verborgenes transzendentes Rätsel verbirgt. Als vor wenigen Jahren gezeigt werden konnte, warum die überaus geheimnisvolle Formel

$$e^{i\cdot\pi}=-1$$

den Bau der Elektronenschalen hütet, und warum Kern und Hülle modularithmetisch und potenzinvertiert verknüpft sind, hat sich das Erbe der griechischen Antike erfüllt.

Literaturverzeichnis:

Peter Plichta: Gottes geheime Formel, Langen-Müller 1995, 3. erweiterte Aufl. 1999
Peter Plichta: Das Primzahlkreuz Band I, Quadropol Verlag 1991, 3. Aufl.
Peter Plichta: Das Primzahlkreuz Band II, Quadropol Verlag 1991, 2. Auflage 1997
Peter Plichta: Das Primzahlkreuz Band III, Quadropol Verlag 1998

Ursula Balzer-Graf

Vitalqualität – Qualitätsforschung mit bildschaffenden Methoden

1. Einleitung
Lebensmittel – Mittel zum Leben

Die Nahrungsmittelqualität wird üblicherweise durch die mengenmässige Analyse einzelner *Inhaltsstoffe* (z. B. Fett, Eiweiss, Kohlenhydrate, Vitamine, Mineralstoffe) bestimmt. Der Wert für die menschliche Ernährung ergibt sich aus dem Verhältnis der ermittelten Daten zu den von Ernährungswissenschaftlern festgelegten «empfohlenen Tagesmengen». Dabei geht man davon aus, dass der Gesundheits- bzw. Nährwert eines Lebensmittels allein auf seiner messbaren *stofflichen Zusammensetzung* beruht.

Dieser sich auf das stoffliche Geschehen beschränkenden Sichtweise entgeht, dass pflanzliche bzw. tierische Lebensmittel zugleich auch immer Ergebnis der *ganzheitlich ordnenden Aktivität* der sie bildenden Lebewesen sind. Diese äussert sich in spezifischen Lebenserscheinungen wie Wachstum, Entwicklung, Reproduktion. An Gestaltbildung und Gestaltverwandlung lässt sich dies ablesen. Diese sinnhaften, ganzheitlichen Ordnungsprinzipien sind die wenig bewusste komplementäre Seite der Stoffbildung.

Eine lebensgemässe Qualitätsforschung benötigt Untersuchungsmethoden, die den *Lebensphänomenen* vollumfänglich gerecht werden. Nicht nur die Nahrungssubstanz, auch die mit ihrer Bildung verbundene organisierende Aktivität bedarf einer sachgerechten wissenschaftlichen Bearbeitung. Hier setzen die bildschaffenden Methoden als ganzheitliche Qualitätsforschungsmethoden ein. Die beiden komplementären Seiten der Lebensmittel, der Stoff und die ordnende Aktivität, finden bei diesem Ansatz gleichzeitig Berücksichtigung. Dies erlaubt eine neuartige Bearbeitung der Lebens-Mittel-Qualität. Diese Qualitätsdimension wird *Vitalqualität* genannt.

Forschungsinstitut für Vitalqualität fiv/Qualitätsforschung

Kontrollbilder mit Wasser

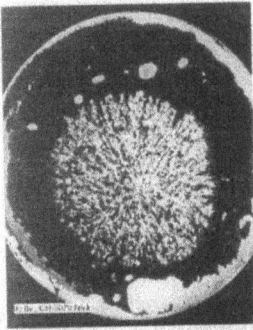 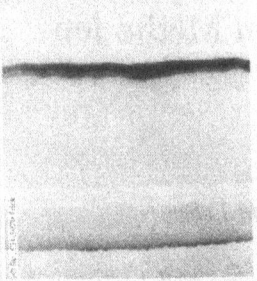 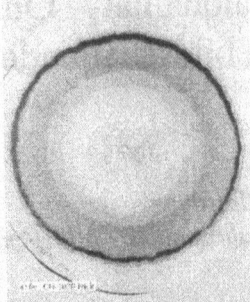

Bild 1: Kristallisation nach PFEIFFER
Am Bildrand finden sich flächige Kupferchloridablagerungen. Im Bildzentrum findet sich eine sternstrahlartige Struktur, die die Platte aber nur teilweise bedeckt. Die Kristallnadeln sind ausserordentlich dünn, es finden sich viele kleine, sprühsternartig angeordnete Nadeln.

Bild 2: Steigbild nach WALA
Der Bildsockel weist unterschiedlich stark graue, bandenartige Strukturen auf. Eine gestaltete Mittelzone fehlt, sie ist nur als schmale, weissliche Bande ausgebildet. Die obere Bildzone, die Fahnenzone, ist ziemlich einheitlich gräulich gefärbt. Am oberen Bildsaum sitzt eine intensiv grau-braun gefärbte Bande.

Bild 3: Rundbild nach PFEIFFER
An eine weisse Innenzone schliesst sich eine hellgräuliche Mittel- und dunkelgraue Aussenzone an. Das Bild wird durch einen braunen Ring umschlossen.

Apfelbilder - demeter Qualität

 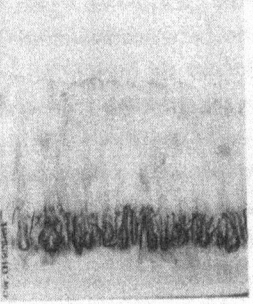 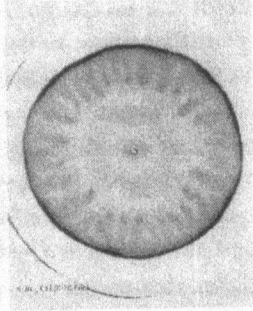

Bild 4: Kristallisation nach PFEIFFER
Es bildete sich eine einheitliche Bildgestalt aus. Spezifisch gestaltete und angeordneten Nadelzüge gehen von einem Bildzentrum aus. Sie bedecken die Platten dicht. Das Kristallbild gliedert sich in eine Zentralzone mit Bildzentrum, in eine Mittelzone mit charakteristisch ausgebildeten Nadelzügen und eine Randzone mit sich sehr fein verzweigenden, verästelnden, sich auffächernden Nadelzügen. Die Nadelzüge strahlen vom Zentrum zum Rand gut durch.

Bild 5: Steigbild nach WALA
Neben horizontalen finden sich auch vertikale Gliederungen und Strukturierungen, die Farbigkeit nimmt zu. Über dem weisslich-gräulich-rötlichen Bildsockel findet sich die breite Mittelzone mit braun-gelb-rötlichen Schalen. Diese sind innen von feinen Strukturen erfüllt. Die feine vertikale Gliederung der anschliessenden oberen Bildzone mit grauen „Fahnen" fällt auf. Eine massige, gelbliche Tropfenzone bildet den oberen Bildsaum. Vereinzelt finden sich braune Reduktionsflecken im oberen Bildbereich.

Bild 6: Rundbild nach PFEIFFER
Neben ringförmigen finden sich auch radiale Gliederungen und Strukturierungen, die Bilder werden farbiger. Auf eine gelblich-rötliche Zentralzone und eine rötlich-weissliche Innenzone folgt eine stark gegliederte, gelblich-graue Mittelzone. Eine gelb-braune Aussenzone und ein braun-schwarzer Ring um-schliessen die Bilder.

2. Methodik
Leben lebensgemäss erforschen – mit bildschaffenden Methoden

Ursprung

Die bildschaffenden Methoden haben ihren Ursprung in der biologisch-dynamischen Bewegung, die als erste neue, lebensorientierte Massstäbe für die landwirtschaftliche Produktion gesetzt hat. Pioniere wie E. PFEIFFER und L. KOLISKO haben aus Anregungen von R. STEINER die *Kupferchloridkristallisation*, das *Steigbild* und das *Rundfilterchromatogramm* (Rundbild, Chroma) entwickelt.

Aspekte zur Methodik

Die Untersuchung der Vitalqualität von Lebensmitteln mit den bildschaffenden Methoden geht lebensgemäss vor, indem elementare Aspekte des lebendigen Bereiches gezielt berücksichtigt werden:
  Aus dem zu untersuchenden, ganzen Lebensmittel wird ein wässriger Extrakt hergestellt. – Ohne Wasser kein Leben!
  Der Extrakt wird nicht «zerstückelt», indem die in ihm enthaltenen, einzelnen Stoffe ermittelt werden. Vielmehr wird der ganze Extrakt mit dem in ihm tätigen ordnenden Zusammenhang in einem bildgebenden Verfahren ganzheitlich dargestellt. Als Untersuchungsergebnis liegen Bilder, Gestalten vor. – Leben bedeutet auch Gestaltbildung!

Das methodische Vorgehen lässt sich für die drei erwähnten bildschaffenden Methoden knapp folgendermassen charakterisieren:

Kupferchloridkristallisation nach PFEIFFER:
Ein wässriger Extrakt aus dem Untersuchungsgut wird mit einer Kupferchloridlösung und Wasser vermischt. Davon wird eine standardisierte Menge in eine Kristallisierschale gegeben. Diese wird erschütterungsfrei und bei konstanter Temperatur und Feuchtigkeit in eine Klimakammer gestellt. Die Lösung kristallisiert langsam aus. Auf dem Boden der Kristallisierschale entsteht als Ergebnis dieses Kristallisationsvorganges ein zusatzspezifisches Kristallbild.

Steigbild nach WALA:
Ein wässriger Extrakt aus der Untersuchungsprobe wird in geeigneter Konzentration in einem Chromatographiepapier zum Steigen gebracht. Nach einer Zwi-

schentrocknungszeit von 2 bis 3 Stunden steigt eine Silbernitratlösung nach. Diese übersteigt die Saftsteigfront um knapp 1 cm. Die Steigfronten der ersten und zweiten Steigphase bleiben als horizontale Linien im fertigen Bild oft noch erkennbar. Nach einer erneuten Zwischentrocknungszeit folgt die dritte Steigphase mit Eisensulfat bis zu einer Gesamtsteighöhe von ca. 12 cm. Nach dem anschliessenden Trocknungsvorgang findet sich im Papier eine zusatzspezifische Bildgestalt.

Rundfilterchromatogramm nach PFEIFFER:
Ein rundes Chromatographiepapier wird über einen Docht, der im Zentrum angebracht wird, mit einer Silbernitratlösung bis zu einem Radius von 4 cm imprägniert. Nach einer Trocknungszeit von 2 bis 3 Stunden steigt in einem neuen Docht der Extrakt des Untersuchungsgutes nach. Der Steigvorgang wird abgebrochen, sobald sich die Lösung im Papier bis zu einem Radius von 6 cm ausgebreitet hat. Nach dem Trocknen der Bilder ist zur Bildentwicklung noch eine Einwirkung von diffusem Licht notwendig.

Gestaltbildung – das zentrale neue methodische Prinzip

Vergleicht man Bilder, die ohne Lebensmittelzusätze entstehen, mit Bildern, die sich mit Lebensmittelzusatz wie beispielsweise Apfel ergeben, so werden markante Unterschiede deutlich:

Das interaktive System Wasser/Metallsalze – ohne Lebensmittelzusatz – stellt das Kontrollsystem dar. In diesem behaupten sich die anorganischen Gesetzmässigkeiten der eingesetzten Metallsalze (Bilder 1, 2, 3). Entsprechend ergeben sich formarme Bilder, Ausdruck der vorherrschenden anorganischen Prozesse.

Im interaktiven System Wasser/Lebensmittel/Metallsalze setzen sich die ordnenden Gesetzmässigkeiten des Lebensmittels durch, es bilden sich lebensmittelspezifische Bilder (Bilder 4, 5, 6). Die Farbigkeit, die Gestaltbildung nehmen zu.

Die einzelnen Bildgestalten der Lebensmittel werden systematisch morphologisch ausgewertet. Dazu gibt es in der Literatur der bildschaffenden Methoden schon wertvolle Arbeiten.

Der Blick darf sich aber bei der Auswertung nicht nur auf die morphologischen Einzelheiten der Bilder verengen. Man muss das Ganze überschauen lernen. Was heisst dies? – Ein einzelnes Wort kann zwar gelegentlich auch schon viel sagen. Meist braucht es aber doch ganze Sätze, Abschnitte, manchmal ganze Bücher, um wesentliche Gedanken zu entwickeln. Goethe hat pionierhaft eine neue wissenschaftliche, auf das ganzheitliche Erfassen von Lebenszusammenhängen ausgerichtete, entwickelnde, vergleichende Arbeitsweise entwickelt.

Sie ist Voraussetzung, um den Begriff «Leben» in der Forschungsarbeit mit bildschaffenden Methoden gedanklich wirklich fassen zu können. Die Bildersprache erlernen bedeutet, nicht nur Buchstaben, Einzelheiten erkennen zu können. Sprechend wird sie erst, wenn man ihre Wörter, Sätze, Gedichte verstehen gelernt hat. Nur sehr fragmentarisch findet man diesen Aspekt in der Bilderliteratur.

In der Vitalqualitätsarbeit ist diese Blickrichtung systematisch ausgebaut worden. Folgendes ist dabei besonders wichtig geworden:

Die Probenvorbereitung muss lebensmittelgerecht erfolgen (schonende Verarbeitung).

Die parallele Arbeit mit verschiedenen bildschaffenden Methoden beleuchtet die Lebenssituation aus unterschiedlichen Blickwinkeln. Diese Aspekte gilt es in einen Zusammenhang zu bringen. Das vermag das Denken auf das Entscheidende zu lenken, auf das Erfassen der ordnenden Zusammenhänge.

Die Bedeutung der Bilder einer Untersuchung ist nur zu verstehen, wenn man sie in einen grösseren Zusammenhang stellen kann. Das bedeutet, dass man von der einzelnen Untersuchung den Blick auf noch grössere Zusammenhänge richten muss. Das umfassende Studium der Lebenserscheinungen ist eine entscheidende Basis, um mit den bildschaffenden Methoden erfolgreich wissenschaftlich arbeiten zu können. Aus dieser Arbeit ist eine Bilderbibliothek zusammengetragen worden. Diese wird immer wieder für weitere Forschungsarbeiten benötigt.

Und nicht zuletzt: eine Partitur kann nur in ihrer Tiefe erklingen, wenn souveräne Musiker am Werk sind. Die Qualifikation für den Umgang mit den «unerhörten» Lebenspartituren setzt intensivste gedankliche, wissenschaftliche Auseinandersetzung und sehr hohe Professionalität voraus.

3. Forschungsergebnisse

Die Tatsache, dass heute die bildschaffenden Methoden zunehmend thematisiert werden, ist in Zusammenhang mit den in den letzten Jahren in zahlreichen Blindversuchen mit ausserordentlich hoher Reproduzierbarkeit erreichten, sehr guten Ergebnissen zu sehen. Exemplarisch sollen Resultate aus drei Bereichen kurz dargestellt werden:

- Qualitätsvergleich von biologischen und konventionellen Produkten –
Bio-Lebensmittel sind vollkommener!

In Zusammenarbeit mit dem FiBL sind beispielsweise in Parzellen- und Praxisversuchen Produkte aus unterschiedlichen Anbausystemen erfolgreich im Blindversuch differenziert worden. So ist es im bekannten DOK-Versuch, einem Dauerversuch zum Vergleich unterschiedlicher Anbausysteme, gelungen, biologisch-dynamische, biologische und konventionelle Produkte reproduzierbar zu unterscheiden (Mäder et al, 1993; Balzer-Graf, 1996). In Praxisversuchen ist dies bei Äpfeln gelungen (Weibel et al., 1998). In Zusammenarbeit mit der Firma AlnaturA wird seit mehr als zehn Jahren auf der Handelsstufe die Vitalqualität von Bio-Produkten und konventionellen Vergleichsprodukten in Premium-Qualität vergleichend untersucht. Das Ergebnis dieser langjährigen Forschungsarbeit zum Vergleich der Vitalqualität von biologischen und konventionellen Lebensmitteln kann man so zusammenfassen: Die vitalen Eigenschaften sind bei Bio-Produkten vollkommener! Bildet man Rangfolgen, so nehmen die Bio-Produkte übereinstimmend immer die vorderen Rangplätze ein. Stellvertretend wird dies hier am erwähnten Beispiel mit Äpfeln gezeigt (Tab. 1).

Rang	Probe	Vitalqualität Herbst	Probe	Vitalqualität Frühjahr
01	B1		B1	apfeltypischer, differenzierter, vitaler, reif bis überreif
02	B2	apfeltypischer, differenzierter, vitaler,	B2	
03	B3		B5	
04	B4		B3	
05	B5		B4	
06	C2		C2	weniger apfeltypisch, weniger differenziert, weniger vital, überreif bis absterbend
07	C1	weniger apfeltypisch, weniger differenziert, weniger vital	C3	
08	C3		C5	
09	C4		C4	
10	C5		C1	

Tab. 1: Untersuchung der Vitalqualität von 10 Apfelproben aus Betriebspaaren von 5 verschiedenen schweizerischen Standorten (1–5) mit biologischer (B) bzw. integrierter (C) Anbauweise; Untersuchung der Vitalqualität im Herbst (11/97) und Frühjahr (3/98); Einstufung der Proben in Ränge und Charakterisierung der beiden im Blindversuch korrekt gebildeten Hauptgruppen der biologisch bzw. konventionell angebauten Äpfel; Daten aus Weibel et al., 1998; Rangunterschiede zwischen biologischen (B) und integrierten (C) Äpfeln im Wilcoxon-Test mit $P \leq 0{,}005$.

- Produktionsmittel –
Sorten sind für die Qualitätsbildung entscheidend!

In einer Phase des sehr starken Wachstums biologischer Produktionssysteme ist es zentral, dass der Qualitätsvorsprung bei Bio-Produkten auch gehalten werden kann. Können fraglos moderne Produktionsmittel wie beispielsweise Hybridsorten auch in biologischen Produktionssystemen eingesetzt werden? Wie wirken sie sich im Vergleich zu den bisher üblichen Populationssorten auf die Vitalqualität aus?

In Zusammenarbeit mit Züchtern aus dem biologisch-dynamischen Bereich wird an der Frage der Hybridsorten gearbeitet (mit D. Bauer, A. Zschunke, K.-J. Müller). Die bisher vorliegenden Ergebnisse bei Möhren verdeutlichen, dass ein erheblicher Qualitätsverlust bei Hybridsorten (Früh- und Lagersorten) im Vergleich zu Populationssorten auftritt. Hybridsorten werden im Blindversuch in der Vitalqualität ausnahmslos ungünstiger eingestuft, sie nehmen die hintersten Rangplätze ein (Tab. 2). Arbeiten an der Gesamthochschule Kassel bestätigen diese Ergebnisse (Rohmund, 1999; Gränzdörffer, 1999). Vor diesem Hintergrund ist die Frage zu stellen, ob die in länger zurückliegenden Versuchen erreichte sehr klare Differenzierung zwischen biologischen und konventionellen Möhren bei Populationssorten (Balzer-Graf, 1994) heute noch Geltung hat, wenn man dabei Hybridsorten einsetzen würde.

Rang	Frühmöhren 1997	1998	Lagermöhren 1997	1998
01	P1	P1	P1	P1
02	P2	P2	P2	P2
03	P3	P3	P3	P3
04	H1	P4	H1	P4
05	H2	H1		P5
06	H3	H2		P6
07				H1
08				H2

Tab. 2: Einstufung der Vitalqualität von Möhren von Hybridsorten (H) und Populationssorten (P) im Blindversuch; Versuche in Zusammenarbeit mit D. Bauer, Dottenfelderhof, und demeter Marktforum, Darmstadt; Rangunterschiede zwischen Populations- und Hybridsorten im U-Test nach Wilcoxon bei Frühmöhren mit $p \leq 0.005$ und bei Lagermöhren mit $p \leq 0.05$ signifikant.

– Verarbeitung von Bio-Produkten – Beispiel Homogenisation

Mit der Ausbreitung des Handels stellt sich auch die Frage nach der Anwendung von Verarbeitungsverfahren, wie sie in der modernen Lebensmittelindustrie eingesetzt werden. Die bildschaffenden Methoden können hier Prozessqualitäten darstellen, die analytisch «harmloser» aussehen. In einem vom Verein für biol.-dyn. Landwirtschaft initiierten Projekt zur Verarbeitung bei Milch sind analytische und bildschaffende Methoden gemeinsam eingesetzt worden (Gallmann und Balzer-Graf, 1998). Analytisch zeigt sich Homogenisation in kleineren Fettkügelchen, die thermische Belastung lässt sich mit Lactoglobulingehalt nachweisen. Die Bilderarbeit kann ergänzend dazufügen: Homogenisierte Milch ist deutlich vorzeitig gealtert, ein starker Verlust der Frische, des typischen Charakters kennzeichnet sie (Übersicht Tab. 3). Dies ist nicht bedeutungslos, wenn es so ist, dass man von dem lebt, was man isst.

Rang	Verfahren	Milch-Typ	Intensität Belebung	Differenzierung	Alterung	Weitere Eigenschaften
1	roh	6	8	8	–	–
2	thermisiert	4	6	6	4	labil
3/4	therm./past.	4	5.5	6	4.5	leicht labil bis verhärtet
5	therm./past./100 bar	3	4	4	6	mässig verhärtet
6/7	thermisiert/70 bar	2.5	3.5	2	6	verhärtet
6/7	past./100 bar	2.5	3.5	2	6	verhärtet

Tab. 3: Charakterisierung der Vitalqualität von Milch aus unterschiedlichen thermischen Verfahren und unterschiedlichen Druckbelastungen bei der Homogenisation; 0 sehr geringe, 10 sehr starke Ausprägung des Merkmals; Beurteilung und Einstufung im Blindversuch; aus Gallmann und Balzer, 1998;

4. Ausblick: Leben – der ordnende Zusammenhang

Ernährt den Menschen allein der Stoff? Ernährt sich der Mensch nicht auch aus dem ordnenden Zusammenhang, den man Leben nennt? Die Ordnung der Lebensprozesse als Grundlage für Gesundheit, eine Kernaussage des ökologischen Landbaus!

Konventionelle und biologische Lebensmittel, Produkte aus Sorten unterschiedlicher Züchtungsverfahren, Lebensmittel unterschiedlicher Verarbeitungsstufen unterscheiden sich in Charakter und Intensität der ordnenden Lebenszusammenhänge. Die bildschaffenden Methoden lassen dies erkennen. Sie ermöglichen einen neuartigen Zugang zur exakten, wissenschaftlichen Erfassung der lebendigen Dimension, der Vitalqualität der Lebensmittel.

Weiterführende Forschungsarbeiten, die beispielhaft Zusammenhänge zwischen der Vitalqualität der Nahrung und der Gesundheit des Menschen fokussieren, müssen sich anschliessen. Werkzeuge, um Lebensmittel bezüglich ihrer vitalen Qualitäten einzustufen, sind vorbereitet.

Um dieser zukunftsweisenden Forschungsrichtung mehr Gewicht, mehr Akzeptanz zu verschaffen, müssen mehr Wissenschaftler in dieser Arbeit qualifiziert werden. Im *fiv* ist im letzten Jahr eine dreijährige Qualifikation von Agronomen (Nachdiplomstudium) begonnen worden. Sie scheint unerlässliche Voraussetzung, damit dieser Forschungsansatz nachhaltig wirksam werden kann.

5. Literaturhinweise

Balzer-Graf, U., 1994, Die Qualität ökologisch erzeugter Produkte. In: Mayer et al. (Hrsg.): Ökologischer Landbau – Perspektive für die Zukunft!, SÖL-Sonderausgabe Nr. 58, SÖL, Bad Dürkheim, S. 261–290

Balzer-Graf, U., 1996, Qualität – ein Er-Lebnis, Vitalqualität von Nahrungsmitteln im Spiegel bildschaffender Methoden, 8 S A3

Balzer-Graf, U., 1996, Vitalqualität von Weizen aus unterschiedlichem Anbau, Beiträge, 4, 11, Sonderheft Forschung, S. 440–450

Balzer-Graf, U., 1999 (1), Vitalqualität von unterschiedlichen Möhrensorten (Populations- und Hybridsorten), unveröffentlichte Untersuchungsberichte

Balzer-Graf, U., 1999 (2) in Reents, H.-J. und Mück, U., (Hrsg.), Alte und neue Dinkelsorten, Schriftenreihe Band 10 Institut für biologisch-dynamische Forschung, Darmstadt

Engquist, M., 1970, Die Gestaltkräfte des Lebendigen, Vittorio Klostermann Verlage, Frankfurt

Gallmann, P. und Balzer-Graf, U., 1998, Analytische und bildschaffende Methoden in der Untersuchung von Milchprodukten, Vitalqualitätsuntersuchung Pastmilch, Eidg. Forschungsanstalt für Milchwirtschaft, CH-Bern, Interner Bericht 46/1998

Gränzdörffer, M. 1999, Untersuchung der Vitalqualität verschiedener Möhrensorten mit Hilfe bildschaffender Methoden, Diplomarbeit GhK, Fachbereich Landwirtschaft, Internationale Agrarentwicklung und Ökologische Umweltsicherung, D-Witzenhausen

Kolisko, L., 1957, Die Landwirtschaft der Zukunft, Verlag Meier & Cie., Schaffhausen (CH)

Mäder, P. et al., 1993, Effects of three culivation systems (bio-dynamic, bio-organic, conventional) on yield and quality of beetroots (Beta vulgaris L. var. Exulenta L.) in a seven year rotation, Acta Horticulturae, 339, 10–31

Pfeiffer, E., 1930, Studium von Formkräften an Kristallisationen, Naturwissenschaftliche Sektion am Goetheanum, Dornach (CH)

Rohmund, Ch., 1999, Untersuchung der Vitalqualität verschiedener Möhrensorten mit Hilfe bildschaffender Methoden, Diplomarbeit GhK, Fachbereich Landwirtschaft, Internationale Agrarentwicklung und Ökologische Umweltsicherung, D-Witzenhausen

Selawry A. und O., 1957, Die Kupferchloridkristallisation, Gustav Fischer Verlag, Stuttgart

Weibel, F. et al., 1998, Are organically grown apples tastier and healthier? A comparative field study using conventional and alternative methods to measure fruit quality, Submitted to Acta Horticulturae

Peter Heusser

Schädigt das Fernsehen die geistige und moralische Entwicklung des Menschen?

Einleitung

In diesem Vorlesungszyklus werden eine ganze Reihe von Einflüssen der Umwelt besprochen, die im 21. Jahrhundert nicht nur die menschliche Gesundheit, sondern auch unsere zivilisatorischen Verhältnisse schädigen werden, wenn nicht ein grundsätzliches Umdenken in allen Bereichen der Kultur, insbesondere auch im Bereich von Bildung und Erziehung stattfinden wird.

Viele dieser Einflüsse sind von Menschen verursacht, und wirken so schädigend auf ihn zurück. Das gilt insbesondere auch für die Auswirkungen von Film und Fernsehen, über die in diesem Beitrag referiert werden soll.

Um es aber gleich zu Beginn klar auszusprechen: Es geht hier nicht darum, die positiven Möglichkeiten dieser Medien, auch für das Unterrichts- und Bildungswesen, herabzusetzen oder gar der illusionären Meinung zu verfallen, man könne das Rad der Geschichte zurück drehen und die technische Entwicklung, die auf diesem elektronisch-technischen Gebiet der Medien mit einer noch nie dagewesenen Macht und Geschwindigkeit vorwärts stürmt, aufzuhalten. Wir haben z. B. hier an der Universität Bern in der Augenheilkunde einen ganz ausgezeichneten audiovisuellen Unterricht gehabt, der ohne solche Medien wohl kaum in der anschaulichen und rationalen Weise hätte organisiert werden können, wie das tatsächlich der Fall war. Oder man denke an die diagnostischen Bereiche der Medizin, wo Bildschirmtechniken ein wesentliches Element darstellen. Aber man muss trotz aller positiven Entwicklungen auch das Negative deutlich ins Auge fassen. Denn nur dann können bewusst diejenigen Massnahmen ergriffen werden, die entsprechende Schäden zu kompensieren vermögen.

In diesem Beitrag wird gezeigt, dass Fernsehen und Film in der Tat die geistige und moralische Entwicklung des Menschen erheblich zu schädigen vermögen, und zwar einerseits wegen des Inhalts, der durch diese Medien auf die Menschheit losgelassen wird, andererseits aber auch wegen der Form, wegen der Art und Weise, wie durch diese Medien überhaupt ein Inhalt an das Bewusstsein des Zuschauers herangebracht wird.

Das soll im Folgenden durch eine Reihe von Fakten begründet werden; aber vorgängig soll noch ein Blick auf ein ganz wesentliches Element der menschlichen Entwicklung geworfen werden. Man wird dann verstehen, warum gewisse Aspekte des heutigen Fernseh- und Filmkonsums zu bestimmten Schäden führen *müssen*.

Über die menschliche Entwicklung

Bei der menschlichen Entwicklung ist im hier relevanten Kontext vor allem diejenige Tatsachenreihe ins Auge zu fassen, durch die sich die menschliche Entwicklung wesentlich von der tierischen unterscheidet:

1. Der Mensch bleibt nach der Geburt nicht dabei, ähnlich dem Tier auf seinem Bauch herum zu kriechen, oder auf allen Vieren in der Horizontalen umher zu rennen, sondern er richtet sich auf in die Vertikale, er lernt *stehen und gehen* und die frei gewordenen oberen Extremitäten für die spezifisch menschliche Werktätigkeit zu gebrauchen.

2. Er bleibt dann nicht dabei, ähnlich dem Tier seinen verschiedenen Empfindungen und Gefühlszuständen durch Schreien, Grunzen oder andere Laute Ausdruck zu verleihen, sondern er lernt *sprechen*.

3. Und im Weiteren lernt er *denken*; er bleibt nicht dabei, sein Bewusstsein ähnlich dem des Tieres bloss mit Sinnesempfindungen, Instinkten, Trieben und Gefühlen angefüllt zu bekommen. Zwar kann man auch beim Tier von Intelligenzleistungen sprechen, man denke nur an die weisheitsvolle Organisation des Ameisenstaates, an den Orientierungstanz der Bienen oder an den Bau des Bibers. Aber all diese Leistungen liegen im Instinktiven oder Gefühlsartigen der Tiere, und dieses ist bestimmten Gesetzmässigkeiten oder Regeln unterworfen, d. h. nach «intelligenten» Inhalten gestaltet. Aber das Tier kann sich das Gesetzmässige als solches nicht *bewusst* machen und so bleibt es diesem ewig unterworfen. Naturzwang ist sein Los. Der Mensch allein kann in seinem selbstbewussten Denken das Gesetzmässige der Welt zur Erscheinung bringen, es durchschauen und so aus *Einsicht* seine Handlungen gestalten. Selbstbestimmung oder Freiheit unterscheidet ihn so vom Tier. Deshalb hat der Begriff der Selbstverantwortung und der Moralität nur für den Menschen einen Sinn.

Warum ist das so? Weil sich der Mensch durch einen zentralen Punkt vom Tier nicht nur graduell, sondern *prinzipiell* unterscheidet. Was den Menschen erst zum Menschen macht, ist nicht die Tatsache, dass er in einem belebten Körper lebt, noch dass er eine Seele hat, die ihm seine Empfindungen, Triebe und Gefühle verleiht, denn beides hat das Tier auch. Was ihn vom Tier unterscheidet, ist seine *Geistnatur,* der innerste Wesenskern seiner Seele, das was er im eigentlichen Sinn als sein «Ich» bezeichnet.

Und es ist der tätige Menschengeist in der Seele, der sich in der Entwicklung sukzessive äussert: Zuerst in der Tätigkeit des Aufrichtens, des Gehens und Hantierens, dann in der Tätigkeit des Sprechens und zuletzt in der Tätigkeit des Vorstellens und Denkens.

Immer ist es aber dasselbe Ich, derselbe Geist, der sich betätigt. Zuerst ergreift er mit seinem Willen noch recht unbewusst die physische Gliedmassenorganisation und lernt, sich äusserlich im Raum zu bewegen. Dann setzt er – noch halbbewusst – durch die Brust- und Kehlkopforganisation die Sprache im Luftraum in Bewegung. Und zuletzt setzt er sich in seiner Kopforganisation auf eine rein geistige Weise im Vorstellen und Denken in Bewegung. Erst jetzt, im willentlichen Denken, wie es dann von älteren Schulkindern z. B. anhand der Mathematik gelernt wird, tritt Vollbewusstheit des tätigen Menschengeistes ein und damit auch das Selbstbewusstsein der menschlichen Individualität. Das ist der eigentliche Grund dafür, warum Descartes am Anfang unseres modernen denkerischen Bewusstseinszeitalters gesagt hat: «Ich denke, also bin ich.»

Aber diese Entwicklung verläuft in Schritten, wobei jeder Schritt in einer gewissen Weise die Absolvierung der vorangegangenen Schritte voraussetzt. Der menschliche Geist muss sich zuerst bis zu einem gewissen Grad in seinen Gliedmassen bewegen können, bevor er die Sprachbewegung in Angriff nehmen kann. Dann muss er die Sprachbewegung bis zu einem genügenden Grade beherrschen, bevor er die Denkbewegung entfalten kann. Die Willensbetätigung in der physischen Bewegung wird zuletzt auf höherer Stufe in eine rein geistige Bewegung metamorphosiert. Deswegen kann nur ein Wesen, welches richtig stehen und greifen gelernt hat, auch *ver-stehen* und *be-greifen* lernen. Denn es ist dieselbe geistige Grundkraft des Menschen, die sich erst physisch, dann seelisch und zuletzt rein geistig betätigt. Auf *Eigentätigkeit* des menschlichen Ichs beruht deswegen letztlich das eigentlich Menschliche am Menschen.

Das ist auch der Grund, warum dieses Menschliche *gelernt* werden muss. Das Gehen, das Sprechen, das Denken, alles muss gelernt werden. Und das ist ein wichtiger, für unser Thema von Film und Fernsehen wohl zu beachtender Punkt.

Denn was nur durch Selbstbetätigung zur *Fähigkeit* werden kann, muss durch Tätigkeit erworben, d. h. geübt und durch *Übung* gelernt werden.

Das Tier braucht in dieser Hinsicht vergleichsweise kaum oder wenig zu lernen. In den ersten Stunden nach der Geburt kann sich ein Kalb schon auf allen Vieren selbständig bewegen und gelangt darin in den nächsten Tagen und Wochen zur vollsten Geschicklichkeit. Und etwa in derselben Zeit entfaltet es sein Repertoire an Lauten, durch die es auch späterhin sein Seelenleben zum Ausdruck bringt. Ein Mensch, der bloss unter Tieren aufwachsen würde (es gibt Schilderungen von so genannten Wolfskindern oder Affenkindern in der Literatur), lernt u. U. weder richtig stehen noch sprechen, noch entwickelt er höhere menschlich-geistige Kulturfähigkeiten.

Um Mensch zu werden, braucht das Kind eine Umgebung von *Menschen*, um an deren menschlichem Handeln, Sprechen und Denken als an Vorbildern seine eigenen geistigen und moralischen Fähigkeiten zu entzünden und entwickeln zu können, bis es zur vollbewusst gewordenen Selbsttätigkeit und Freiheit aufwacht. Gerade *weil* das Menschliche in diesem Sinn zuerst durch Wirkung von aussen aus dem Innern hervorgelockt werden muss, ist zunächst die moralische Führung von aussen durch Vorbild und Vorschrift adäquat, um dann bei voll aufgewachter Denkfähigkeit durch eigene Einsicht und Freiheit ersetzt zu werden. Gerade weil der Mensch ein *geistiges* Wesen ist, das alle seine Fähigkeiten nur durch übende Eigentätigkeit und Lernen erwerben kann, ist er am Anfang seines Lebens das hilfloseste aller Geschöpfe, um dann aber als einziges die Freiheit entfalten zu können. Dazu braucht er aber eine geistige und moralisch-menschliche Umgebung, in der er nicht passiver Empfänger bleibt, sondern in ständiger Interaktion seine eigene Fähigkeit entwickeln muss.

Film und Fernsehen

Wenn man die geschilderten Tatsachen der menschlichen Entwicklung bedenkt, dann wird man verstehen, warum Film und Fernsehen, so wie diese Medien in der heutigen Welt grassieren, trotz vielen erwähnenswerten nützlichen Aspekten zu einer tiefgreifenden Schädigung der geistigen und moralischen Entwicklung der Menschheit führen *müssen*, und zwar *zunächst ganz unabhängig vom Inhalt*, den sie vermitteln, rein durch die Art und Weise, wie diese Vermittlung stattfindet. Das kann schon deutlich werden, wenn man den enormen Einfluss der Medien auf Kindheit und Jugend in rein quantitativer Hinsicht bedenkt:

So machen z. B. in Amerika die Kinder im Vorschulalter die grösste Einzelgruppe von Fernsehzuschauern aus. Die 2- bis 5-Jährigen sitzen durchschnittlich 22,9 Stunden pro Woche vor dem Fernseher, also mehr als 3 Stunden täglich, die 6- bis 11-Jährigen ebenso viel [1]. Und bis zum Ende ihrer Schulzeit verbringen die Kinder 4'000 Stunden mehr vor dem TV als im Klassenzimmer [2]. Amerikanische Jugendliche verbringen zu Hause sechsmal mehr Zeit vor dem Fernseher als für das Aufgabenmachen [3]. Für Deutschland, wo die Kulturverhältnisse sehr ähnlich sind wie in der Schweiz, wird eine durchschnittliche tägliche Fernsehzeit von 1,5 Stunden für Kinder von 3 bis 13 Jahren angegeben, für Erwachsene 3 Stunden 15 Minuten [4]. In 70 Lebensjahren werden so 9 volle Jahre vor dem Fernseher verbracht [5]. 98 % aller deutschen Haushalte haben ein oder mehrere Fernsehgeräte. Fernsehen ist die häufigste Freizeitbeschäftigung der Gesamtbevölkerung. 89 % der Bundesbürger verbringen ihre Freizeit mit Fernsehen. Bei den Jugendlichen von 14 bis 24 Jahren sind diese Zahlen genauso hoch wie in der Gesamtbevölkerung, sie bringen aber zusätzlich doppelt so viel Zeit für Videos, CDs und Musikkassetten auf [6].

Was täten die Kinder und Jugendlichen von Natur aus anstelle des Fernsehens für diese Hunderte und Tausende von Stunden? Was taten sie vor der Fernsehära? Selbstverständlich *bewegten* sie sich, rannten draussen herum, spielten im Wald oder auf der Strasse, bastelten und werkten etwas mit den Händen. Vielleicht ruhten sie auch, waren still und lasen oder sie schauten vielleicht den Wolken nach und träumten oder hörten einer Geschichte zu. Aber sie waren auf jeden Fall *tätig* mit den Gliedern, den Händen, natürlich auch mit ihren Stimmen, wenn sie sangen, riefen und schrien, und sie betätigten ihre Einbildungs- oder Denkkraft.

Was geschieht vor dem Fernseher? Man sitzt oder liegt, flegelt die Gliedmassen untätig vor sich hin oder wippt höchstens nervös, vielleicht führt man Chips oder Cola zum Mund. Auch der Kopf und die Augenmuskeln bewegen sich kaum, der Blick ist starr auf den Glotzkasten eingestellt und braucht sich nicht mehr ständig zwischen nah und fern zu adaptieren. Die Stimme schweigt, das Gespräch verstummt, die zwischenmenschlichen Interaktionen hören auf.

Und die Sinnes- und Vorstellungswelt? Das Denken? Die Aufmerksamkeit wird ausschliesslich durch die Seh- und Höreindrücke des Apparates in Bann gezogen. Die Sinne des Tastens, Riechens oder Schmeckens, der Eigenbewegung und des Gleichgewichts werden im Vergleich zum Spiel draussen praktisch nicht beansprucht. Aber auch das Sehen und Hören liefert jämmerliche künstliche Konserveneindrücke im Vergleich zu dem, was die Realität zeigen würde. Nicht nur fehlt die Dreidimensionalität des realen Raumes (weswegen der fixierende Blick keine Nah- und Fernadaptationen macht), sondern auch die ganze Differenziertheit, Reichhaltigkeit und Subtilität der wirklichen Sinneseindrücke.

Dabei kommt noch die Eigenart dieses Mediums und seiner Verwendung in Betracht. Was dem Bewusstsein als Bewegung erscheint, besteht in Wirklichkeit aus 24 statischen sukzessiven Bildern pro Sekunde [7]. Die Bildeinstellung wechselt beständig und mit grosser Geschwindigkeit, die nicht kontrolliert werden kann. Dabei wird von den Filmemachern absichtlich mit überraschenden Nahaufnahmen, schnellen Bewegungen, Zoomeffekten, intensiven Farben, Zwischengeräuschen oder Klangänderungen gearbeitet, die reflexartig das spontane Aufmerken fesseln. Denn solche Sinneseindrücke werden beim Menschen, ähnlich wie beim Tier, instinktiv als Bedrohung empfunden und erhöhen reflexartig die Sinnes- und Abwehrbereitschaft [8]. Diese «sorgfältig geplanten Manipulationen» werden aufgrund entsprechender Reaktionsstudien nicht nur bei Actionfilmen oder bei Werbespots, sondern ganz bewusst auch bei Kinderprogrammen eingesetzt [9,10], weil die kindliche Aufmerksamkeit einer ruhigen Bildserie nicht lange folgen würde.

Was wird dadurch erreicht? Die Phantasie, die Einbildungskraft, die man noch beim Hören oder Lesen einer Geschichte *aus sich selbst* quellen lassen muss, um sich die Geschichte konkret vorstellen zu können, hört auf; das Vorstellen wird von den vom Apparat elektromechanisch produzierten Bildern fortgerissen und zwar in einem absichtlich gesteigerten, vom Zuschauer nicht kontrollierbaren Tempo, sodass dieser nicht wie beim Lesen innehalten und nachdenken kann [10]. Nun muss man sich aber klar machen, dass die kindliche Phantasietätigkeit die Vorstufe für das spätere Denken darstellt.

Zusammenfassend kann man also sagen: Während den Dutzenden, Hunderten, Tausenden von Film- und Fernsehstunden wird

1. die Bewegung der Glieder lahm gelegt,
2. die Bewegung des Sprechens lahm gelegt,
3. die Eigenbewegung im Vorstellen und Denken lahm gelegt.

Das wesentlichste Element der menschlichen Entwicklung, die Selbsttätigkeit des menschlichen *Geistes* wird in diesen Zeiten also eliminiert, und anstelle der Interaktion mit Menschen wird das Kind einem Apparat ausgesetzt, auf welchem keine eigentlichen Menschen, sondern höchstens Bilder von Menschen zu sehen sind. Wir kommen auf diesen Punkt zurück. Wie kann unter solchen Umständen das Fernsehen, wie es heute zum Einsatz kommt, ohne schädlichen Einfluss auf die geistige Entwicklung des Menschen und damit auf seine Kulturfähigkeit bleiben? Ist nicht geradezu zu *erwarten*, dass die menschliche Bewegungsfähigkeit, die Sprachbildung und die Denktätigkeit, die schulische Fähigkeit von Kindern und deren Fortsetzung beim Erwachsenen sowie das Sozialverhalten Schaden nehmen müssen?

Schädigt das Fernsehen die geistige und moralische Entwicklung des Menschen? 159

Das ist nun tatsächlich der Fall, und durch vielfache Beobachtung sowie wissenschaftliche Studien der letzten 30 Jahre auf diesem Gebiet dokumentiert.

So hat man bereits in den 70er Jahren, als sich in der damaligen Schülergeneration die Folgen der Einführung des Fernsehens in alle Haushalte der USA bemerkbar zu machen begann, eine allmähliche Verschlechterung der schulischen Leistungen festgestellt. In einem 1982 veröffentlichten Bericht des National Institute of Mental Health der USA werden die diesbezüglichen Untersuchungen einer 10-jährigen Zeitperiode zusammengefasst. Mit einer einzigen Ausnahme berichten alle Studien über eine *Korrelation zwischen Fernsehen und verschlechterten schulischen Leistungen* [11,12].

Dass der Einfluss des Fernsehens *kausal* an dieser Verschlechterung beteiligt ist, zeigt eine kanadische Studie aus jener Zeit:

In einer Stadt, in der das Fernsehen noch nicht eingeführt war, schnitten die Schüler in Lesetests konsistent besser ab als in zwei anderen Städten, von denen die eine über einen, die andere aber über mehrere Fernsehkanäle verfügte. Und die Schüler dieser letzten Stadt schnitten am schlechtesten ab. Das kann jedoch noch nicht als beweisend gelten, denn auch andere soziale Faktoren hätten für das gute Abschneiden in der fernsehlosen Stadt verantwortlich sein können. In diesem Fall hätten die Schüler beim Einführen des Fernsehens aber immer noch besser abschneiden müssen als die Schüler der anderen Städte. Was geschah? Als das Fernsehen eingeführt wurde, sanken die Schülerleistungen innerhalb von zwei Jahren auf das Niveau der anderen Städte herab [11,13].

In einer gross angelegten kalifornischen Studie bei über 500'000 Schülern der 6. und 12. Klasse wurde eine starke statistische Beziehung zwischen Fernsehen und schlechten schulischen Leistungen gefunden, und zwar unabhängig von anderen untersuchten Faktoren wie Intelligenz, Einkommen der Eltern oder der für die Hausaufgaben verbrachten Zeit [11,14].

In den USA müssen High School-Absolventen seit Jahrzehnten den so genannten Scholastic Aptitude Test SAT bestehen, wenn sie in gewisse Colleges eintreten wollen. Die durchschnittlichen Leistungen im SAT sanken zwischen den 60er und 80er Jahren parallel und zeitversetzt zum Einfluss des Fernsehens und hielten sich dann auf tieferem Niveau, nachdem das Fernsehen in allen Haushalten eingeführt war [11].

Inzwischen gibt es eine ganze Reihe von Studien und Beobachtungen, die über negative Auswirkungen des Fernsehens und des damit verbundenen Verlustes der zwischenmenschlichen Interaktion auf die geistige Entwicklung der Kinder berichten, und die in verschiedenen Büchern zusammengefasst und so der allgemeinen Öffentlichkeit zugänglich gemacht worden sind [2,3,7,15-20]:

- Störungen der Koordination, der Fein- und Grobmotorik.
- Zunahme ziellosen Herumrennens und einer nervösen unbeherrschten Hyperaktivität (was als kompensatorische Reaktion auf die Immobilität beim Fernsehen angeschaut wird).

- Rückgang des Spielens überhaupt, vor allem des aktiven, kreativen und phantasievollen Spielens.
- Rückgang des experimentierenden Spiels, des Selbst-herausfinden-Wollens.
- Dafür mehr passives Verhalten, mehr Unterhalten-sein-Wollen, mehr Ungeduld.
- Weniger Engagement in Spiel und Schule, weniger Durchhaltevermögen, weniger Frustrationstoleranz.
- Rückgang der Fähigkeiten des Lesens, Sprechens und Schreibens mit Tendenz zur Formung einfacher Sätze und mit einem reduzierten Vokabular.
- Kürzere Aufmerksamkeitsspanne, zunehmende Wahrnehmungsstörungen.
- Schlechtere Konzentrationsfähigkeit, schlechteres Abstraktionsvermögen, schlechtere Denkleistungen, (z.B. in der Mathematik), schlechteres Gedächtnis.
- Im Sozialen Abnahme der Fähigkeit der Kinder, gemeinsam und sinnvoll miteinander zu spielen.
- Erfrieren des Familienlebens.
- Abnahme der Fähigkeit, im Gespräch gemeinsame Konflikte zu lösen, dafür Zunahme überschiessenden aggressiven Verhaltens. Tendenz zu aggressivem Verhalten vor allem bei phantasiearmen Kindern, die nicht fähig sind, in einer beweglichen Weise zu reagieren.

Alles in allem also eine eindeutige Schwächung der geistigen Kräfte des Menschen auf allen genannten Ebenen der menschlichen Entwicklung: in der Bewegung, in der sprachlichen Befähigung, im Denken und dann auch im Sozialverhalten.

Manche Eltern denken, dass es doch immerhin nicht schädlich sein sollte, den Kindern über Fernsehen oder Video eine Kindergeschichte oder ein Märchen zu vermitteln. Ein an der Harvard University durchgeführtes Experiment zeigt jedoch, dass diese Meinung illusorisch ist [21].

Zwei Gruppen von Kindern wurden «Die drei Räuber» von Tomy Ungerer vorgelesen. Der einen Gruppe mit Hilfe des illustrierten Buches direkt durch einen Erzähler, der anderen Gruppe wurde die Geschichte über den Bildschirm gezeigt, wobei die Kamera dieselben Bilder zeigte und derselbe Erzähler vorlas. Es wurde optisch und akustisch derselbe Inhalt geboten, aber das eine Mal unmittelbar, das andere Mal durch die Vermittlung des Fernsehapparates. Nachher wurden beide Gruppen psychologisch getestet. Es zeigte sich, dass die Kinder nach der unmittelbaren Erzählung mehr Einzelheiten der Geschichte erinnern und selbständig wiederholen konnten, die erzählten Worte und Sätze genauer wiedergaben, den Sinn der Geschichte besser verstanden und die Geschichte gedanklich besser auf ihre eigene Lebenssituation beziehen konnten als die Fernsehgruppe. Die

Fernsehgruppe war interessanterweise mehr überwältigt vom visuellen Eindruck und konnte sich weniger gut in die sprachlichen und gedanklichen Elemente der Geschichte einarbeiten, obwohl beide Gruppen «dasselbe» gehört und gesehen hatten [21].

Dieses Experiment zeigt u. a. direkt, *dass das Fernsehen den Menschen vom Denken wegzieht.* Letzteres wird von Experten als Hauptgrund dafür angesehen, dass die regelmässigen Tests (National Assessment of Educational Programs NAEP) des National Institute of Education in den USA bereits von den 70er zu den 80er Jahren eine signifikante Abnahme des so genannten «inferential reasoning» aufzeigten [22]. Darunter wird die Fähigkeit verstanden, gelesene Texte zu verstehen, zu interpretieren, daraus Urteile und Schlüsse zu ziehen sowie neue Ideen zu bilden, also kurz, die Fähigkeit zum Denken. Man muss sich deshalb nicht verwundern, wenn, wie auch durch verschiedene Studien bestätigt worden ist, die Kinder allmählich eher zum Fernsehen neigen als zum Lesen, denn Lesen ist anstrengender als Fernsehen.

Im Ganzen werden von Kindern zwar nicht weniger Bücher benutzt, aber zunehmend solche vom Lexikonstil, in denen man Informationen holen oder Illustrationen anschauen kann. Ferner Comics in allen Variationen, in denen der Fernsehstil direkt in Buchform umgesetzt [23] und vom Lesen eigentlich kaum noch die Rede ist, und so auch immer weniger vom Denken [1][1]. Denn, und das gilt heute als unbestritten, es ist von allen schulischen Tätigkeiten in erster Linie das *eigenständige denkende Lesen,* durch welches das Abstraktionsvermögen, das Sprachvermögen, die intellektuelle Phantasie und Kreativität des älteren Kindes, und damit die eigentliche Bildung und die intellektuelle Identität ausgebildet werden [24].

Mehrere Untersuchungen haben auch gezeigt, dass im *Elektroencephalogramm (EEG)* beim Lesen im Vergleich zum Fernsehen mehr Beta-Wellen und weniger Alpha-Wellen gemessen werden können [25]. Beta-Wellen (14–30 Hz) treten auf, sobald die Augen geöffnet werden und der Mensch aufmerksam in die Welt blickt.

---

1   Die folgende Notiz des Tagesanzeigers vom 17. Dezember 1999, S. 16 wirft ein interessantes Licht auf den Bildungshintergrund auch von führenden Repräsentanten eines der so genannt fortschrittlichsten und mächtigsten Länder: «Auch der amerikanische Präsident Bill Clinton ist traurig über das Ende der weltberühmten 'Peanuts' [...]. Durch die Trickfilmfiguren Charlie Brown, Snoopy und Lucy habe er viel über das menschliche Dasein gelernt, sagte Clinton am Mittwoch Abend. Die von Charles M. Schulz erfundenen Figuren seien nicht nur bleibende Ikonen, sondern hätten die Menschen auch gelehrt, ein bisschen menschlicher zu sein. Der Zeichner Schulz hatte am Dienstag angekündigt, seine Comic-Serie, die täglich in weltweit rund 2600 Zeitungen erscheint, Anfang nächsten Jahres einzustellen.»

Alpha-Wellen (10 Hz) treten in Ruhe und bei geschlossenen Augen auf, sie verschwinden dann aber beim Einschlafen zugunsten von Theta-Wellen (2-4 Hz) und von Delta-Wellen (0,5-3 Hz) im Tiefschlaf. Beim Fernsehen treten gegenüber dem normalen wachen Sinnesbewusstsein vermehrt Alpha-Wellen auf, und Fernsehinhalte werden besser behalten, wenn die Alpha-Wellen dabei absinken. Auch wenn Vieles auf diesem Gebiet noch unklar ist und ausführlicher diskutiert werden muss, (vgl. dazu [25]), so kann immerhin gesagt werden, dass das Fernsehen die Bewusstseinsstufe des Wachens, das aufmerksame Sinnesbewusstsein herabsetzt. Mulholland hat bei fernsehenden Kindern im EEG nicht nur eine erhöhte Alpha-Aktivität festgestellt, sondern auch ein Weiterbestehen der Alpha-Wellen, wenn die Kinder nicht mehr auf den Schirm schauten. Der Autor meinte aufgrund dieser Befunde, dass die Kinder durch das Fernsehen möglicherweise «lernen, unaufmerksam zu sein» [26].

Aus all dem ergibt sich klar eine Schwächung, ein Zurückwerfen der geistigen Kraft des Menschen, im Bewegen, Sprechen und Denken, also eine Schädigung dessen, was den Menschen erst zum Menschen macht.

Besonders bedenklich ist, wie früh diese Schäden schon auftreten, und wie stark sie gerade in den letzten Jahren zugenommen haben. So wurde 1995 aus Deutschland berichtet, dass der Anteil vom 3-Jährigen mit einer Sprachstörung innerhalb von 10 Jahren von 4 auf 25% gestiegen sei; bei Schuleintritt zeigten 1997 rund 16% der Kinder Sprachstörungen, 14% Koordinationsstörungen, ferner umfangreiche Wahrnehmungsstörungen, Probleme mit Grob- und Feinmotorik und Verhaltensstörungen [20].

Man muss sich dabei klar machen, dass, wie man heute gut weiss, das Sinnes-Nervensystem, ja überhaupt die menschliche Organisation nur insofern und insoweit ausgebildet und erhalten wird als es auch funktionell beansprucht wird, d.h. es ist unter den geschilderten Umständen auch mit einer entsprechenden physischen Degeneration der heranwachsenden Fernseh-, Video-, Kino-, Gameboy- und Walkman-Kinder zu rechnen. Denn das Gehirn ist gerade in diesen Vorschuljahren noch besonders plastisch, aber deshalb auch besonders vulnerabel [24,27]. Wenn man die Rasanz der Medienexpansion gerade jetzt, um die Jahrtausendwende in Betracht zieht, so ist beim Fortschreiten dieser Entwicklung für das 21. Jahrhundert mit zunehmenden und irreversiblen Entwicklungsschäden zu rechnen, d.h. mit Schwächen und Störungen der Bewegungs-, Sprach- und Nerven-Sinnesorganisation.

Schon gut bekannt ist das seit den 80er Jahren bemerkbare, und seither zunehmende Problem des so genannten *funktionellen Analphabetismus*. Schon 1984 hatte eine im Auftrag der US-Regierung durchgeführte Studie gezeigt, dass 44%

der US-amerikanischen Bevölkerung aus so genannten Aliteraten besteht, d. h. aus Leuten, die zwar Lesen gelernt haben, aber es nicht mehr tun; und 10% oder 23 Millionen der Landbevölkerung bestehen aus Analphabeten [28]. In Deutschland rechnet man in diesem Zusammenhang mit etwa 4 Millionen funktionellen Analphabeten, was einem Anteil von 15% der über 15-Jährigen entspricht [29]. 1995 hat eine Studie der OECD gezeigt, dass gerade in den reichsten Ländern der Erde, also auch in Europa, 20% der Erwachsenen nur über dürftigste Schreib- und Rechenfähigkeiten verfügen [30]. Als ursächlicher Hauptfaktor für dieses Problem hat sich das Fernsehen herauskristallisiert (Begründung und ausführliche Darstellung in [18]). Wir befinden uns also mitten in einem durch Film und Fernsehen zumindest mitbedingten Rückbildungsprozess menschlicher Kulturfähigkeiten.

Was bis hierher als Schwächung des selbsttätigen menschlichen Geistes durch Film und Fernsehen geschildert wurde, kommt durch *die Art* dieses Mediums *als solche* zustande, *ganz unabhängig vom gezeigten Inhalt.* Ganz deutlich ist das am Beispiel der Geschichte von Tomy Ungerer zu ersehen. Dazu kommen aber die Wirkungen, die durch den oft verheerenden *Inhalt* durch diese Medien auf die also geschwächte Menschheit losgelassen wird. Ich möchte dieses Thema nicht sehr weit ausbreiten, sondern nur das Problem der Gewaltdarstellungen etwas behandeln.

Das Problem der Gewaltdarstellungen

Es ist nicht zu verkennen, das die Gewalt das vorherrschende Element eines Grossteils der Fernsehfilme darstellt. Seit den 80er Jahren kommt eine erschreckende Zunahme des Videogeschäftes mit Pornographie und Brutalitätsdarstellungen scheusslichster Art dazu, zu denen insbesondere auch Jugendliche Zugang finden [31].

> Eine Studie der amerikanischen Psychologenvereinigung kam 1992 zur Feststellung, dass das amerikanische Durchschnittskind während seiner Grundschulzeit ungefähr 8'000 Morde und mehr als 100'000 andere Gewalttaten auf dem Bildschirm sieht [32].
> Interessant ist, dass auch Kinderprogramme, z. B. Comic-Strips voll Gewaltdarstellungen sind. So werden pro Stunde Erwachsenenprogramm durchschnittlich 8 Gewaltakte gezeigt, pro Stunde Kinderprogramm deren 16 [33]. Die Kinder würden sonst das Interesse verlieren, argumentiert ein führender amerikanischer Fernsehfilmemacher [34].

Kann jemand glauben, dass diese Art von «Seelennahrung» ohne Einfluss auf die moralische Entwicklung von Kindern sein kann, in einer Entwicklungsphase, in der das Kind noch ganz auf moralische Vorbilder der Umgebung angewiesen ist? Durch mehrere Studien ist detailliert gezeigt worden, dass Gewaltdarstellungen in den Medien auch im Leben Gewalt tätigt, so z. B. im Vorschulalter aggressives Verhalten auslöst [19] und ferner die Jugendkriminalität bis hin zu Mordtaten fördert [35,36].

Das ist gerade wieder kürzlich zur Sprache gekommen, als im amerikanischen Jonesboro zwei 11 und 13 Jahre alte Jungen vier Mädchen und ihre Lehrerin erschossen und zehn weitere Kinder verletzten. Ein Militärpsychologe (David Grossman), der nach dem Unglück an jener Schule Schüler und Eltern psychologisch mizubetreuen hatte, machte dann in der Presse eine interessante Bemerkung. Als Militärpsychologe hatte er nämlich bei der amerikanischen Armee Jahrzehnte lang speziell mit dem Abbau menschlicher Hemmschwellen vor dem Töten, und in dieser Hinsicht mit dem Trainieren von Soldaten zu tun. Anlässlich der Geschehnisse in Jonesboro machte Grossman einen aufschlussreichen Vergleich zwischen dem Einfluss der Gewaltdarstellungen der Medien auf die Kinder und dem erwähnten Soldatentraining. Er sagte nämlich, dass die Kinder grundsätzlich den selben Mitteln ausgesetzt würden, die das Militär zur Desensibilisierung von Soldaten anwendet, nämlich erstens Brutalisierung, zweitens allgemeine und gezielte Konditionierung und drittens Vorbildwirkung [37]. Die Brutalisierung und Abstumpfung sieht er durch das unablässige Vorführen von Gewalt von frühestem Kindesalter an verwirklicht, in einer Phase, in der Kinder Phantasie und Wirklichkeit noch nicht unterscheiden können. Das klassische Konditionieren im Sinne Pawlows sieht er darin, dass den Kindern «lebendige Bilder menschlichen Leidens und Todes in einer Umgebung von Werbung für ihre Lieblings-Softdrinks, Schokoladenriegel oder Spielzeug» präsentiert wird. «Fernsehgewalt konditioniert uns dahin, Spass und Freude an der Gewalt zu haben, Lustgefühle aus ihr zu beziehen» [37]. Die gezielte Konditionierung, die die Soldaten durch reflexartiges Schiessen auf mechanisch aufklappende Puppen trainieren, unter Ausschluss von Denken und Gewissen, sieht Grossman im ebenso reflexartigen Vernichten von Gegnern in Computerspielen der Kinder verwirklicht. Und das Vorbild ist eben der entsprechende Fernsehheld [37].

Pädagogisch entscheidend ist, dass das Kleinkind bis zum Vorschulalter vor allem durch *Nachahmung* lernt, dass das Schulkind etwa bis zur Pubertät in einem gewissen Sinn durch *Autorität* lernt und einem *Idol*, einer verehrten Persönlichkeit nachstrebt oder ihr zuliebe etwas tut. Aber diese Menschen auf der Leinwand, seien es nachzuahmende Helden oder leidende Opfer, sind so gar keine wirklichen Menschen, trotzdem man sie filmrealistisch wie Menschen sieht und hört, sondern das sind *nur Bilder von Menschen.* Und hier kommt eine wichtige, aber wenig beachtete Sache in Betracht, die für die Frage der Nachahmung von Fernsehvorbildern vermutlich von grosser Bedeutung ist:

Wenn man einen Menschen vor sich hat und mit ihm spricht, so hört man ihn nicht nur sprechen und nimmt nicht nur seine Gedanken auf, sondern man nimmt auch die Tatsache wahr, dass der Sprecher eine ganz bestimmte Persönlichkeit, ein seelisch-geistiges Ich-Wesen ist. Der gesunde Mensch hat die Fähigkeit, das Ich des anderen in der Wahrnehmung aufzufassen. Der Mensch hat einen *Ich-Sinn* zum Wahrnehmen des Ich des anderen Menschen, worauf bereits am Anfang des 20. Jahrhunderts vor allem Rudolf Steiner [38], aber auch Max Scheler hingewiesen haben. (Dass dieser Ich-Sinn massiv gestört sein kann, sieht man z. B. bei den so genannten autistischen Kindern, bei denen die Empfindung für das Ich des anderen Menschen erheblich beeinträchtigt sein kann.)

Das Ich eines anderen Menschen kann man natürlich nur wahrnehmen, wenn es *anwesend* ist. Am Fernsehschirm oder auf der Leinwand ist aber selbstverständlich nie ein Ich anwesend. Den Film über einen Menschen kann man ansehen, auch wenn der Mensch schon längst verstorben und sein Ich sich in der geistigen Welt befindet. Filmbilder von Menschen sind Phantome, gewissermassen sinnliche «Gespenster», aber keine Menschen. Der Blickkontakt z. B., in dem sich sonst in jeder menschlichen Beziehung Menschen auf die subtilste und mannigfaltigste Weise begegnen können und der gerade in der Erziehung eine wichtige Rolle spielt, ist mit dem gefilmten Helden oder Opfer niemals möglich, auch wenn diese direkt in die Kamera geschaut haben. Das Kind ahmt im Fernsehvorbild unmittelbar keinen tatsächlichen Menschen nach, und es erlebt im leidenden Opfer kein wirkliches menschliches Leiden. Das spielt für die Frage des Abstumpfens naturgemäss eine grosse Rolle.

Nimmt man diesen Punkt zusammen mit der Tatsache von Gewaltdarstellungen, so wird man ohne Weiteres zugeben können, dass buchstäblich ein *unmenschlicher*, weil Ich-loser Inhalt in die geschwächten Fernsehbewusstseine hinein gegossen wird und dass das nicht ohne Folgen bleiben kann.

Dass das Fernsehen effektiv zu einer Brutalisierung führt, sieht Grossman in den Resultaten einer im Journal of the American Medical Association veröffentlichten Studie bestätigt, dass nämlich in jedem Land und in jeder Region oder Stadt, in denen das Fernsehen neu eingeführt wurde, sehr bald eine Explosion von Gewalt auf den Spielplätzen entstand, und dass sich die Mordrate innerhalb von 15 Jahren etwa verdoppelte. Warum 15 Jahre? «So lange braucht die Brutalisierung eines 3- bis 5-jährigen Kindes, bis es das Alter krimineller Spitzenenergie erreicht». [37]

Was in diesem Zusammenhang seit den 70er Jahren neu aufgefallen ist, das ist eine neue Kategorie von jugendlichen Kriminellen, die von den Amerikanern als «non-emphatic murderers» bezeichnet werden, also empathielose Mörder, die man definiert als «Kinder, denen die psychische Fähigkeit fehlt, sich innerlich an den Platz eines andern zu versetzen», und die «unsagbare Verbrechen mit völliger Abwesenheit von normalen Gefühlen wie Schuld oder Reue begehen können. Es ist wie wenn sie dabei mit unbeseelten Objekten zu tun hätten, und gar nicht mit menschlichen Wesen» [39]. Fachleute vermuten, dass das Gewalt darstellende Fernsehen mit seinem illusionären Charakter solches Verhalten fördere [39], ein Verhalten, das man allerdings überhaupt nicht mehr als menschlich bezeichnen kann. Man muss wirklich sagen: Es ist *radikal Böses,* das hier durch die Unterstützung der Medien die Mittel findet, Einlass in die Menschheit zu gewinnen.

Es ist eine Schande, dass die Verantwortlichen für Fernsehprogramme, die Erziehungsfachleute im Schul- und Universitätswesen und in den staatlichen Gremien, die das alles wissen oder wenigstens wissen können, die Dinge im Wesentlichen so treiben lassen und höchstens nach Verschärfung des Jugendstrafrechts rufen. Es wäre jedoch damit zu beginnen, den Wert und den Einsatz dieser Medien *radikal zu überdenken* sowie entscheidende *Konsequenzen zu ziehen* für einen verantwortungsvolleren Umgang damit, für eine andere Programmgestaltung, für den Medienunterricht in der Schule, und vor allem auch für einen echten Schutz der kleinen Kinder vor Gewaltdarstellungen, ja vor den Medien überhaupt.

Stattdessen lanciert man jetzt die *Teletubbies,* dieses nicht kindliche, sondern kindische, aber genial konzipierte Programm für 1- bis 4-Jährige mit den vier tapsigen Plüschgestalten aus England, dessen Stimmung in folgender Beschreibung zum Ausdruck kommt: «Wer einer Teletubbie-Kassette lauscht, fühlt sich, als sei er in einer Mischung aus Krabbelgruppe und bekiffter Hippie-Kommune gelandet. Da wechselt kindliches Gaga mit psychedelischer Musik, offenbar live von einer Cannabis-Party auf Goa. 'Alles ganz harmlos' beruhigen Experten. 'Fernsehen muss nicht mehr automatisch pädagogisch wertvoll sein', versichert der Medienwissenschaftler» [40]. Nun, die Sache hat Erfolg: «Nach den ersten rund 150 Tagen mit den Teletubbies sind Eltern, Grossmütter und Erzieherinnen überrascht, wie intensiv ihre Schützlinge den Bildschirm-Vorbildern nacheifern». Man «beobachtet, wie die kleinen 'über Stunden hinweg' unerreichbar in Rollenspielen als Tinky-Winky, Laa-Laa, Dipsy und Po abtauchen» [40].

Was sind denn das für Vorbilder, denen hier offenbar die Kleinen schon heftigstens nacheifern? Was wird hier dargestellt? Zunächst aufrechte Gestalten wie kleine Knirpse, die soeben stehen und gehen gelernt haben. Aber Menschen sind das nicht, trotz dem rundlichen Baby-Aspekts ihres Kopfes, der unmittelbar entsprechende Sympathiegefühle auslöst. Die bei genauerem Besehen unbelebte Gesichtsmaske hat mit ihren Augenhöhlen, trotz den daraus hervor blinkenden Bamby artigen Mäuseaugen etwas Totenkopfartiges, wenn auch im Sinne eines Baby-Totenkopfes. Und das Fledermausartige der Ohren, zusammen mit der angedeutet mäuschen- oder äffchenartigen Mundpartie und dem Pyjama-Outfit zeigt, zu welcher Familie diese drollig wirken sollenden Figuren gehören: Zu den Meerkatzen aus Mephistos Hexenküche. Nur dass sie futuristisch-kommunikationstechnisch aufgemöbelt sind: mit Antenne auf dem Kopf und Fernsehkasten im Bauch. Also ganz herzige Maschinentierchen, die ausgerechnet in *dem* Bereich einen Flimmerkasten tragen, in dem beim Menschen, und besonders beim menschlichen Kind, die Ich-Organisation eingreift, um via Sonnengeflecht und vegetativem Nervensystem all die unbewussten Funktionen zu leiten, die den Aufbau für das Leben leisten. Jedenfalls haben es die zuschauenden Kinder schon bald intus: dass ihr Vorbild den Flimmerkasten *intus* hat. Die Antenne und den Fernsehmonitor in tierhaft lebendiger Weise an die Stelle des menschlichen Geistes gesetzt, das Ganze pseudomenschlich aufgepäppelt: Kann man besser darstellen aus welcher Stätte dieser neuste Rückschritt des filmischen (Ver-) Bildungswesens stammt? Die Inspiration dazu mag den Autoren wohl auf eine ähnliche Art aufgegangen sein, wie sie in ihren Filmchen zeigen: Durch eine «blecherne Stimme» aus dem Untergrund.

Fazit

Ich komme damit zum Schluss. Die Zahlen und Fakten vieler Untersuchungen führen zu einem eindeutigen Resultat: Film und Fernsehen, so wie diese Medien immer mehr grassieren, entfalten ein nicht ungefährliches schädigendes Potential für die geistige und moralische Entwicklung des Menschen.

Aber es besteht kein Grund zur Resignation. Diese Dinge sind vom Menschen gemacht (wenn auch nicht immer aus menschlichen Motiven); sie können vom Menschen durchschaut und auch vom Menschen wieder entmachtet werden.

Es geht keineswegs darum, die modernen Kommunikationsmedien abschaffen zu wollen, das wäre ohnehin ein illusorisches Unterfangen; aber es geht darum, sie auf denjenigen Platz zurück zu weisen, an dem sie als technische Diener dem Menschen Arbeit abnehmen, damit der Mensch seine Kraft *umso mehr* für seine geistige, moralische und soziale Entwicklung aufwenden kann. So könnten diese Medien der menschlichen Entwicklung nützlich werden, anstatt sie zu zerstören.

Dazu ist aber vor allem eines nötig, wie bereits Rudolf Steiner am Anfang des 20. Jahrhunderts hinsichtlich der schädlichen Auswirkungen des Films vertreten [41], und durch sein ganzes Bildungs- und Schulungswerk auch konkret vorgelebt hat: Die Medien sollen nicht abgeschafft, sondern ihr Einfluss *kompensiert* werden. Ein solcher *Ausgleich* ist jedoch nur möglich, wenn von der frühen Kindheit an die sinnvolle *Selbsttätigkeit* des Menschen vom Bewegen bis zum Denken sukzessive gefördert wird. Dazu dienen in der anthroposophischen Pädagogik verschiedene Massnahmen, so z. B. die durchseelten Bewegungen in der Kinder-Eurythmie, die Förderung der Geschicklichkeit durch lustige Bewegungsübungen wie Kiebitzschritt, Massnahmen wie das Stricken (auch für Buben!) und ähnliches. Ferner erfolgt die Ausbildung des Sprechens, Lesens und Schreibens in einer Weise, die die Phantasie und das Gemüt immer mitbeteiligt sein lassen. Das Seelenleben wird weiter durch Einbeziehung der Künste gefördert, die sinnvoll mit intellektuellen Fächern abwechseln. Und schliesslich wird die Ausbildung eines klaren, kreativen und selbsttätigen Denkens angestrebt, wie das von Steiner z. B. in seiner *Philosophie der Freiheit* [42] dargestellt worden ist.

Literatur

[1] Nielson Media Research: National Audience Demographics Report: 1993-1994. Aus: Winn M.: The Plug-In Drug. Television, Children & the Family. Penguin, New York 1995, p. 4.
[2] Winn M.: The Plug-In Drug. Television, Children, & the Family. Penguin, New York, p. 92.
[3] Healy J. M.: Endangered Minds. Simon & Schuster, New York 1999, p. 196.
[4] Darschin W., Frank B.: Tendenzen im Zuschauerverhalten. Fernsehgewohnheiten und Programmbewertung 1996. In: Media Perspektiven, April 1997.
[5] Albrecht N.: Fakten und Daten zur Medien- und Computerentwicklung. In: Buddemeier H.: Die medienkritische Reihe, Bd 1. Univ. Bremen 1997, S. 13.
[6] [5], S. 42-43.
[7] Patzlaff R.: Medienmagie oder die Herrschaft der Sinne. Freies Geistesleben, Stuttgart 1999, S. 111.

[8] Reeves B. et al: Attention to television: Intrastimulus effects of movement and scene changes on alpha variation over time. International Journal of Neurosciences 1985; 27:241-255.
[9] [3], S. 200-202.
[10] [2], S. 62-64, S. 133-4.
[11] [2], S. 78 ff.
[12] National Institute of Mental Health: Television and Behaviour: Ten Years of Scientific Progress and Implication for the 80'ies. Summary Report. Vol. 1, Rockville, Maryland, 1982.
[13] Williams T. M.: The impact of Televison: A Natural Experiment Involving Three Communities. Symposion presented at the Meeting of the Canadian Psychological Association. Vancouver 1977, (diskutiert in [11].)
[14] Coast Survey of Students Links Rise in TV use to Poorer Grades. The New York Times, March 30, 1980, (diskutiert in [11]).
[15] Buddemeier H.: Illusion und Manipulation. Die Wirkung von Film und Fernsehen auf Individuum und Gesellschaft. Urachhaus, Stuttgart, 1996.
[16] Buddemeier H. (Hrsg.): Das Problem von Wahrnehmung und Bewusstsein auf dem Hintergrund der Medien- und Hirnforschung. Medienkritische Reihe Bd. 1. Universität Bremen, 1997.
[17] Pearce J. C.: Evolution's End. Claiming the Potential of our Intelligence. Harper, San Francisco 1993.
[18] Patzlaff R.: Kindheit verstummt. Verlust und Pflege der Sprache im Medienzeitalter. Erziehungskunst 7 und 8, 1999.
[19] Singer D. G., Benton W.: Caution: Television May Be Hazardous to a Child's Mental Health. Developmental and Behavioural Pediatrics 1989; 10 (5): 259-261.
[20] Assmann R. A.: Wie verändern Computer und Medien unseren Zugang zur Welt? In: [16], S. 171-195, S. 190.
[21] Char C. A., Meringoff L.: The Role of Story Illustrations – Children's Story Comprehension in Three Different Media. Technical Report 22, Harvard Project Zero, January 1981, (diskutiert in [2], S. 84ff).
[22] [2], S. 84-87.
[23] [2], S. 67-77.
[24] [5], S. 45-46.
[25] Scheurle H. J.: Information und Bewusstseinshelligkeit. Was kann die neurophysiologische Forschung zur Untersuchung des Fernsehens beitragen? In: [16], S. 74-170.
[26] Literaturangaben und Diskussion in [25], S. 124-125.
[27] [2], S. 52.
[28] Franzmann B.: Vor dem Einbruch der Multimedia-Kultur. Leseforscher überprüfen die Bestände. Spektrum der Wissenschaft 1995; 10: 116-119.
[29] Der Spiegel 1995; 36: 82-87.
[30] Literacy, Economy and Society. Results of the First International Literacy Survey. Hrsg. vom Generalsekretär der OECD (Paris) und der Organisation für Economic Cooperation and Development. Paris/Ottawa 1995.
[31] [7], S. 114ff.
[32] [7], S. 159.
[33] [17], S. 169.

[34] [17], S. 240.
[35] [20], S. 191.
[36] Lukesch H. et al: Jugendmedienstudie: Verbreitung, Nutzung und ausgewählte Wirkungen von Massenmedien bei Kindern und Jugendlichen; eine Multi-Medienuntersuchung über Fernsehen, Kino, Video- und Computerspiele sowie Printprodukte. 2. Aufl. Roderer, Regensburg 1990.
[37] Grossman D.: Kinder trainieren Gewalt. Wie die Medien Kinder gewaltbereit machen. Family 1999; 2: 56-60.
[38] Steiner R.: Von Seelenrätseln (1917). 5. Aufl. Rudolf Steiner Verlag, Dornach/Schweiz 1983.
[39] [2], S. 108-109.
[40] Klassen R.: Invasion der Teletubbies. Hör zu 1999; 14: 14.
[41] Schäfer W.: Rudolf Steiner über die technischen Bild- und Tonmedien. Eine Dokumentation. Verein für Medienforschung und Kulturförderung. 2. Aufl. Bremen 1998.
[42] Steiner R.: Die Philosophie der Freiheit. Grundzüge einer modernen Weltanschauung. (1894) 16. Aufl. Rudolf Steiner Verlag, Dornach/Schweiz 1995.

Kathrin Mühlemann

Multiresistente Spitalkeime – Strategien zur Eindämmung eines wachsenden Problems

Was sind Spitalkeime

Der Begriff Spitalkeim beschreibt Bakterien (Keime), die vorallem bei hospitalisierten Patienten Infektionskrankheiten verursachen und die typischerweise eine Resistenz gegen eine oder mehrere Antibiotikagruppen aufweisen. Tabelle 1 gibt eine Übersicht über Spitalkeime, mit denen wir heute konfrontiert sind. Der zur Zeit weltweit wichtigste Spitalkeim ist der Methicillin-resistente Staphylokokkus aureus, auch MRSA genannt.

Tabelle 1. Häufigkeit der Resistenz von wichtigen Spitalkeimen am Inselspital

Keim	*Resistenz*	*Häufigkeit* * der Resistenz*
Staphylokokkus aurus	Methicillin	2% (bis 5%)
koag.-neg. Staphylokokken	Methicillin	54%
Enterokokken	Vancomycin	0.7%
Pseudomonas spp.	Multiresistenz	Einzelfälle
Enterobacteriaceae	β-Lactamasen	Einzelfälle
Enterobacter spp	Multiresistenz	Einzelfälle
Acinetobacter spp.	Multiresistenz	Einzelfälle
Stenotrophomonas spp.	Multiresistenz	Einzelfälle

* *Prozentzahlen beziehen sich auf alle klinischen Isolate*

Infektionen durch Spitalkeime verursachen hohe Kosten. Die Antibiotikaresistenz des Erregers erschwert und verlängert die Behandlung. Oft muss auf sogenannte Reserveantibiotika zurückgegriffen werden, welche zum Teil nur intravenös (durch eine Infusion) verabreicht werden können, häufiger Nebenwirkungen verursachen, weniger wirksam sind für die Behandlung eines bestimmten Erregers, oder teurer sind als die üblich verwendeten Substanzen. Zum Beispiel kann eine MRSA Infektion häufig nur noch durch Vancomycin behandelt werden. Vancomycin muss intravenös verabreicht werden und ist weniger wirksam als Antibiotika, die üblicherweise gegen Staphylococcus aureus eingesetzt werden. Wir werden heute auch schon mit Spitalkeimen konfrontiert, die gegen alle verfügbaren Antibiotika resistent geworden sind; zum Beispiel multiresistente Pseudomonas aeruginosa. Infektionen durch solche Keime sind medikamentös nicht mehr behandelbar. Je nach infiziertem Organ, kann die Infektion tödlich verlaufen oder benötigt eine chirurgische Behandlung, zum Beispiel die Amputation eines infizierten Beins.

Glücklicherweise sind Infektionen durch multiresistente Spitalkeime am Inselspital zur Zeit noch relativ selten. Insgesamt zeichnet sich aber weltweit und auch am Inselspital eine zunehmende Tendenz ab. Es ist deshalb wichtig, dass wir nach Möglichkeit vorbeugende und kontrollierende Massnahmen gegen das Resistenzproblem treffen.

Die Hauptpfeiler der Resistenzbekämpfung

Kontrollstrategien gegen multiresistente Infektionserreger basieren auf zwei Hauptpfeilern: a) Verhindern, dass sich resistente Keime (im Spital) weiter verbreiten durch *Hygieneprogramme*, b) die Entwicklung neuer Resistenzen nach Möglichkeit vermeiden durch einen *vernünftigen Einsatz von Antibiotika*. In der Regel müssen beide Pfeiler berücksichtigt werden. Die Massnahmen können aber unter Kenntnis der biologischen Eigenschaften eines spezifischen Spitalkeims gewichtet werden. Dabei spielen natürlich die Fähigkeiten eines Erregers, sich zu verbreiten und/oder resistent zu werden, die Hauptrollen.

Resistenzentwicklung und -verbreitung

Resistenzentwicklung ist ein genetisches Ereignis, das nach verschiedenen Prinzipien erfolgen kann. Diese Prinzipien können eingeteilt werden in Ereignisse, die sehr rasch und häufig ablaufen, und Ereignisse, die selten stattfinden. Dazu sollen kurz einige Beispiele gegeben werden.

Ein Pseudomonas aeruginosa kann durch eine kleine Veränderung in der Erbsubstanz (Spontanmutation) sehr rasch resistent werden, zum Beispiel gegen das Antibiotikum Ciprofloxacin. Eine andere rasch aktivierbare Resistenzstrategie des Pseudomonas aeruginosa ist das Anschalten (durch Genregulation) der Synthese eines Eiweisses (Enzyms), welches das Antibiotikum, zum Beispiel das Imipenem, zerstört. Tabelle 2 zeigt an einem Patientenbeispiel, wie ein Pseudomonas aeruginosa unter Therapie innert Tagen gegen multiple Antibiotika resistent werden kann. Probleme mit Spitalkeimen, die die Fähigkeit der raschen Resistenzentwicklung besitzen, müssen vor allem durch einen geschickten Einsatz von Antibiotika kontrolliert werden. Dabei spielen nicht nur die Wahl, sondern auch die korrekte Verabreichungsart und die Dosierung eines Antibiotikums eine wichtige Rolle. Zum Beispiel erhöht eine zu niedrige Dosierung eines Antibiotikums das Risiko der Resistenzentwicklung.

Tabelle 2. Resistenzentwicklung bei *Pseudomonas aeruginosa* unter Therapie (klinisches Fallbeispiel)

	Tag 0	Tag 6	Tag 18	Tag 20
Pip/Taz*	S	R	R	R
Ceftazidim	S	R	R	R
Imipenem	R	R	R	R
Gentamicin	S	S	R	R
Netromycin	S	S	R	R
Tobramycin	S	S	S	R
Amikacin	S	S	R	R
Ciprofloxacin	S	S	R	R

* *Piperacillin/Tazobactam*   S = sensibel   R = resistent

Die Methicillinresistenz des Staphylokokkus aureus beruht dagegen auf einem komplizierten Mechanismus. Für die Enstehung eines MRSA muss ein Staphylokokkus aureus ein grosses Stück Erbsubstanz von einem Spenderbakterium aufnehmen. Ein solches Ereignis (auch horizontaler Gentransfer genannt) ist aufwendig und deshalb sehr selten. Trotzdem ist der MRSA heute der häufigste Spitalkeim. Dies beruht auf speziellen biologischen Eigenschaften, wie zum Beispiel der Fähigkeit des Staphylokokkus aureus auf der menschlichen Haut anzuhaften, die es dem Keim ermöglichen, sich rasch in einer menschlichen Population auszubreiten. Die wichtigste Kontrollstrategie gegen den MRSA sind deshalb Hygienemassnahmen, die die Verbreitung des MRSA von Person zu Person unterbinden.

Figur 1. Methicillin-resistenter *Staphylokokkus aureus* (MRSA) in der Schweiz (Universitätsspitäler) und angrenzenden Ländern

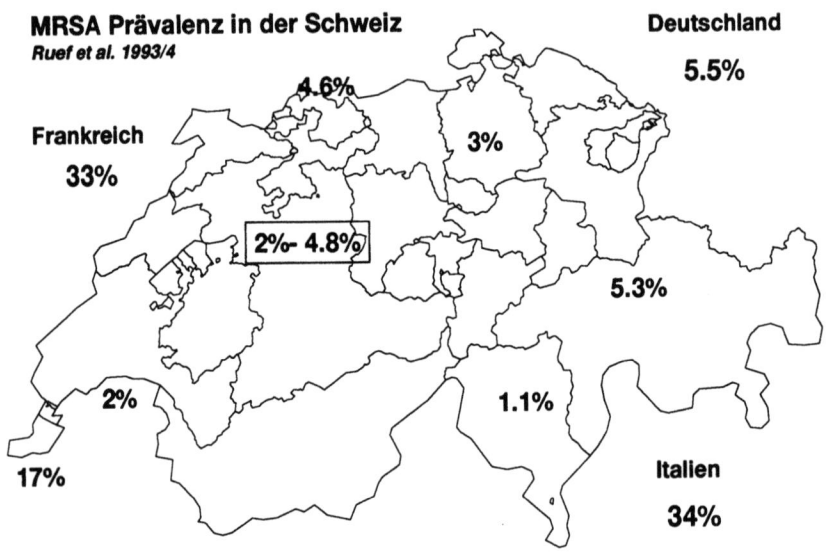

Geographische Verbreitung des Methicillin-resistenten Staphylokokkus aureus (MRSA)

MRSA wurden erstmals 1961 beschreiben und haben sich sehr rasch über alle Kontinente ausgebreitet. Im südlichen Europa und in den USA sind 30% bis 50% und in Japan über 80% der Staphylokokkus aureus Methicillin-resistent (also MRSA). In der Schweiz sind MRSA demgegenüber noch selten (Figur 1, Ref: C. Ruef, Swiss-Noso 1995; 2(4): 25-29). An den meisten Universitätsspitälern liegt der Prozentsatz von MRSA unter 5%.

Eine wichtige Quelle für MRSA sind am Inselspital Patienten, die von ausländischen Kliniken (mit höherer MRSA Häufigkeit) repatriiert oder verlegt werden. Seit Dezember 1996 werden solche Patienten deshalb bei Eintritt auf ein MRSA Trägertum untersucht. Trotzdem sind wir vor grösseren Problemen nicht gefeit. Im Jahr 1998 verbreitete sich ein vom Ausland importierter MRSA Stamm am Inselspital epidemisch in mehreren Kliniken. Wichtige Verbreitungsmechanismen waren dabei a) die Übertragung des MRSA von Patient zu Patient über die Hände des Personals und b) die Verlegung oder Rehospitalisation von kolonisierten Patienten. (Patienten bilden ein Reservoir für MRSA, da das MRSA-Trägertum durch Grundkrankheiten und Antibiotikatherapien begünstigt wird.) Diese MRSA Epidemie konnte glücklicherweise durch Hygienemassnahmen wieder unter Kontrolle gebracht werden.

Teufelskreis Antibiotikaresistenz

Die Zunahme von multiresistenten Spitalkeimen führt, wie eingangs erwähnt, zu einem vermehrten Einsatz von Antibiotika mit breiterem Wirkspektrum, die eigentlich als Reservemedikamente (ultima ratio) zurückgehalten werden müssten. Zum Beispiel hat die rasche Verbreitung von MRSA in den 80-ziger Jahren in vielen Ländern zu einem massiven Anstieg des Vancomycinverbrauchs geführt. Dies hat die Entwicklung und rasche Verbreitung von Vancomycin-resistenten Enterokokken begünstigt. Ein weiteres, sehr ernstes Problem ist das Auftreten des Vancomycin-resistenten Staphylokokkus aureus in Japan und den USA im Jahr 1997. Zur Behandlung solcher Infektionen steht heute keine etablierte Antibiotikatherapie zur Verfügung. Am Inselspital ist der Vancomycinverbrauch zur Zeit vergleichsweise niedrig und wir hatten bis anhin keine ernsten Probleme mit Vancomycin-resistenten Keimen. Dennoch ist auch bei uns eine frühe und rigorose Einschränkung der Verwendung von Vancomycin und anderer Reserveantibiotika wichtig, um solchen sehr ernsten Problemen vorzubeugen.

Geschickter Antibiotikaeinsatz (Rationale Antibiotikapolitik)

Es gibt mehrere Strategien, um den Einsatz von Antibiotika an einem Spital günstig zu beeinflussen. Erfahrungen an ausländischen Kliniken zeigen, dass das Erstellen von Richtlinien zur empirischen und gezielten Antibiotikatherapie und zur chirurgischen Prophylaxe zu einem Rückgang des (unnötigen) Antibiotikaverbrauchs und zu einer Verminderung von Resistenzproblemen beitragen. Natürlich müssen solche Richtlinien auf spezielle Patientengruppen und auf die lokale und internationale Resistenzlage abgestimmt werden.

Eine rigorosere und auch aufwendigere Massnahme ist die kontrollierte Abgabe von Reservesubstanzen. Das Prinzip besteht darin, dass die Therapie mit dem Reservemedikament, z. B. dem Vancomycin, auf einer Abteilung frei begonnen werden kann. Sie kann jedoch nur weitergeführt werden, wenn innert nützlicher Frist ein positives Kulturresultat die Notwendigkeit der Therapie bestätigt. Ein solches Programm bedingt aber, dass Medikamente Patienten-spezifisch bestellt und von der Apotheke geliefert werden.

Weitere, interessante Strategieansätze sind zur Zeit noch im Entwicklungsstadium: 1. Computerprogramme, die auf der Abteilung direkt zugänglich sind, können bei der Wahl einer Patienten-spezifischen Antibiotikatherapie unter Berücksichtigung klinischer, pharmakodynamischer, mikrobiologischer und epidemiologischer Daten wertvolle Dienste leisten. Leider sind solche Programme noch nicht breit verfügbar, da ihre Herstellung sehr aufwendig ist. 2. Bei Antibiotikarotationsprogrammen werden Antibiotika mit breitem und ähnlichem Wirkungsspektrum abwechselnd in Intervallen von einigen Monaten eingesetzt. Das Ziel dieser Strategie ist, Resistenzprobleme im Schach zu halten, indem der Antibiotikaselektionsdruck immer wieder gewechselt wird.

Frühe Kontrolle des Resistenzproblems vereinfacht die Aufgabe

Zusammenfassend kann gesagt werden, dass Kontrollstrategien zur Einschränkung der Resistenzentwicklung und -verbreitung auf Hygieneprogrammen und einer geschickten (rationalen) Antibiotikapolitik beruhen. Die Gewichtung dieser Kontrollstrategien ist abhängig von biologischen Eigenschaften der individuellen Keime und der lokalen und internationalen epidemiologischen Lage. Es ist leichter, das Resistenzproblem zu kontrollieren solange es klein ist. Je niedriger die Häufigkeit von resistenten Spitalkeimen ist, desto geringer ist die Wahrscheinlichkeit einer (epidemischen) Übertragung. Je kleiner die Anzahl der Infektionen durch multiresistente Keime ist, desto weniger müssen Antibiotika mit breitem Wirkungsspektrum (Reservemedikamente) eingesetzt werden, deren breiter Einsatz zu zusätzlichen, sehr ernsten Resistenzproblemen führt.

CONRAD FREY

Opfer von Folter und Krieg: eine interdisziplinäre Herausforderung

Interdisziplinäres Arbeiten fängt im Kopf an

«Ich bin müde» [...]. «Ich weiss. Es ist schwer, so viele Tote auf den Schultern zu tragen.» [1]

In den letzten fünf Jahren habe ich über die menschlichen Tragödien nach Folter und Krieg und die Behandlung von traumatisierten Flüchtlingen in der Schweiz viele Vorträge und Workshops gehalten. Dennoch oder vielleicht gerade deshalb war die Vorbereitung für diesen Vortrag zum Thema «Opfer von Folter und Krieg: eine interdisziplinäre Herausforderung» belastend und mühselig. Nicht weil mir zu wenig Gedankenmaterial zur Verfügung stand, um darüber zu sprechen, sondern zu viel. Gefühle, Gedanken und Themen sind mir durcheinander gepurzelt, wie wenn ich alles Schwierige auf einmal zu sagen hätte: gründlich und umfassend, theoretisch abgestützt und mit praktischen Beispielen versehen, mit Empathie und Gefühl vorgetragen und doch sachlich abgewogen. Vergebens! Verschiedene Anläufe, meine Gedanken zu ordnen, sind nach kurzer Zeit gescheitert. Resignation, Selbstzweifel und Panik machten sich breit. Und ein ungläubiges Staunen darüber, weshalb die Erfahrungen, das vorhandene Wissen sowie die Fertigkeiten mir scheinbar nicht mehr zur Verfügung standen, wie versickert waren. Allmählich wurde mir deutlicher bewusst, wie ich über das Unsagbare nur noch schwer sprechen kann. Ich kam mir vor wie ein Handelsreisender, welcher seine Produkte anpreisen und verkaufen muss. Kann über das Leiden nach Folter und Krieg überhaupt gesprochen werden und wenn ja, in welcher Form? Darf die Komplexität des Leidens auf medizinische und psychosoziale Fragen reduziert werden? Ist es statthaft zu fragen, welchen Belastungen diese Menschen ausgesetzt waren, unter welchen Symptomen oder gar psychopathologischen Diagnosen sie nun leiden und welche therapeutischen Strategien am meisten Erfolg versprechen? Fördert diese Medikalisierung des Leidens nicht eine neue Ungerechtigkeit, indem sie die Betroffenen weiter an den Rand der Gesellschaft drängt?

Im Zentrum der traumatischen Reaktion steht beim Opfer oft die Entfremdung. Eine Fremdheit sich selber aber auch der sozialen Umwelt gegenüber.

Diesem Phänomen sind auch die Helfenden ausgesetzt. In ähnlicher Weise wie von mir selber erlebt, schreibt Angelo Lottaz, Psychologe und Theologe am Therapiezentrum SRK, dazu:

> «Die therapeutische Arbeit mit gefolterten und kriegstraumatisierten Menschen während der letzten vier Jahre hat mich verändert – ich bin nicht mehr der gleiche Mensch und ich bin nicht mehr der gleiche Therapeut. Manchmal habe ich das Gefühl, meine Seele sei in dieser Zeit älter geworden, ergraut, manchmal bin ich sehr müde – und wütend. Vor allem aber gelingt mir das Sprechen nicht mehr so leicht. Ich habe eine Scheu entwickelt, über diese Menschen und meine Erfahrungen mit ihnen zu sprechen, weil mir die Worte oft unangemessen vorkommen. Es scheint, als ob wir keine adäquate Sprache mehr zur Verfügung hätten, mit der sich über «letzte Dinge» sprechen liesse, über die Gründe und Abgründe unserer Existenz. Es ist die gleiche Scheu, die ich als Theologe gekannt hatte, wenn die Rede von Gott war: Oft kommen die gängigen Worte so glatt, so selbstverständlich und verobjektivierend daher, dass sie nichts mehr abzubilden vermögen vom Suchen und Ringen der Menschen um Wahrheit und Verstehen. Es ist wohl nicht zufällig, dass mir meine Erfahrungen als Theologe in den Sinn kommen: Sowenig unsere Sprache noch mit Gott rechnet, sowenig ist vorgesehen, von Folter und Krieg und von der Suche nach Sinn zu sprechen. Meine Scheu hat aber noch einen anderen Grund: Auch nach vielen Stunden Therapie mit Gefolterten blieb oft ein Gefühl der «Uneinfühlbarkeit» zurück – das von den Gefolterten Erlebte war für mich absolut unvergleichbar. Diese Fremdheit machte mich sehr unsicher: Verstand ich wirklich, was sie mir sagen wollten? Dabei erlebte ich plötzlich auch eine Fremdheit mir selber gegenüber. Ich war mir in meinen eigenen Reaktionen fremd, erlebte unbekannte Seiten von mir, konnte mich nicht mehr verstehen» [2].

Die geschilderten persönlichen Stimmungsbilder können mit dem Konzept der sekundären oder stellvertretenden Traumatisierung [3] verständlich gemacht werden. Damit sind die Ähnlichkeit der Gedanken, Gefühle und Reaktionen gemeint, welche nicht nur die Opfer, sondern auch deren nicht unmittelbar betroffenen Angehörige sowie die Helfer belasten. Sie werden ausgelöst durch den abgrundtiefen Horror der Geschichten, sowie die ausgeprägte Hilflosigkeit, welche damit verbunden sind. In der Arbeit mit Opfer organisierter Gewalt werden typische kognitive und emotionale Reaktionen der Helfenden beobachtet [4]:

Traurigkeit, Resignation, Depression: Hervorgerufen durch Mitgefühl und Verständnis dafür, dass diese Traumatisierungen niemandem hätten widerfahren sollen.

Wut, Ärger und Erregung: Ausgelöst durch die nicht bestraften Ungerechtigkeiten. Weil sich die Wut meistens nicht gegen einen klar identifizierbaren Gegner richten kann, da die Täter nicht greifbar sind, wird die Aggression auf andere Personen oder Situationen sowie gesellschaftspolitische Umstände gerichtet.

Hohe Verantwortungsgefühle in der Arbeit: Sie wird begünstigt durch die einzigartigen Erfahrungen (detaillierte Kenntnisse der traumatischen Geschichte), die Verwundbarkeit der Klienten und die Schwierigkeit der Helfer, die ihnen übergebene emotionale Last mit anderen teilen zu können (etwa wegen der ärztlichen Schweigepflicht).

Überstarke Identifikation: Diese führt zu einer Überbeschützung der verwundbaren Klienten und einer vermehrten Problemorientierung durch die Helfer (Retterphantasien).

Intoleranz gegenüber anderen Klienten/anderen Problemstellungen: Die Beschäftigung mit Folteropfern kann dazu führen, dass die Probleme von anderen Menschen, seien sie beruflich oder privat, trivial erscheinen.

Diese Belastungen führen bei einzelnen Helfenden zum Ausbrennen und zum Verlust von Empathie. Figley (1995) hat dazu den Begriff der «Compassion Fatigue» oder «Mitleidserschöpfung» geprägt [4]. Nicht nur einzelne Personen sondern auch Institutionen, welche sich mit Extremtraumatisierten befassen, sind davon gefährdet (Behandlungszentren, psychosoziale Dienste, Flüchtlingsheime oder Asylbehörden). Vermehrte Bürokratisierung der Tätigkeit – «es werden Papiere und nicht mehr Menschen betreut» –, Intoleranz und Abschottung gegenüber Kritik sowie politische Überidentifikation mit den Opfern sind mögliche Formen eines 'institutionellen Burnouts'. Die typischen Zeichen einer stellvertretenden Traumatisierung müssen von den Einzelnen sowie den übergeordneten Stellen nicht nur erkannt, sondern als berufliches Risiko auch anerkannt werden. Nur so können Massnahmen zur persönlichen und institutionellen Psychohygiene getroffen werden.

Folter: Was ist darunter zu verstehen?

> *«Diese Prüfungen müssen einen Sinn haben. Aber mitunter sind sie so hart, dass der Sinn uns entgleitet. Dann frage ich mich: Warum will Gott so sehr, dass wir auf dem härtesten Weg zu ihm kommen?» [1]*

Unter Folter ist eine schwere vorbedachte, unmenschliche und entwürdigende Behandlung zu verstehen, welche die körperliche und seelische Integrität eines Menschen verletzt oder gar zerstört. Sie wird von Angehörigen des öffentlichen

Dienstes oder anderen in amtlicher Eigenschaft handelnden Personen, auf deren Veranlassung oder mit deren ausdrücklichem oder stillschweigendem Einverständnis durchgeführt. Folter will Informationen gewinnen und zu Beschuldigungen und Verrat führen. Sie will Menschen beeinflussen, einschüchtern und isolieren. Folter ist in politischem Zusammenhang zu sehen. Sie dient in erster Linie der Abschreckung und ist eine Machtdemonstration durch Terror. Sie erreicht dieses Ziel durch die demütigende Zerstörung der menschlichen Persönlichkeit mit ihren Wertvorstellungen. Seit Menschengedenken wird eine Unzahl von abartigen körperlichen, seelischen und sexuellen Folterpraktiken angewandt. Wegen der völkerrechtlichen Ächtung der Folter und den internationalen Kontrollgremien wenden undemokratische, repressive Staaten in zunehmendem Masse (psychische) Folter- und Terrormethoden an, welche keine leicht nachweisbaren Spuren hinterlassen. Der destruktiven Erfindungskraft des Menschen scheinen keine Grenzen gesetzt. Alle Folterpraktiken bezwecken letztlich eine Schwächung von Körper und Seele. Das Opfer wird in intensive Angst und Furcht versetzt und steht in einem unfreiwilligen und hohen Abhängigkeitsverhältnis zu seinen Peinigern. Dadurch wird eine innere Verwirrung und Verstörung aufgebaut, welche in ungünstigen Verläufen jahrelang anhalten kann. In seinem bekannten Zitat beschreibt Jean Améry diesen existentiellen Vertrauensverlust eindrücklich: «Wer der Folter erlag, kann nicht mehr heimisch werden in der Welt. Die Schmach der Vernichtung lässt sich nicht austilgen. Das zum Teil mit dem ersten Schlag, in vollem Umfang aber schliesslich in der Tortur eingestürzte Weltvertrauen wird nicht wiedergewonnen» [5].

Dazu ein Fallbeispiel:

Herr A. war in seiner Heimat längere Zeit im Gefängnis und wurde dort systematisch gefoltert. Die stundenlangen Verhöre durch Sicherheitskräfte, in Kombination mit Todesdrohungen sowie Begünstigungen, beherrschen noch heute sein Denken und Fühlen. In Beziehungen wird Herr A. rasch misstrauisch. Er befürchtet, es werde wieder ein «Spiel» mit ihm getrieben, was ihn zu einem vorsichtigen, einsamen und von Schamgefühlen geplagten Menschen macht. Seit fast drei Jahren wird er bei uns therapeutisch begleitet. Seither haben sich die gesundheitlichen Beschwerden gebessert und Herr A. konnte wieder in den Arbeitsprozess eingegliedert werden. Trotz einer sehr guten therapeutischen Beziehung und allgemeinem Vertrauen in die Institution bleibt auch in unseren Gesprächen eine von ihm selbst als irrational erlebte Angst vor Verrat. So werden beispielsweise Erinnerungen an die Verhöre – und dadurch tiefes Misstrauen – alleine durch das Klappern einer elektrischen Schreibmaschine oder die Art und Weise, wie gemeinsam der Konsultationsraum betreten wird, ausgelöst.

Belastungen der Migration – Konzept der sequentiellen Traumatisierung

Unter einem Trauma wird ein Ereignis verstanden, das nahezu bei jedem Menschen Gefühle von Ausgeliefertsein, Hilflosigkeit und Verzweiflung hervorruft. Solche Ereignisse können die individuellen Fähigkeiten übersteigen, die kritische Situation zu kontrollieren und zu meistern. Sie führen weiter zu einer nachhaltigen Erschütterung von wichtigen menschlichen Vorstellungen, Werten und Bedürfnissen [6]. Durch die traumatischen Ereignisse wird das Verständnis von sich selber und der sozialen und dinglichen Umwelt beeinträchtigt und verändert. Die persönlichen inneren Landkarten – das Verständnis über sich selber und die Welt – müssen neu gezeichnet und bewertet werden. Die in den psychiatrischen Klassifikations- und Diagnosemanuals (DSM, ICD) verwendeten Definitionen von Trauma und das damit verbundene Konzept der posttraumatischen Belastungsstörung befriedigt im Zusammenhang mit wiederholten Menschenrechtsverletzungen und Zwangsmigration nur teilweise. An den Lebensgeschichten unserer Klientinnen und Klienten wird deutlich, dass ihr Trauma nicht einfach ein isoliertes Ereignis in der Vergangenheit ist. Durch die Migration und die oft schwierige Integration in unsere Gesellschaft, bleibt das Trauma selber lebendig. Die Migration bringt bei einem Grossteil der Flüchtlinge einen Verlust an Kompetenz, Status und Wertschätzung im Beruf, in der Familie und in der Gesellschaft. Politische Flüchtlinge waren früher aktive und selbstbestimmte Personen. Nun erfahren sie sich als abhängig von fremden Menschen. Die Demütigungen in der Folter und die Erfahrung der Schwäche im Exil führen zu vielfältigen und schwer überwindbaren Schamgefühlen, die sie häufig hindern, ihre verschwiegenen Geheimnisse zu eröffnen. Schlechte Nachrichten aus der Heimat (aus dem persönlichen und den politischen Umfeld) können die Befindlichkeit stark beeinflussen. Im subjektiven Erleben der Betroffenen bilden alle diese Belastungen eine thematische Einheit. Keilson [7] hat dafür den Begriff der sequentiellen Traumatisierung geprägt und meint damit massive und kumulative Belastungssituationen durch staatliche Verfolgung und Terror, welche in verschiedenen, sich wechselseitig beeinflussenden traumatischen Sequenzen ablaufen.

Langfristige Folgen von Folter und Krieg

Die Auswirkungen von Folter und Krieg zeigen sich auf der körperlichen, psychischen und sozialen Ebene. Dabei müssen akute Symptome, z. B. einer akuten

Belastungsreaktion nach einem Trauma, von den Spätfolgen unterschieden werden. Am Therapiezentrum SRK für Folteropfer werden nur anerkannte Flüchtlinge betreut, das heisst Menschen, die in einem relativ sicheren sozialen Umfeld und mit geklärtem Aufenthaltsstatus hier leben. Die meisten Anmeldungen zur Therapie erfolgen erst nach mehrjährigem Aufenthalt in der Schweiz, weshalb wir kaum mit akuten Folgen des Traumas konfrontiert sind. Demgegenüber sind die Beschwerden oft verfestigt und chronisch, was die Prognose verschlechtert. Der überwiegende Teil der Betreuten leidet unter den Folgen einer posttraumatischen Belastungsstörung (PTBS). Die Symptome einer PTBS können dabei drei Hauptgruppen zugeordnet werden: Intrusion, Vermeidung (Konstriktion) und Erregung [8].

Intrusion: Das Trauma wird auf eine sehr belastende Weise immer wieder erlebt: In sich aufdrängenden Erinnerungen, im Handeln oder Fühlen, als ob das Ereignis wieder gegenwärtig wäre (Nachhallerinnerungen oder Flashbacks), in Alpträumen, in denen das Erlebte mit heftigen motorischen Reaktionen verbunden aufsteigt, sowie in dissoziativen (gespaltenen) Bewusstseinszuständen.

Vermeidung (Konstriktion): Als Reaktion auf die belastenden Symptome versuchen die Betroffenen, gedanklich, emotional und im Verhalten Situationen zu vermeiden, die das Wiedererleben des Traumas auslösen könnten. Dieses Vermeidungsverhalten kann sich auf Gedanken und Gespräche, Aktivitäten, Orte und Menschen beziehen. Verschiedene Symptome der Betroffenen können so als Vermeidungsverhalten gedeutet werden: z. B. Interesseverlust, Gefühlsverminderung, Genussunfähigkeit, Isolierung und Entfremdung oder Konzentrations- und Gedächtnisstörungen. Die Vermeidung dient zunächst als Schutz vor den überschwemmenden destruktiven Erinnerungen. Langfristig trägt sie aber zu einem chronischen Verlauf bei.

Erregung: Das gesteigerte Erregungsniveau mit vegetativer Übererregtheit, Vigilanzsteigerung (erhöhte Wachheit), Schreckhaftigkeit und Schlaflosigkeit ist eine Folge des ständigen Wechselspiels zwischen Intrusion und Vermeidung (erfordert viel psychische Energie!). Durch das plötzliche Erinnern können dramatische Panikreaktionen sowie Aggressionen (mit Angst vor Kontrollverlust) ausgelöst werden.

Das wechselnde Auftreten der beiden Extremzustände – Intrusion oder Vermeidung – kann als Versuch der psychischen Integration der traumatischen Ereignisse gesehen werden. Nach Herman (1993) fehlt den Betroffenen jedoch gerade das angestrebte befriedigende innere Gleichgewicht. «Sie sind gefangen zwischen zwei Extremen: Zwischen Gedächtnisverlust oder Wiedererleben des Traumas; zwischen der Sintflut intensiver, überwältigender Gefühle und der Dürre absoluter Gefühlslosigkeit; zwischen gereizter, impulsiver Aktion und totaler Blockade jeglichen Handelns.» [9]

Becker (1997) und Summerfield (1997) kritisieren im Zusammenhang mit Folteropfern das herrschende Traumakonzept und die damit verbundene Diagnose der 'posttraumatischen Belastungsstörung' [10, 11]. Der für die Opfer organisierter Gewalt und Repression weiterentwickelte Begriff der 'komplexen posttraumatischen Belastungsstörung' trägt dieser berechtigten Kritik Rechnung [9, 12].

In der komplexen posttraumatischen Belastungsstörung werden zusätzlich emotionale Symptome wie Scham- und Schuldgefühle oder Depressionen, Selbstwertverlust oder Persönlichkeitsänderungen, wie z. B. vermehrtes Misstrauen, beobachtet.

Tabelle 1: Komplexe posttraumatische Belastungsstörung [9, 12]

1. Störung der Affektregulation
- anhaltende psychische Verstimmung (Dysphorie)
- aufbrausende oder extrem unterdrückte Wut (eventuell abwechselnd)
- selbstdestruktives Verhalten und chronische Suizidalität
- Sexualität ausschweifend oder extrem gehemmt (eventuell abwechselnd)
- impulsive und riskante Verhaltensweisen

2. Bewusstseinsveränderung
- Vollständige oder teilweise Gedächtnislücken (Amnesie)
- dissoziative Episoden mit gedanklicher Wiederholung der Traumatisierungen (eventuell Gefühle von Depersonalisation oder Derealisation)

3. Somatisierung
- chronische Schmerzen
- funktionelle körperliche Störungen
- Konversionssymptome
- sexuelle Störungen

4. Chronische Wesens- und Persönlichkeitsänderungen
- gestörte Selbstwahrnehmung mit: Ohnmachtsgefühle, Lähmung jeglicher Initiative, Scham- und Schuldgefühle, Selbstbezichtigung, Gefühl der Beschmutzung und Stigmatisierung, Gefühl sich von andern grundlegend zu unterscheiden («besonders sein»)
- gestörte Kognitionen und Emotionen die Täter betreffend: ständiges Nachdenken (Rache), unrealistische Einschätzung ihrer Macht (anhaltende Bedrohung), Idealisierungen und paradoxe Dankbarkeit, Gefühle einer besonderen oder übernatürlichen Beziehung zum Täter, Assimilierung derer Überzeugungssysteme

- Beziehungsprobleme: Isolation und Rückzug, gestörte Intimbeziehungen, wiederholte Suche nach einem Retter / einer Retterin, anhaltendes Misstrauen, Tendenz wieder Opfer zu werden oder andere zu Opfern zu machen (häusliche Gewalt)

5. *Veränderungen der Wertsysteme*
- Gefühl der Hoffnungslosigkeit und Verzweiflung
- Verlust früherer Glaubensinhalte

Dazu eine weitere Fallbeschreibung:

Die bosnische Familie P. (Eltern, zwei schulpflichtige Kinder) wurde uns von der Sozialarbeiterin zugewiesen. Sie wünschte sich eine Entlastung für die im Krieg traumatisierte Familie sowie Hinweise («Strategien»), wie diese mit dem Erlebten angemessener umgehen könnten.

Zur Vorgeschichte: Die drohenden Vorboten, sowie die ersten Tage des Krieges, erlebte die Familie gemeinsam. Dabei musste die damals dreijährige Tochter auch zusehen, wie ihr Vater schwer misshandelt wurde. Sie selber entkam nur durch Zufall einem Granatenangriff. Eine mehrtägige Deportation war durch Entbehrungen und Chaos gezeichnet. Wenig später wurden der Vater gewaltsam von seiner schwangeren Frau und der kleinen Tochter getrennt. Diese Trennung erwies sich später als belastendes Schlüsselerlebnis. Noch heute erinnert er sich mit Schuld- und Schamgefühlen daran, wie er im Moment der Trennung überzeugt war, die Tochter nie mehr lebend zu sehen. Die Eltern blieben fast ein Jahr lang ohne Nachricht voneinander. Der Vater wurde mehr als zwei Jahre in einem Konzentrationslager gefangen gehalten. Als Zwangsarbeiter musste er hart arbeiten und wurde Zeuge von extremen Demütigungen, Grausamkeiten und Willkürakten. Als intern Vertriebene litt die Mutter zusammen mit ihrem Kleinkind an mannigfachen Entbehrungen. In dieser Zeit gebar sie auch ihren Sohn.

Die verschiedenen traumatischen Erfahrungen kennen die Eltern nur teilweise voneinander. Persönliche Belastungen aus dem Krieg können sie sich gegenseitig kaum mitteilen. Zu stark sei die Trauer über das Verlorene und die Angst und Erregung nach solchen Gesprächen.

Im Erstgespräch mit der ganzen Familie werden die vielfältigen Belastungen rasch deutlich. Mit Ausnahme der aufgeweckten Tochter, welche sich oft als Sprecherin für Eltern und Bruder erweist, «gehe es ihnen allen schlecht». Der Vater leidet unter den oben beschrieben Symptomen einer (komplexen) posttraumatischen Belastungstörung. Neben hartnäckigen Schlafstörungen verbunden mit Alpträumen und den Rückerinnerungen an die traumatischen Episoden sind es chronische Rücken- und Kopfschmerzen sowie Bluthochdruck, welche ihn belasten. Er ist deshalb nur eingeschränkt arbeitsfähig und besucht ein Beschäftigungsprogramm des Hilfswerks.

Die Mutter ist oft traurig und weint oft. Nicht zuletzt auch wegen ihren betagten und kranken Eltern, welche sie vor 7 Jahren zum letzten Mal gesehen hat. Auch sie hat Mühe zu schlafen wegen eigenen Alpträumen sowie der nächtlichen Unruhe und Angst des Ehemannes.

Für die Eltern steht das Wohlergehen der beiden Kinder im Zentrum. Vor allem der Knabe ist sehr schüchtern und ängstlich. Meist spielt er alleine, und in der Schule zieht er sich stark zurück. Wegen häufigen Alpträumen schlafen beide Kinder bei den Eltern, was den Schlaf der Eltern zusätzlich stört.

Beratung und Therapie nach Folter und Krieg

«Ich bin. Du bist. Das genügt. Es bedeutet, dass der Mensch nicht allein ist, dass die zersprengten Kräfte sich wieder irgendwo sammeln.» [1]

Das allgemeine Ziel einer Beratung und Behandlung bei extremtraumatisierten Menschen ist die Erfahrung, dass es trotz allem ein «Leben danach» gibt. Die Therapie soll sie zu einer aktiven Lebensgestaltung befähigen. Auf dem Weg dazu brauchen diese Menschen sicher nicht nur medizinische Hilfe durch die Hausärzte und Psychotherapie.

Einen hohen Stellenwert hat selbstverständlich die Sozialarbeit [13]. Bei den Flüchtlingen mit Ausweis B sichergestellt durch die Hilfswerke, bei Ausweis C, welcher in der Regel nach fünf Jahren ausgehändigt wird, erfolgt die Betreuung durch den Sozialdienst der Wohngemeinde. Sozialarbeit darf sich nicht nur auf die materielle Sicherstellung konzentrieren. Vielmehr sollte sie eine hohe Aktivität entfalten bei der Vermittlung von kulturspezifischen Techniken (social skills) wie Sprachkurse, Umschulungskurse, Unterstützung bei der Suche von Arbeitsstellen, Hilfe zur Selbsthilfe, Rechtsberatung usw.

Wegen den chronischen Schmerz- und Verspannungszuständen hat die Körper- und Physiotherapie eine grosse Bedeutung [14]. Unter Beachtung bestimmter Vorsichtsmassnahmen gelten «gute» Berührungen wie z. B. Massage als vertrauensbildende Massnahmen in der Behandlung von traumatisierten Menschen. Unter dem Stichwort «Empowerment» kann die soziale Unterstützung durch Selbsthilfe (im Kontext der verschiedenen ethnischen Gruppen) oder durch meist informelle «Peer support»-Gruppen (Gespräche mit Gleichgesinnten und andern Repressionsopfern) eingeordnet werden.

Opfer von Folter und Krieg und deren Angehörige sind meist vielen belastenden Situationen ausgesetzt. Die spezifischen Therapieziele sind daraufhin auszurichten, wobei im Einzelfall nie alle Ziele mit der gleichen Intensität verfolgt werden können (siehe Tabelle 2). Vielmehr gilt es, kleine Schritte und Änderungen anzustreben und diese klar zu benennen. Ein solches Vorgehen macht hoffnungsvoller und fordert die Aktivität der Betroffenen stärker heraus.

Tabelle 2: Konkrete Teilziele auf den drei Ebenen der Therapie.

Ebene	Konkrete therapeutische Ziele
Körperliche Ebene	– Die Rehabilitation von körperlichen Funktionsstörungen durch medizinische Massnahmen – Die Förderung einer positiven Körperwahrnehmung
Psychische Ebene	– Die wahren Ziele der Folter *kennen* (Schuldentlastung durch Information und Solidarität) – Die destruktive Macht der Erinnerungen bei sich selber *erkennen* (Trauerarbeit, konstruktiver Umgang mit Rückerinnerungen einüben) – Die Unabänderlichkeit des Geschehenen *anerkennen* (Ausgewogenheit zwischen Vergessen und Erinnern suchen) – Verschiedene Reaktionen und daraus folgende Symptome nicht als «Krankheit» oder gar als «Verrücktsein», sondern als Anpassungsleistung anerkennen. – Unterstützung positiver Ressourcen (z. B. die Fähigkeit auch mit heftigen Gefühlen angemessen umzugehen) – Aufbau von mehr innerer Sicherheit und Intimität, um mit der Verletzlichkeit besser umgehen zu können – Den Selbstrespekt fördern, um den Verlust der Würde zu überwinden – Innere Macht aufbauen, um die Ohnmacht zu überwinden – Eine realistische persönliche Lebensperspektive schrittweise aufbauen
Soziale Ebene	Verminderung von Isolation, Scham und Stigmatisierung: – Das Vertrauen in sich und in die andern fördern – Das soziale Netz (Familie, Freundeskreis, eigener Volksgruppe, Gesellschaft des Exillandes) stärken – Die Erfahrungen der Traumatisierung in die Lebens- und Familiengeschichte integrieren – Die Bewahrung einer kulturellen und religiösen Identität unterstützen (Auseinandersetzung mit der Migrationserfahrung) – Den destruktiven Folgen der Gewalt bei nachfolgenden Generationen vorbeugen

Einige ausgewählte Aspekte des therapeutischen Vorgehens sollen abschliessend am Beispiel der Familie P. erläutert werden (Fall 2).

Zusammenarbeit im Team: Das interdisziplinäre therapeutische Vorgehen wird allein im äusseren Ablauf der Begegnungen deutlich. In zirka monatlichen Abständen fanden insgesamt zehn Konsultationen statt. Diese umfassten eine medizinische Untersuchung des Vaters, Abklärungen der Sozialarbeiterin sowie Gespräche mit einem Psychiater (für Erwachsene und Kinder).

Informationsaustausch unter den Helfenden: mit Einverständnis der Eltern wurden Absprachen mit den zuweisenden Stellen (Sozialdienst, Hausarzt) getroffen und die Lehrkräfte über die Situation der Kinder befragt. Diese Gespräche dienten nicht nur dem notwendigen Informationsaustausch und der Klärung der gegenseitigen Aufträge und Erwartungen. Sie vermittelten der Familie auch ein Gefühl von Sicherheit (Transparenz) und realer Unterstützung, von Ernst nehmen ihrer Sorgen (Wertschätzung, Respekt) und positiver Kooperation unter den Helfenden. Alles Sachverhalte, welche in der Kriegssituation verloren gegangen sind.

Verstehen und Verständnis sicherstellen: Um Verständnis für eine Situation entwickeln zu können, ist richtiges Verstehen eine Vorbedingung. Für ein einfaches und emotional oberflächliches Gespräch mit der Familie, unter Mithilfe der sprachlich gut integrierten Tochter, wären die Sprachkenntnisse wohl ausreichend gewesen. Allerdings eher um den Preis, dass die Tochter in einer nicht kindsgerechten Rolle innerhalb des familiären Systems fixiert worden wäre (sogenannte Parentifizierung durch Übernahme von Funktionen der Eltern). In der Regel empfiehlt sich deshalb der Einsatz von Übersetzerinnen und Übersetzer. Diese sichern nicht nur eine korrekte Übersetzung des gesprochene Dialogs, sondern vermögen auch wertvolle Hinweise über kulturspezifische Denk-, Gefühls- und Verhaltensmuster zu geben. Allerdings sind vorgängig durch sorgfältige Absprachen Regeln aufzustellen über deren Beziehung zu den Patientinnen und Patienten, ihre Aufgaben und Funktionen (Rollenklärung) sowie die Pflichten (Schweigepflicht!).

Problemorientierte Vorgehensweise: Durch konkrete Hilfen und Übungen soll eine möglichst rasche Entlastung und Besserung einzelner Symptome angestrebt werden. Dazu zählen u.a. einfache Entspannungs- und Atemübungen, Hinweise zur Schlafhygiene, praktische Unterstützungen im sozialen Bereich, aber auch geeignete Psychopharmaka (z.B. Antidepressiva). Durch die Vielzahl von Beschwerden und ungelösten Fragen, ist die Fokussierung auf einzelne Bereiche zuweilen schwierig («springen» von Problem zu Problem). Dabei besteht auch die Gefahr einer zu starken Betonung von Defiziten (Pathologie).

Im vorliegenden Fall konnte schon im Erstgespräch durch ein unerschrockenes und spielerisches Thematisieren der Angststörung des Knaben, sowohl für die Eltern wie das Kind Vertrauen und neues Selbstwertgefühl geschaffen werden. Durch einfache Hausaufgaben und kleine Rituale wurde das neue Verhalten gefestigt.

Achtung der Selbstbestimmung und Respektierung von familiären, kulturellen und religiösen Werten: Gewalttraumata sind die Folgen von massivsten Grenzüberschreitungen. Die Gestaltung der therapeutischen Beziehung hat darauf zu achten, die Betroffenen mit ihren Erfahrungen und Grenzen möglichst zu respektieren. Sie sind deshalb nicht einfach Empfänger einer Behandlung oder Beratung, vielmehr werden sie angehalten, den Prozess mitzugestalten.

Im vorliegenden Fall wurde die übliche familiäre Hierarchie stark gestützt, beispielsweise, indem die Eltern um Erlaubnis gefragt wurden, um bei den Kindern zu intervenieren. Alle Interventionen zielten darauf ab, neben der Hierarchie die Generationengrenzen zu stärken (Subsystem der Kinder, Subsystem der Eltern) und die Verstrickungen in den Beziehungen zu vermindern, beziehungsweise aufzulösen.

Erklärungen und Informationen abgeben: Psychoedukative Elemente sind eine wertvolle Ergänzung bei der Behandlung von Traumatisierten. Sorgfältige Erklärungen über die Entstehung und Aufrechterhaltung der Störung sowie die Grenzen und Möglichkeiten einer Behandlung entlasten. Sie machen Hoffnung und verhindern den Aufbau von wenig hilfreichen Annahmen über sich selbst (z. B. Angst vor der Entwicklung einer Geisteskrankheit) oder die andern (z. B. Vorurteile und Misstrauen gegenüber der Psychiatrie). Bei der Familie P. besserte sich die Angstsymptomatik und damit auch die Selbstständigkeit des Knaben rasch. Gleichzeitig trat, nicht unerwartet, eine Krise mit Verlustängsten bei der Tochter auf. Sorgfältige Erklärungen über diesen Wechsel des Symptomträgers waren hilfreich, um unnötige Sorgen abzubauen und einer unangemessenen Überbehütung vorzubeugen. Gleichzeitig entstand bei den Eltern ein tiefes Verständnis darüber, welche existentiellen Themen – Verlust und Tod – unausgesprochen die ganze Familie beschäftigen und die es für sie zu bearbeiten gilt.

Flexible Wahl des therapeutischen Settings: Die Behandlung der Überlebenden von Folter und Krieg erfordert ein flexibles Vorgehen in der Wahl des therapeutischen Settings. Je nach Zielvereinbarungen und Verlauf ist der therapeutische Rahmen anzupassen. Dies betrifft vor allem die Intensität der Gespräche und die Gesprächsteilnehmer. Im vorliegenden Fall führte die Angst der Kinder (und deren teilweise Überwindung) den Eltern ihre eigene Trauer und die erlittenen Verluste vor Augen. In Anwesenheit des Partners, jedoch ohne die Kinder, begannen sie über ihre schmerzhaften Erinnerungen zu sprechen. Das Durcharbeiten und Verstehen der traumatischen Erfahrungen (Traumafokussierung) darf jedoch nur auf der Basis einer gesicherten therapeutischen Beziehung geschehen.

Schlussbemerkungen

Die wichtigsten Aussagen des Referats über die interdisziplinäre Behandlung und Betreuung von traumatisierten Flüchtlingen in der Schweiz möchte ich zum Schluss mit den folgenden Thesen zusammenfassen:

1. Die Beschäftigung mit Folter und Krieg kann bei Helfern ein Gefühl der Entfremdung – von sich selber und den andern – auslösen. Dadurch wird die Kommunikation und somit lebendiges interdisziplinäres Arbeiten behindert.

2. Folter und Krieg führt bei den Opfern zu einer tiefen existentiellen Verunsicherung. Der Verlust an Selbstwertgefühl und Vertrauen in die Mitwelt untergräbt deren Beziehungsfähigkeit. Familienangehörige, das soziale Umfeld sowie die Helfenden (therapeutische Beziehung!) sind davon betroffen.

3. Neben traumatischen Erinnerungen an die erlittene extreme Gewalt, werden Flüchtlinge zusätzlich durch die Anforderungen der (Zwangs)-Migration, neue Traumatisierungen im Exil, sowie die aktuelle politische Situation der Heimat belastet. Im subjektiven Erleben der Betroffenen bilden diese Belastungen eine thematische Einheit (Konzept der sequentiellen Traumatisierung).

4. Die posttraumatische Sequenz im Exil ist von besonderer Bedeutung für die zukünftige Lebensbewältigung. Für eine günstige Entwicklung ist die Wiederherstellung des Kohärenzsinnes nach Antonovsky wichtig [15]. Darunter wird die Fähigkeit verstanden, das Geschehene geistig einordnen zu können, zu verstehen und ihm einen Sinn geben zu können. Gesellschaftspolitische Bedingungen wie Asylgesetzgebung, Integrationspolitik oder wirtschaftliche Lage (Arbeitsmarkt) spielen eine wichtige unterstützende resp. behindernde Rolle in diesem Prozess.

5. Die Folgen von Folter und Krieg sind für viele der Betroffenen vielschichtig, langwierig und gravierend. Als vordergründige Symptome einer meist komplexen posttraumatischen Belastungsstörung werden körperliche und psychische Beschwerden genannt (u.a. Schmerzen, Schlafstörungen, Nachhallerinnerungen, vegetative Erregung). Das Lebensgefühl ist tiefgreifend von fehlenden Zukunftsperspektiven und schamhaft verschwiegenen Geheimnissen geprägt.

6. Die traumatischen Erfahrungen werden durch die Vermittlung von veränderten Wertvorstellungen und Grundhaltungen an die nächsten Generationen weitergegeben. Die Mitberücksichtigung der Familie im therapeutischen Prozess ist aus systemischer Sicht deshalb von präventiver Bedeutung.

7. Der günstige Verlauf einer Behandlung wird stark von den inneren Überzeugungen der Helfer (Sensibilisierung, Motivation) sowie dem äusseren Kontext (institutionelle und strukturelle Aspekte) geprägt.

8. Grundlegende therapeutische Haltungen – u. a. Vermitteln von Sicherheit und Vertrauen, Respektieren der Würde, Fördern von Selbstbestimmung und Selbstverantwortung und Benennen des erlittenen Unrechts – sind für den Therapieprozess von entscheidenderer Bedeutung als die Anwendung spezifischer therapeutischer Techniken.

9. Der Einsatz von Sprach- und Kulturvermittlern in der therapeutischen Arbeit mit Gewaltflüchtlingen ist notwendig und bereichernd (nicht störend!). In der Schweiz besteht ein finanzpolitischer Handlungsbedarf zur Regelung der Übersetzungsarbeit im Gesundheits- und Sozialwesen.

10. Ein therapeutischer Bezugsrahmen, welcher die interdisziplinäre Teamarbeit in der psychosozialen Institution mit den externen fachlichen Ressourcen (u. a. Hausärzte, Sozialdienste, Hilfswerke) verbindet, ist langfristig erfolgversprechend.

Literatur

[1] Wiesel, E.: *Gezeiten des Schweigens*. Herder Taschenbuch, Freiburg i. B. 1992.
[2] Lottaz, A.: *Vom äusseren zum inneren Bezugsrahmen. Von den Schwierigkeiten, gefolterte und kriegstraumatisierte Menschen zu verstehen*. Brennpunkt, 1999; 80: 31–39.
[3] McCann, L., Pearlman, L. A.: *Vicarious Traumatization: A framework for understanding the psychological effects of working with victims*. Journal of Traumatic Stress, 1990; 3 (1): 131–149.
[4] Figley, Ch. R. (Hrsg.): *Compassion Fatigue. Coping with Secondary Traumatic Stress Disorder in those who treat the traumatized*. Brunner and Mazel, New York 1995.
[5] Améry, J.: *Jenseits von Schuld und Sühne. Bewältigungsversuch eines Überwältigten*.
[6] McCann, L., Pearlman, L. A.: *Psycholgical Trauma and the adult survivor*. Brunner and Mazel, New York 1990.

[7] Keilson, H.: *Sequentielle Traumatisierung bei Kindern.* Enke Verlag, Stuttgart 1979.
[8] Horowitz, M.J.: *Stress response syndromes.* Jason Aronson, Northvale, New York 1986.
[9] Herman, J.: *Die Narben der Gewalt. Traumatische Erfahrungen verstehen und überwinden.* Kindler Verlag, München 1993.
[10] Becker, D.: *Prüfstempel PTSD – Einwände gegen das herrschende 'Trauma'-Konzept.* In: Medico International: Schnelle Eingreiftruppe Seele, Medico Report 20, Frankfurt 1997, S. 25–48.
[11] Summerfield, D.: *Das Hilfsbusiness mit dem 'Trauma'.* In: Medico International: Schnelle Eingreiftruppe Seele, Medico Report 20, Frankurt 1997, S. 9–24.
[12] McFarlane, A.C., Weisaeth, L. (Eds.): *Traumatic stress: the effects of overwhelming experience on mind, body and society,* Guilford Press, New York 1996, S. 182–213.
[13] Holzegger, D., Sancar, H.: *Das Therapiezentrum SRK für Folteropfer.* Zeitschrift Soziale Arbeit, 1998; 15: 4–12.
[14] Jordi, A.: *Folter- und Kriegsopfer in der Physiotherapie.* Physiotherapie. Zeitschrift des Schweizerischen Physiotherapeuten Verband 1999; 2: 11–20.
[15] Antonovsky, A.: *Salutogenese: Zur Entmystifizierung der Gesundheit.* Deutsche Gesellschaft für Verhaltenstherapie, Tübingen 1997.

ANNEMARIE PIEPER

Der fragmentarisierte Mensch.
Zur Notwendigkeit eines integrierten Menschenbildes

Wir leben heute in einer Zeit, in welcher Individualität gross geschrieben wird. Im Zuge einer fortschreitenden Demokratisierung wurde der einzelne immer weniger von der Gemeinschaft her definiert, deren Mitglied er ist, sondern von seinem Selbstbestimmungsrecht her, das es ihm erlaubt, zu tun und zu lassen, was ihm beliebt, sofern er dabei die Grenzen respektiert, die seiner Selbstverwirklichung an der Freiheit der anderen Menschen gesetzt sind. Diese Verschiebung der Gewichte im menschlichen Selbstverständnis von der Gemeinschaft auf das Individuum hat eine unendliche Vielfalt von Möglichkeiten der Selbstdifferenzierung mit sich gebracht, die ebensoviele Weisen einer Abgrenzung des einen vom anderen zeitigte. Diese mit dem Individualismus einhergehende Pluralisierung von Lebensformen möchten wir nicht mehr missen. Im Gegenteil: Die massive Ablehnung sozialistischer Staatsformen mit kommunistischem Anstrich speist sich aus dem Horror vor einer Gesellschaft, in der alle Mitglieder einem Ideal von Gleichheit unterworfen werden, das den einzelnen zur Kopie des anderen, schlimmstenfalls zur beliebigen Nummer degradiert, die gerade nicht einmalig und unersetzlich, sondern jederzeit umstandslos austauschbar ist.

Nun hat jede Veränderung des Menschenbildes – auch wenn sie unter Hinweis auf das Prinzip der Humanität noch so sehr als ein Fortschritt beschworen wird – ihren Preis. Zählt der einzelne nur als Exemplar des Kollektivs, hat er Mühe, sich einen Freiraum zu erkämpfen, in welchem er er selbst sein kann. Legen wir dagegen den grössten Wert auf Individualität, haben wir Mühe mit der Solidarität, ohne welche eine Gemeinschaft nicht funktioniert. Im Gefolge der Individualisierung hat sich des weiteren eine Fragmentarisierung des einzelnen eingestellt, so dass er der Ganzheitlichkeit immer mehr verlustig geht bzw. das Bruchstück zum Ganzen verklärt. Durch Pluralisierung und Fragmentarisierung hat sich der Mensch also zuerst aus der Gemeinschaft mit den anderen und dann aus dem Verbund mit sich selbst emanzipiert, doch so, dass er diese Emanzipationsbestrebungen ins Masslose getrieben hat und am Ende sich selbst zu verlieren droht.

Ich möchte diese Geschichte eines fortwährenden Selbstverlusts des Menschlichen durch unkontrollierte Individualisierung und Fragmentarisierung unter

Heranziehung des Urteils von Philosophen etwas näher beleuchten, um dann Möglichkeiten eines Gegensteuerns mittels neuer Konzepte von Ganzheitlichkeit zu diskutieren. Beginnen wir mit Schillers Klage, die er in seiner Schrift über *Die ästhetische Erziehung des Menschen* gegen die zunehmende Mechanisierung der Lebensabläufe führt. Schiller meint, die Menschen seiner Zeit hätten das, was er «die Totalität des Charakters» nennt, verloren. Dabei bezieht er sich auf die Griechen, die dieses Ideal noch zu verkörpern wussten. Der Grieche vereinigte in sich Natur und Geist auf vollendete Weise, so dass jedes Individuum sich zugleich als Repräsentant der Gattung Mensch erwies. Die von den Griechen erreichte Einfachheit und Vollkommenheit alles Menschlichen sei im Verlauf der kulturellen Entwicklung unter dem Diktat des alles analysierenden und voneinander trennenden Verstandes verloren gegangen. Die Wissenschaften differenzierten und spezialisierten sich ebenso wie die Künste und Handwerke immer stärker, und die Folge davon war, dass das Individuum nicht mehr stellvertretend für das Ganze zu stehen vermochte, sondern nur noch ein Fragment des Ganzen war. Das Staatsganze, das sich Schiller im Rückblick auf die Griechen als ein lebendiges, einem Organismus ähnliches Gebilde darstellte, kam herunter zu einem zwar reibungslos funktionierenden, aber toten, da bloss mechanischen Getriebe, das Schiller in seiner eindrücklichen Zeitdiagnose mit einer Uhr vergleicht:

> Jene Polypennatur der griechischen Staaten, wo jedes Individuum eines unabhängigen Lebens genoss, und, wenn es not tat, zum Ganzen werden konnte, machte jetzt einem kunstreichen Uhrwerke Platz, wo aus der Zusammenstückelung vieler, aber lebloser Teile ein mechanisches Leben im Ganzen sich bildet. [...] Ewig nur an ein einzelnes kleines Bruchstück des Ganzen gefesselt, bildet sich der Mensch selbst nur als Bruchstück aus; ewig nur das eintönige Geräusch des Rades, das er umtreibt, im Ohre, entwickelt er nie die Harmonie seines Wesens. (Ästh. Erz., Stuttgart 1975, 20)

Was Schiller hier im Sinne einer Verfallsgeschichte als den Übergang von einem organischen zu einem mechanistischen Selbstverständnis beschreibt, könnte man auch als den Übergang von *homo sapiens* zu *homo faber* charakterisieren, wobei nicht einfach ein Paradigmenwechsel von einem Menschenbild zu einem anderen erfolgt ist, sondern eine Spezialisierung des umfassenderen Selbstverständnisses von *homo sapiens*. Eng verbunden mit der Mechanisierung der Lebensabläufe und der Selbstvollzüge war deren Ökonomisierung – gemäss einem Rationalisierungsprinzip, das der emanzipierte Verstand allem Geschehen unterlegte, indem er die Natur kausalmechanisch und die Lebenswelt des Menschen zweckrational deutete. Durch einseitige Betonung des Leistungsprinzips, damit verbunden eine Ideologie unbegrenzten Fortschritts im Bereich des Wissens und

Der fragmentarisierte Mensch 195

Wirtschaftens, wurde die ursprüngliche Ganzheitlichkeit aufgesprengt, die in der humanistischen Idee des *homo sapiens* – des weisen Menschen – noch ungeschieden da war. Diese Vorstellung von Ganzheitlichkeit beinhaltete, dass die Tätigkeiten von Kopf, Herz und Hand (wie Pestalozzi sie bezeichnete) miteinander kooperieren, und zwar derart, dass sie sich gegenseitig zur Entwicklung und kreativen Umsetzung von menschlichen Selbst- und Weltentwürfen anspornen. Aus diesem dem *homo sapiens* immanenten, aufeinander eingespielten Dreierverband von Kopf, Herz und Hand haben sich im Verlauf der Zeit als erster *homo faber* – der Werkzeuge herstellende und handwerklich tätige Mensch – und als nächster *homo oeconomicus* – der wirtschaftlich kalkulierende Mensch – abgesetzt und jeder für sich gesetzt. Dabei nahmen sie vom Kopf lediglich das kausale und das zweckrationale Denken sowie die technische Erfindungsgabe und von der Hand nur die Bedienungsfunktion mit. Das Herz aber verbannten sie in den Privtabereich. In der Folge verstieg sich der Kopf ohne die emotionale Kraft des Herzens in Rationalisierungsprozesse und Nutzenkalkülen, die der Steigerung von Macht durch ungebremsten wissenschaftlichen und wirtschaftlichen Fortschritt dienen. Die Hand verlor im Zuge der Technisierung von Arbeitsprozessen über der immer gleichen mechanischen Betätigung mit abnehmender Vielseitigkeit der Handreichungen ihre Gelenkigkeit. Und das Herz verstrickte sich ohne den mässigenden Einfluss des Kopfes in irrationale Gefühligkeit. Das inzwischen vorherrschende Ideal einer instrumentell verkürzten menschlichen Praxis, die auf der Basis von Nutzenkalkülen und Maximierungsstrategien ein maschinell unterstütztes, quantitatives Wachstum in Gang setzte, hat dazu geführt, dass die auf diese Weise nicht nur arbeitenden, sondern ihr ganzes Leben organisierenden Menschen ebenso fragmentarisiert und einseitig wurden. Sie betrachteten von nun an den Teil, auf den sie ihr Selbstverständnis reduziert haben, als das Ganze, mit dem Resultat, dass der Rest des ursprünglichen Ganzen, des Dreierverbandes von Kopf, Herz und Hand verkümmert. Sie handeln nicht mehr miteinander, sondern unkoordiniert neben- oder auch gegeneinander, und die Ganzheit von *homo sapiens*, für die es keinen Anwalt, keine integrierende Kraft mehr gibt, ist zerstört.

In diese Bresche ist die Unterhaltungsindustrie gesprungen, die sich die aus den Zeiten des *homo sapiens* stammende Sehnsucht nach Einheit und Ganzheit zunutze macht. Das Menschenbild, das uns heute aus der Werbung entgegen blickt, ist *homo consumens*, der genuss- und vergnügungssüchtige Mensch, der sich alles einverleibt, worauf er Lust und woran er Spass hat, wobei ihm suggeriert wird, woran er Lust und worauf er Spass zu haben hat, wenn er mit der Zeit mithalten will. Die neue Ganzheit nimmt in ihren Auswüchsen geradezu groteske Formen an. Bei den einen zeigt sie sich in ungeheurer Leibesfülle, bei den anderen in jenen Unter-, Neben- und Überwelten, in denen sie mit Hilfe von Genussgiften und Drogen ihre Zuflucht suchen, bei wieder anderen, die als Workaholics rastlos sich beschäftigen, in ihrer Arbeit. Auf der Suche nach der verloren gegangenen Ganzheit wird verzweifelt allem nachgejagt, was in irgendeiner Weise Sinn verspricht, denn der Sinn ist es ja, der als schlechthin erfüllende Ganzheitsvorstellung vielen abhanden gekommen ist, nachdem auch die religiösen Beziehungen mehr oder weniger auf der Strecke geblieben sind. Das autonom gewordene Individuum bedarf keines Gottes mehr, um sich als es selbst zu verwirklichen; es ist gewissermassen sich selbst genug.

Die Abspaltung des *homo faber* und des *homo oeconomicus* von *homo sapiens* hat zu einem einseitigen Menschenbild geführt, das sich einer ebenso einseitigen Weltsicht verdankt. Dies möchte ich am Beispiel des Wissenschaftsverständnisses etwas verdeutlichen. Im Bereich der Wissenschaften hat sich ein bestimmter Typus von Wissenschaftlichkeit durchgesetzt, der als der einzig seriöse verabsolutiert wird. Dabei ist die kausale Methode die einzig zugelassene, um zu objektiven Ergebnissen zu gelangen. Blicken wir jedoch aus wissenschaftstheoretischer Perspektive zurück, so kannte Aristoteles noch vier verschiedene Typen von Ursachen, nämlich neben der *causa efficiens,* der heute allein als wissenschaftlich relevant betrachteten Kategorie der Wirkursache, noch die *causa materialis,* die *causa formalis* und die *causa finalis* – also Materialursache, Formursache und Zweckursache. Vor allem die letztere, die Zweckursache scheint mir interessant zu sein, um natürliche Zusammenhänge, die sich mittels Wirkursachen nicht erklären lassen, zu verstehen. Doch die mit der Herausbildung von *homo faber* enstandenen Naturwissenschaften ziehen die Zweckursache für die Erklärung von Naturprozessen nicht mehr in Betracht, weil sie anders als Aristoteles, der den Kosmos als ein göttliches Gebilde betrachtete, die Natur als ein Produkt der Evolution ansehen, für die es keinen göttlichen Schöpfer gibt, der die Welt nach einem Plan geschaffen hat. Nur unter Voraussetzung eines solchen Plans, eines Telos und damit eines Ziels bzw. Zwecks kann man die Natur teleologisch auffassen. Das Evolutionsparadigma hingegen beruht auf der Annahme, dass die phylogenetischen Prozesse, also die Entwicklung der Stammesgeschichte der biologischen Arten nach gewissen Mechanismen erfolgte, deren wichtigste Selektions- und Anpassungsprinzip sind. Die Evolution der Biosphäre stellt man sich demnach so vor, dass unter dem Selektionsdruck der Tüchtigste überlebte, und das ist derjenige, der es am besten versteht, sich ständig verändernden Lebensbedingungen anzupassen und damit für die Erhaltung seiner Art zu sorgen, wohingegen das Nichtanpassungsfähige ausstirbt. Eine solche Theorie des genetischen Erfolgs ist ateleologisch, das heisst, sie geht davon aus, dass Naturprozesse nicht ziel-

Der fragmentarisierte Mensch 197

und zweckgerichtet sind. Die Prozesse des Entstehens und Vergehens in der organischen Natur vollziehen sich nicht nach einem ihnen zugrunde liegenden Plan oder Endzweck, sondern ausschliesslich kausalmechanisch; ihr Prinzip ist von Anfang an der Zufall. Jacques Monod spricht in seinem Buch *Zufall und Notwendigkeit* (1970; dt. München 1971) von einem «blinden Kombinationsspiel» (122), aus dem das Lebendige durch einen schieren Zufall entstanden sei. (141) Für ihn beruhen alle Versuche einer teleologischen Deutung des Ursprungs der Welt – wie sie zum Beispiel in den Schöpfungsmythen vorgenommen wird – auf einer «anthropozentrischen Illusion», die die Preisgabe des Objektivitätspostulats und damit die Aufhebung der Biologie als Wissenschaft nach sich zieht (54). Die Biosphäre ist für ihn ein reiner Zufallstreffer, der aus der grossen Lostrommel der «präbiotischen Suppe» (174) unerklärlich, rätselhaft Organismen hervorgehen liess.

Auch Konrad Lorenz, um noch einen anderen Vertreter einer ateleologischen Naturauffassung zu Wort kommen zu lassen, geht in seinem Buch *Der Abbau des Menschlichen* (München 1986) davon aus, dass der Gang der Evolution durch Zufall und damit kausalmechanisch bestimmt ist (44). Er begründet diese Annahme zum einen mit dem «wilden Zickzackkurs», den die Evolution auf weiten Strecken – alles andere als gradlinig – genommen hat (60), und zum anderen mit dem Fehlen jeglicher Prädeterminiertheit des evolutionären Geschehens. (61) Die beiden genannten Indizien sprechen nach Lorenz für die These, «daß dem Evolutionsvorgang kein eingebauter Plan innewohnt, der zu seiner Entwicklung in Richtung größerer Vollkommenheit führt und noch weniger eine Entwicklungstendenz 'nach oben' bewirkt.» (51)

Die entgegengesetzte These vertritt Hans Jonas, der auf ein teleologisches Modell der Natur rekurriert, dieses aber nicht im Sinne einer wissenschaftlichen, sondern einer «philosophischen Biologie» verstanden wissen will, wie es der Untertitel seines Buches *Organismus und Freiheit* ankündigt. (Göttingen 1973) Für Jonas ist Freiheit «ein ontologischer Grundcharakter des Lebens als solchen» (131), insofern der Stoffwechsel seiner Ansicht nach bereits Freiheit erkennen lässt und daher die erste Form von Freiheit darstellt. (13) Freiheit bedeutet in diesem Zusammenhang: Selbstorganisation des Lebendigen, das sich in den Stoffwechselprozessen Materie einverleibt und diese in Energie verwandelt. Bei aller Vielfalt des wechselnden Stoffs hält sich der Organismus als ein mit sich selbst identisches Ganzes unverändert durch. Jonas' These lautet: «Es gibt keinen Organismus ohne Teleologie; es gibt keine Teleologie ohne Innerlichkeit; und: Leben kann nur von Leben erkannt werden.» (142) Anders als die Theoretiker der biologischen Evolution, die den Evolutionsprozess methodologisch vom Anfang, also vom Urknall her rekonstruieren wollen, blickt Jonas umgekehrt vom Ende aus, also vom Menschen her auf diesen Prozess zurück und deutet alles aussermenschliche Leben auf der Folie des Menschen hinsichtlich seiner Ähnlichkeit bzw. Verwandtschaft von Mensch und Tier. Aufgrund unserer leiblichen Selbsterfahrung, die uns zeigt, dass Materie nicht bloss eine dichte Masse sein muss, die lediglich eine Aussenperspektive hat, sondern – eben bei Lebewesen – auch eine Innendimension hat und damit Intentionalität, Zweckhaftigkeit, Subjektivität, Bewusstsein, Freiheit besitzen kann, sind wir berechtigt, bei allen Organismen, sofern sie einen Stoffwechsel haben, eine solche Innendimension von Materie objektiv zu unterstellen, sei diese auch noch so rudimentär ausgeprägt wie zum Beispiel bei Bakterien und Amöben. Je nach der Nähe oder Ferne zum Menschen lassen sich im Bereich der organischen Natur verschiedene Grade von Innerlichkeit bzw. Freiheit unterscheiden. Aber es gilt nach Jonas grundsätzlich, dass allem Lebendigen eine teleologische Struktur im Sinne einer jenem immanenten, durch Selbstorganisation hervorgebrachten Zweckmässigkeit seinsmässig zukommt.

Meine Absicht bei der Gegenüberstellung von kausalmechanischem und teleologischem Naturkonzept ist nicht die, beide gegeneinander auszuspielen, sondern zu zeigen, dass es unzulässig ist, die eine oder die andere zu verabsolutieren, dass sie vielmehr aus unterschiedlichen Perspektiven die Natur einerseits erklären, andererseits verstehen wollen und insofern zusammengehören. Doch keine von beiden rückt das Ganze in den Blick, und beide werfen Probleme auf. Beginnen wir wieder mit dem ateleologischen Konzept. Zunächst fällt auf, dass die Sprache, derer sich die modernen Biologen bedienen, in einer doppelten Weise aufschlussreich ist: Zum ersten verraten Ausdrücke wie: Zufall und Lotterie, denen noch das Attribut «blind» beigestellt wird, dass der Ursprung des Lebendigen wissenschaftlich gerade nicht erklärt wird, sondern im Dunkel bleibt – ein verborgenes Rätsel, wie Monod einräumt. Damit wird zugegeben, dass man über den Anfang nichts weiss; man tut aber gleichwohl so, als sei es ausgemacht, dass die Evolution von Anfang an ein kausal-mechanischer Prozess gewesen ist. Die sich wissenschaftlich gebende Rede vom blinden Zufall oder auch die vom schöpferischen Spiel ist jedoch philosophisch höchst unbefriedigend, da sie die Entstehung des Lebendigen nicht verstehbar macht. Zum zweiten verwenden die Evolutionstheoretiker in der Biologie zur Beschreibung kausaler Strukturen mit Vorliebe Wörter und Bilder, die eindeutig in teleologischen Kontexten beheimatet sind. So behauptet z. B. Konrad Lorenz völlig unbefangen: «Alles, was die Tiere über die reale Aussenwelt wissen, ist *richtig!*» (A. a. O., 277). Wenn Affen als wissbegierig und lernfähig, Graugänse als monogam und treu charakterisiert werden, aber auch schon wenn von Anpassung und Überlebenwollen die Rede

Der fragmentarisierte Mensch

ist, ist diese Redeweise teleologisch imprägniert. Dieses Indiz verweist auf mehr als ein bloss sprachliches Problem. Wenn etwa Monod die Wissenschaftlichkeit der Biologie durch ein teleologisches Interpretationsmodell gefährdet sieht, weil die Objektivität der Natur unzulässig anthropomorphisiert würde, so liegt hier ein fundamentales Missverständnis vor. Nicht bloss teleologisches Denken, sondern auch ein auf kausal-mechanische Erklärung ausgerichtetes Denken ist unaufhebbar subjektiv, da an den unhintergehbaren Standpunkt des Menschen gebunden. Der Mensch hat keinen von seinem Bewusstsein unabhängigen Zugang zur Natur, auf dem er natürliche Prozesse als eine von aller Subjektivität freie Objektivität erfassen könnte. Die Strukturen menschlichen Erkennens sind die weder vorgängig noch nachträglich eliminierbaren subjektiven Bedingungen objektiven Wissens, ganz gleich, ob dieses Wissen aus einem teleologischen oder aus einem kausalen Erkenntnisinteresse resultiert. Erkenntnis ist nur möglich im Horizont und gemäss den Prinzipien eines Bewusstseins; in diesem Sinn ist jede, auch die objektivste Wissenschaft subjektiv fundiert, denn sie liefert uns kein Wissen von den Dingen *an sich,* sondern immer nur ein Wissen von den Dingen, wie sie *für uns* sind.

Es hat den Anschein, als ob die ateleologische Deutung der Evolution mehr Probleme aufwirft als löst. Wenden wir uns daher der teleologischen Konzeption von Jonas zu, um zu sehen, ob sie mehr befriedigt. Hier stellt sich nun aber gleich zu Beginn die Frage, ob es sich nicht um einen blossen Analogieschluss handelt, wenn Jonas aus der menschlichen Selbsterfahrung des Leibes auf eine auch in aussermenschlichen Lebewesen vorhandene Zweckgerichtetheit schliesst. Liegt hier nicht eine unzulässige Naturalisierung des Zweckbegriffs vor? Um diese Frage zu klären, müssen wir uns zunächst fragen, woher eigentlich der Begriff des Zwecks stammt. Teleologische Interpretationen der Natur stellen doch offensichtlich eine Übertragung des Telos-Begriffs aus dem Bereich menschlichen Handelns und Herstellens auf Naturprozesse dar. Seinen Ursprung hat der Begriff des Zwecks in der menschlichen Lebenswelt, nicht in der Natur. Allerdings weist das Grimm'sche Wörterbuch nach, dass Zweck ursprünglich von Zweig abgeleitet wurde. Im 14. Jahrhundert wird von einem Raben gesagt: er satzt sich auf einen dürren zweck. Von daher stammt dann im 15. Jahrhundert die Bezeichnung für einen spitzen, zuerst hölzernen, dann eisernen Nagel, mit dem der Schuster die Sohlen befestigte (diese Nägel hiessen Schuhzwecke). Zur gleichen Zeit etwa wurde beim Büchsen- und Armbrustschiessen der Nagel, an dem die Zielscheibe hing und den es zu treffen galt, als Zweck bezeichnet. Der Zweck war dann zugleich das zu treffende Ziel. Nebenher entwickelte sich die Bedeutung von Zweck als das Worumwillen einer Handlung überhaupt. Dieses Worumwillen der Handlung wird durch den menschlichen Willen gesetzt oder bestimmt. Wo immer von Zweckmässigkeit die Rede ist, ist zugleich, wenn auch nicht immer ausdrücklich, ein Wille, eine Vorstellung mitgemeint als der Urheber der Zweckmässigkeit. Durch die Setzung eines Zwecks in Gestalt einer Absicht, eines Plans, eines Ziels, kommt eine Handlung allererst in Gang. Die Handlung soll die Absicht, den Plan, das Ziel erreichen, d.h. es wirklich machen. Dazu bedarf es jedoch bestimmter Mittel, durch die der Zweck Realität gewinnt. Stellt man sich die Handlung als Weg und das Ziel als das Ende eines Weges vor, so besteht Handeln teleologisch betrachtet im Entwerfen von Wegen, an deren Ende das vorgestellte Ziel erreicht wird. Aber der Weg macht sich nicht von selbst. Er ist durch das Ziel nicht schon mitgesetzt, sondern untersteht eigenen Bedingungen, die durch das Ziel oder den Zweck keineswegs schon miterfüllt sind. Wenn ich ein Bild malen will, dann nutzt mir die noch so intensive Vorstellung von der Gesamtkomposition und der imaginären Farbenpracht gar nichts, wenn ich nicht hingehe und Leinwand, Farben und Pinsel kaufe. Wenn ich mir dann tatsächlich Malutensilien besorge, so nicht deshalb, weil ich Farbe, Leinwand und Pinsel um ihrer selbst willen besitzen will, sondern weil ich sie als Mittel benötige, um das Bild, das in meiner Vorstellung existiert, wirklich malen zu können. Ohne die Mittel ist der Zweck ohnmächtig. Aber ohne Zweck sind die Mittel sinnlos, in unserem Beispiel ein Stück Stoff, gefärbtes Öl und an einem Stab befestigte Haare. Zweck und Mittel bedingen sich somit im Bereich des Handelns und Herstellens wechselseitig. Dabei ist im gegenständlichen Bereich nicht ein für allemal festlegbar, welche Dinge Zwecke und welche Mittel sind. Dies lässt sich nur vom jeweiligen Kontext her erschliessen. Ich kann z.B. das Bild weniger aus Freude an künstlerischer Betätigung malen als deshalb, weil es sich gut verkaufen lässt oder weil ich jemandem ein Geschenk machen möchte. Ich kann mir auch Pinsel und Farbtuben zulegen, nicht um zu malen, sondern weil ich solche Gegenstände sammle; dann sind sie nicht mehr Mittel, sondern selber Zweck. Damit jedoch ein sinnvolles Produkt hervorgebracht werden kann, müssen Zwecke und Mittel zusammenwirken. Der immaterielle Zweck bedient sich zu seiner Durchsetzung materieller Mittel; die Mittel wiederum modifizieren durch ihre Materialität die Zwecke.

Im Bereich des Handelns ist der Zweckbegriff somit beheimatet, für Praxis und Technik gleichermassen konstitutiv. Aber wie steht es mit seiner Erklärungs- und Begründungskraft in Naturzusammenhängen, wenn man davon ausgeht, dass die Natur nicht Produkt einer Handlung ist, sondern von selbst, ohne Zutun des Menschen entsteht und vergeht. Wenn die Natur nicht selber handelt, d.h. nach einem Plan vorgeht und sich Zwecke setzt, zu deren Erreichung sie bestimmte Ereignisse oder Phänomene als Mittel einsetzt, und wenn weiterhin feststeht, dass nicht der Mensch durch seinen Willen und Verstand die Naturabläufe steuert, welchen Sinn kann es dann noch haben, von so etwas wie Naturzwecken zu reden? Wie und als was schlüsselt sich mir die Natur auf, wenn ich sie unter der Hypothese betrachte, sie sei ein Zweckzusammenhang, obwohl ich weiss, dass sie an sich selber und von sich her – also objektiv – kein solcher Zweckzusammenhang ist, ausser ich setze eine göttliche Schöpfung voraus. Kann ich letztlich vielleicht nur als Theologe Naturwissenschaft betreiben? Und selbst wenn man auf die Annahme eines Gottes, der die Evolution der Natur geplant hat, verzichtet, und den Zweckbegriff lediglich als eine heuristische Fiktion der Naturbetrachtung unterlegt, bleibt immer noch die Frage, wieso diese Fiktion funktioniert, woher es also kommt, dass man mittels des Zweckbegriffs Hypothesen bilden kann, mittels welcher sich etwas über die Natur in Erfahrung bringen lässt, obwohl Naturzwecke als solche keine Wirkursachen sind.

Obwohl also beide Versuche, die Natur zu deuten, Fragen aufwerfen, möchte ich nicht behaupten, dass sie deshalb untauglich seien. Im Gegenteil: Je mehr Perspektiven wir auf die Natur haben trotz der durch den jeweiligen Standpunkt eingeschränkten Sicht, desto umfassender wird unsere Kenntnis der Natur, und ich halte es für kontraproduktiv, wenn man die naturwissenschaftliche Sicht der Dinge als die einzig massgebliche behauptet. Durch solche Behauptungen entstehen Feindbilder, die der Sache schaden, anstatt ihr durch interdisziplinäre Vernetzung zu nützen. Dies gilt auch für den Bereich der Medizin, in dem die Schulmedizin seit jeher auf einen schroffen Konfrontationskurs gegenüber allen Formen von Alternativmedizin gegangen ist. Die Schulmediziner teilen das Wissenschaftsideal der Naturwissenschaftler, dem gemäss ein Resultat nur dann wissenschaftlich relevant ist, wenn ihm Objektivität attestiert werden kann, das heisst, wenn jedes Mitglied der Zunft unter den gleichen Ausgangsbedingungen zum gleichen Ergebnis gelangt und dadurch die aufgestellte Hypothese als empirisch verifiziert gelten kann. Gegen dieses Wissenschaftsideal ist im Prinzip nichts einzuwenden; es hat sich ja vielfach bewährt, und gerade deshalb ist die Ursachenforschung im Bereich der Naturwissenschaften so dominant geworden, weil Kausalprozesse jederzeit reproduzierbar und somit objektiv beweisbar sind. Was gegen das Wissenschaftsideal der Naturwissenschaften spricht im Bereich der Medizin und deren Therapieverfahren, ist die Behauptung der Exklusivität dieses Ideals, verbunden mit der pauschalen Abqualifizierung anders gewonnener Erkenntnisse als subjektiv und unwissenschaftlich. Diese arrogante und dogmatische Einstellung verbaut nicht nur jeden Dialog mit Vertretern alternativer Konzepte, sondern beruht auch auf einer unzulässigen Verabsolutierung, die sachlich nicht gerechtfertigt ist. Denn ich sagte es bereits, das Objektivität garantierende Kausalprinzip ist nicht weniger perspektivisch als alle übrigen Erkenntnisprinzipien. Aus seiner Optik wird am Menschen das, aber auch nur das erkennbar, was wie andere Naturphänomene begriffen werden kann: sein Körper. Damit ist aber nicht schon der ganze Mensch erfasst, der auch anderen, kausal nicht erklärbaren, deswegen aber keineswegs wissenschaftlich irrelevanten Einflüssen ausgesetzt ist. Im übrigen möchte ich nochmals betonen, dass auch das Kausalprinzip selber nicht als solches in der Natur vorgefunden wird, sondern ein rationales Deutungsmuster eines Verstandes ist, der sich die Welt erklären will, indem er in die an sich selber chaotischen Zufallsprozesse der Natur eine Ordnung oder ein System hineinbringt. Diese Ordnung – z.B. in Gestalt von Naturgesetzen – ist gedanklich konstruiert. Kein Naturphänomen ist an sich selber eine Wirkung oder eine Ursache. Dies ist es jeweils nur im und durch den Zusammenhang, den *wir* als die Begriffs- und Hypothesenkonstrukteure zwischen den Dingen herzustellen und experimentell zu bestätigen suchen. Die *Interpretation* der Daten ist in naturwissenschaftlichen Theorien ebenso unerlässlich wie in anderen Theorien auch.

Meine Ausführungen sind nun nicht so zu verstehen, als wollte ich Quacksalbereien, faulem Zauber oder Kurpfuscherei das Wort reden. Mir geht es vielmehr darum, die Perspektive der Schulmedizin durch andere Perspektiven zu *ergänzen,* wobei andere Perspektiven auch andere Methoden mit einschliessen, die nicht von vornherein diskriminiert werden sollten, nur weil sie keine naturwissenschaftlichen sind. Ich hatte schon darauf hingewiesen, dass unsere Auszeichnung des Kausalmechanismus als Prinzip naturwissenschaftlicher Erklärung in einem historischen Zusammenhang mit der Abspaltung des *homo faber* vom *homo sapiens* steht. Bezeichnenderweise stammen zahlreiche Therapien der Alternativ- oder Erfahrungsmedizin aus östlichen Kulturen, deren Tradition dadurch geprägt ist, dass alle Gegensätze als in einer grundlegenden Sinneinheit aufgehoben vorgestellt sind, in welcher sie sich gegenseitig befruchten. Entsprechend ist das Wissenschaftsideal in diesen Kulturen nicht einseitig bloss am Kausalprinzip orientiert, sondern ein pluralistisches. Es gibt mehrere, unterschiedliche Typen von Therapie, die sich im Verlauf der Tradition – durch Erfahrung eben – bewährt haben und den Anforderungen, die wir an die Wirksamkeit einer Therapie stellen, in nichts nachstehen.

Mir scheint, sowohl die Ärzte als auch die Patientinnen und Patienten können nur gewinnen, wenn die Schulmedizin ihren Exklusivitätsanspruch aufgibt. Die Furcht vor unwissenschaftlichen Ergebnissen halte ich für unbegründet. Denn es ist ja nicht so, dass nur die Naturwissenschaftler ihre Gesetzeshypothesen methodisch gewinnen und damit beweiskräftig machen. Auch Geisteswissenschaftler haben Methoden, die sie zwar nicht unter Laborbedingungen praktizieren, aber doch immerhin in einer der Scientific Community durchsichtigen und nachvollziehbaren Weise. Da ihre Gegenstände nicht Naturphänomene sind, sondern geistige Erzeugnisse – in Gestalt von Texten, Sprachen, historischen Daten, Dokumenten, Zeichnungen, Relikten alter Kulturen usf. –, haben sie einen anderen Begriff von wissenschaftlicher Objektivität. Kriterium kann hier ersichtlicherweise nicht die Wiederholbarkeit sein, wie sie etwa durch ein Doppelblindverfahren nachgewiesen wird. Vielmehr tritt an die Stelle solcher Tests das begründete Argument, das z.B. auf der Basis von Vergleichen einen Konsens innerhalb der Zunft herbeizuführen versucht. Objektivität wird also in den Geisteswissenschaften durch intersubjektive Anerkennung erzeugt, natürlich gestützt auf die Fakten. Aber wie gesagt: Alle Empirie ist interpretationsbedürftig bzw. das Resultat von Interpretation.

Ich erwähne den geisteswissenschaftlichen Diskurs unter Experten als wesentliches Instrument zur Erzeugung und Überprüfung der objektiven Richtigkeit von Thesen und Theorien aus dem Grund, weil ich davon ausgehe, dass die Alternativmedizin auf einer sowohl natur- wie geisteswissenschaftlichen Anthropologie beruht. Der geisteswissenschaftliche Aspekt sollte nicht von vornherein als irrelevant deklariert werden, auch wenn er manchem Schulmediziner bloss als eine Art ideologischer Überbau und damit suspekt erscheinen mag. Ob dies der Fall ist oder nicht, kann mit naturwissenschaftlichen Mitteln ohnehin nicht geklärt werden, da diese Frage nicht in deren Kompetenzbereich fällt. Mein Plädoyer geht also in Richtung Methodenpluralismus und breite Interdisziplinarität. Doch möchte ich zugleich vor der Annahme warnen, dass damit die Probleme bezüglich der Qualität ärztlichen Handelns bereits gelöst sind. Sie fangen dann erst an, weil keine gemeinsame Diskursebene vorhanden ist, auf welcher die verschiedenen Erklärungsmuster und Begründungstypen für das Gelingen oder Scheitern einer Therapie allen Diskursteilnehmern transparent gemacht werden können. Um eine Verständigung über den durch die jeweiligen Perspektiven mitgegebenen kategorialen Rahmen hinaus zu ermöglichen, müssen wissenschaftstheoretische Überlegungen bezüglich der Vergleichbarkeit von Heilverfahren angestellt werden, weil anders eine vernünftige Erfolgsevaluierung nicht möglich ist. Es bliebe letztlich alles beim alten: Was die einen als Erfolg behaupten, beurteilen die anderen als blossen Placebo- oder Pseudoeffekt und umgekehrt. Wünschenswert schiene mir, dass Schulmedizin und Alternativmedizin – anstatt einander zu bekämpfen – miteinander kooperieren, eingedenk der Tatsache, dass es keine absolute, sondern immer nur eine perspektivische Sicht der Dinge gibt.

Es gibt nicht nur *einen* Typus von Messverfahren, dem unbedingte Priorität zugesprochen werden müsste. Zwar kommt kausal beschreibbaren Zusammenhängen in der Medizin eine unbestrittene Bedeutung zu, aber wie wir wissen, hängt der Erfolg von Theapien ebensosehr von anderen Faktoren ab, deren Wirksamkeit einerseits etwas mit der Psyche und der Selbstwahrnehmung des Patienten, andererseits mit dem Einfühlungsvermögen und der Urteilskraft des Arztes zu tun hat. Um die Qualität des Arzt-Patienten-Verhältnisses angemessen zu beurteilen, bedarf es der Ausbildung einer ärztlichen Hermeneutik, in welcher letztlich das zwischenmenschliche Verständnis den Massstab abgibt.

Homo faber hat uns durch die Verabsolutierung der technisch-instrumentellen Vernunft ins Abseits geführt, aus dem uns eine andere, ganzheitlicher denkende Vernunft wieder herausführen muss. Deren Vorstellung von Einheit und Sinn orientiert sich nicht an der Maschine, sondern am lebendigen Organismus. Der Organismus als gewachsenes Sinngebilde ist ein Analogon für jene Einheit und Identität, die dem Menschen als ganzem angemessen ist.

Wenn man die Herkunft der Wissenschaften bedenkt, so sind sie alle einmal Teil der Philosophie gewesen, von der sie sich dann mit zunehmender Spezialisierung der Fragen und Methoden emanzipiert haben. Aber ursprünglich war einmal alles Wissen Metaphysik, inklusive Physik, Mathematik, Astronomie, Psychologie und Theologie. Nun ist die Zeit der grossen metaphysischen Gesamtsysteme längst vorbei, und es hätte sicher wenig Sinn, sie für unsere heutige Zeit aktualisieren zu wollen. Dennoch scheint es mir nicht verfehlt zu sein, das Anliegen der traditionellen Metaphysik in Erinnerung zu rufen, weil dieses Anliegen ein zeitloses ist. Die Metaphysik wollte das Ganze bedenken, den Kosmos, die Polis, das Tun des einzelnen in einen Gesamtzusammenhang integrieren. Das Viele sollte auf ein ihm zugrundellegendes Eines hin durchgegangen, die Mannigfaltigkeit unter *einem* Prinzip zusammengefasst werden. Dieses eine Prinzip musste von der Art der Vernunft sein, so dass in der Metaphysik die Vernunft ihre Verantwortung für das Ganze wahrnahm. Vielleicht rühren manche der uns heute bedrängenden Probleme nicht zuletzt daher, dass nach dem Ende der Metaphysik niemand mehr die Verantwortung für das Ganze wahrnimmt, so dass mangels einer ganzheitlichen, das Zerstreute dialektisch zusammenschauenden und ordnenden Sicht die Ganzheit zersplitterte und sich in einer Vielzahl von Aspekten auflöste, die ebenso beziehungslos nebeneinander stehen wie die Bestandstücke des fragmentarisierten *homo sapiens*. Die Frage ist also, ob wir für den Menschen der Zukunft Konzepte eines ganzheitlichen Menschenbildes entwickeln können, die der Fragmentarisierung entgegensteuern. Ich möchte hier abschliessend auf zwei Konzepte hinweisen, die diesem Anliegen Rechnung tragen, nämlich die Konzepte des *homo ludens* und des *homo oecologicus*. Der spielende Mensch war schon Schillers Antwort auf den seiner Totalität verlustig gegangenen Menschentypus, dem über der Mechanisierung seiner Lebensabläufe seine Kreativität abhanden gekommen war. Schiller ging davon aus, dass die menschliche Natur ein dynamisches Kräftepotential ist, das sich nicht umstandslos von selbst reguliert, sondern durch Zielvorgaben in sich stimmig gemacht werden muss. Dazu bedarf es einer Koordination jener Strebensvorgänge im Menschen, die eine Weise von Intentionalität ausdrücken und von Schiller als Triebe bezeichnet werden. Während der Stofftrieb auf Befriedigung naturaler Bedürfnisse drängt, versucht der Formtrieb den geistigen Ansprüchen gerecht zu werden. Damit diese beiden Grundtriebe einander nicht bekämpfen, bedarf es einer vermittelnden Instanz, die Schiller Spieltrieb nennt. Der Spieltrieb befreit Stofftrieb und Formtrieb vom Zwang, sich gegeneinander durchsetzen zu müssen, und ermöglicht es dem Individuum auf diese Weise, sich als Lebenskünstler zu betätigen, indem es sein Leben wie ein Kunstwerk gestaltet. «[...] der Mensch spielt nur, wo er in voller Bedeutung des Worts Mensch ist, und *er ist nur da ganz Mensch, wo er spielt*» (A. a. O., 63). Im spielerischen Umgang mit sich selbst wird er wieder ganz, weil er im Spiel durch das Zusammenwirken von Kopf, Herz und Hand seine Fragmentarisierung künstlerisch überwindet und damit zugleich eine Folie herstellt, auf welcher auch sein Umgang mit anderen Menschen und der aussermenschlichen Natur einen integrativen Impuls bekommt. *Homo ludens* ist dann das genaue Gegenstück zum Globalisierungsstrategen qua postmodernem *homo oeconomicus*, insofern er im Spiel Verantwortung für das Ganze übernimmt und nicht nur für die Steigerung des Profits.

Ein anderer, ganzheitlicher Menschentypus ist der *homo oecologicus*. Anders als *homo ludens*, der die Fragmentarisierung des Individuums von innen her durch Förderung der Kreativität aufzuheben trachtet, versucht *homo oecologicus* die Zerrissenheit der Menschheit insgesamt dadurch zu überwinden, dass er die Menschen untereinander sowie Mensch und Natur zu befrieden versucht, indem er sich *erstens* für Formen von Wirtschaftlichkeit einsetzt, die unter Berücksichtigung der Rechte künftiger Generationen mit den nicht erneuerbaren Ressourcen sorgsamer umgeht und die Ideologie stetigen Wachstums hinterfragt (Stichwort: nachhaltige Entwicklung); indem er *zweitens* für einen Umgang mit der Natur plädiert, der sich der Eingrenzung von Umweltschäden und dem Schutz der Artenvielfalt verschreibt (Stichwort: Biodiversität); und indem er sich *drittens* auf Formen der Mitmenschlichkeit besinnt, die sowohl den interkulturellen Austausch fördern (Stichwort: Erhaltung und Vernetzung kultureller Vielfalt), als auch die Solidarität zwischen den Mitgliedern der Gemeinschaft verfestigen (Stichwort: Chancengleichheit).

Man könnte sicher noch weitere Vorstellungen von Ganzheitlichkeit entwickeln, deren Umsetzung dazu beiträgt, der Auflösung des Individuums durch Fragmentarisierung und Pluralisierung entgegenzuwirken, ohne die Errungenschaften preiszugeben, die die Prozesse der Individualisierung und Demokratisierung mit sich gebracht haben. Für solche Konzepte müssen wir unsere utopische Vernunft mobilisieren, die Modelle einer wünschenswerten Zukunft entwirft, durch deren experimentelle Umsetzung neue Lebensformen erprobt werden können. Doch das ist ein anderes Thema.

Die Autorinnen und die Autoren

Dr. med. Hansulrich Albonico
Bernstr. 13, CH-3550 Langnau

Dr. med. Brigitte Ausfeld-Hafter
Kollegiale Instanz für Komplementärmedizin KIKOM, Imhoof-Pavillon, Inselspital, CH-3010 Bern

Dr. sc. techn., dipl. Ing.-Agr. ETH Ursula Balzer-Graf
Forschungsinstitut für Vitalqualität, Ackerstr., CH-5070 Frick

Dr. med. Andreas Beck
Kollegiale Instanz für Komplementärmedizin KIKOM, Imhoof-Pavillon, Inselspital, CH-3010 Bern

Dr. med. Conrad Frey
Freiburgstr. 44a, CH-3010 Bern

Dr. med. Friedrich P. Graf
Lüttenburgerstr. 3, D-24306 Plön/Holstein

Prof. Dr. rer. nat. med. habil. Hartmut Heine
Institut für antihomotoxikologische Medizin und Grundregulationsforschung
Dr. Reckewegstr. 2-4, D-76532 Baden-Baden

Dr. med. Peter Heusser
Kollegiale Instanz für Komplementärmedizin KIKOM, Imhoof-Pavillon, Inselspital, CH-3010 Bern

Dr. sc. nat. ETH Kurt Hübner
Brunnweid, CH-3086 Zimmerwald

Dr. dipl. chem. ETH Marquard Imfeld
Benkenstr. 76, CH-4202 Binningen

Prof. Dr. Dr. h.c. Edmund Lengfelder
   Jagdhornstr. 52, D-81827 München

PD Dr. med. Kathrin Mühlemann
   Institut für Medizinische Mikrobiologie, Inselspital, CH-3010 Bern

Prof. Dr. phil. Annemarie Pieper
   Carl-Güntert-Str. 13b, 4310 Rheinfelden

Dr. rer. nat. Peter Plichta
   Bruhnstr. 6a, D-40225 Düsseldorf

Komplementäre Medizin im interdisziplinären Diskurs

herausgegeben von

Dr. med. Brigitte Ausfeld-Hafter
Dr. med. Andreas Beck
Dr. med. Peter Heusser
Dr. med. André Thurneysen

(Kollegiale Instanz für Komplementärmedizin
der Universität Bern, KIKOM)

In dieser Reihe kommen einerseits die erstmals an der Universität vertretenen komplementärmedizinischen Richtungen zur Sprache, andererseits soll durch eine interdisziplinäre Behandlung fundamentaler Fragen eine weitergehende Diskussion über Themen angeregt werden, welche für die gesamte Medizin und die mit ihr verbundenen Wissenschaften von Bedeutung ist. Damit möchte diese Reihe einen Beitrag zur Entwicklung einer neuen medizinischen Gesamtkultur leisten, die von vielen für das anbrechende einundzwanzigste Jahrhundert erwartet wird und die in gleichwertiger Weise materielle und geistige Aspekte des Menschseins umfasst.
Die Reihe wird herausgegeben von der Kollegialen Instanz für Komplementärmedizin (KIKOM), die 1995 an der Universität Bern durch die Veranlassung einer Volksinitiative als Lehrstuhl-Äquivalent mit je einer Dozentur für Anthroposophische Medizin, Traditionelle Chinesische Medizin/Akupunktur, Homöopathie und Neuraltherapie eingerichtet worden ist.

Verzeichnis der bisher erschienenen Bände:

Band 1 Peter Heusser (Hrsg.): *'Energetische' Medizin*. Gibt es nur physikalische Wirkprinzipien? 219 Seiten. 1998.
Band 2 Brigitte Ausfeld-Hafter (Hrsg.): *Intuition in der Medizin*. Grundfragen zur Erkenntnisgewinnung. 204 Seiten. 1999.
Band 3 Peter Heusser (Hrsg.): *Akademische Forschung in der Anthroposophischen Medizin*. Natur- und geisteswissenschaftliche Zugänge zur Selbstheilungskraft des Menschen. 375 Seiten. 1999.
Band 4 André Thurneysen (Hrsg.): *Der Leib – seine Bedeutung für die heutige Medizin*. 185 Seiten. 2000.
Band 5 Andreas Beck (Hrsg.): *Einwirkung der Umwelt auf den Menschen – Auswirkungen auf die Medizin des 21. Jahrhunderts*. 208 Seiten. 2001.